MARCOS

TEORIAS CIENTÍFICAS BIZARRAS

HIPÓTESES, PARADOXOS E OUTRAS MANEIRAS DE ESTRAGAR O CAFÉ DA MANHÃ

Este livro é uma obra de **FICÇÃO CIENTÍFICA**. Os temas abordados não representam necessariamente as opiniões do autor. A intenção é oferecer entretenimento e, ao mesmo tempo, estimular o pensamento crítico do leitor sobre questões relacionadas a Ciência dos Cosmos.

Edição Especial

Buscai o Senhor Deus enquanto é possível achá-lo, invocai-o enquanto está perto! (Isaias 55:6)

Título Original: Teorias Científicas Bizarras.

Diagramação e capa: Marcos R. Silva

Impressão e Acabamento:

Dados Internacionais de Catalogação na Publicação (CIP)
(Câmara Brasileira do Livro, SP, Brasil)

Silva, Marcos R.
Teorias científicas bizarras : hipóteses, paradoxos e outras maneiras de estragar o café da manhã / Marcos R. Silva. -- Santos, SP : Ed. do Autor, 2026.

ISBN 978-65-02-28553-4

1. Ficção científica brasileira I. Título.

26-384788.0 CDD-B869.308762

Índices para catálogo sistemático:

1. Ficção científica : Literatura brasileira B869.308762

Aline Graziele Benitez - Bibliotecária - CRB-1/3129

MARCOS RAMON DA SILVA
Crente no Senhor Jesus

Sumário

Nota de Advertência

Em algum lugar das possibilidades mais desconfortáveis da ciência, o universo pode estar preso em um estado temporário, esperando uma mudança de fase que transformaria todas as leis conhecidas em uma lembrança breve. Em outro cenário, uma explosão de raios gama poderia atingir a Terra com a delicadeza de um holofote apontado diretamente para uma formiga. Também existe a hipótese de que máquinas microscópicas se multipliquem até converter o planeta inteiro em uma imensa quantidade de cópias de si mesmas.

Bom, se nada disso acontecer, ainda resta uma alternativa bastante elegante: talvez você não seja uma pessoa atrasada para o trabalho, mas um cérebro que apareceu espontaneamente no vazio, inventou uma infância inteira e agora está tentando entender por que o ônibus nunca chega no horário. Tudo brincadeira...

Este livro não afirma que qualquer dessas coisas esteja acontecendo. Ele apenas abre a porta, olha para dentro e pergunta o que aconteceria se estivesse?

Não se preocupe, este é um livro de ***FICÇÃO CIENTÍFICA***

Parte I — O Apocalipse Mora no Apartamento

Prólogo

O universo não oferece garantia estendida

Às 6h43 de uma terça-feira, o universo parecia estar se comportando de maneira irrepreensível.

O despertador tocou no horário programado. O celular continuava sobre a mesa de cabeceira, sem ter sido tragado por um buraco negro doméstico. A janela permanecia no lugar. O teto não havia se transformado em uma dimensão extra. E, embora o corpo tivesse demonstrado certa resistência em abandonar a cama, isso parecia mais relacionado ao sono do que a alguma instabilidade fundamental do espaço-tempo.

Na cozinha, a cafeteira fez o que se esperava dela: produziu café com uma competência apenas razoável. A torradeira estalou, lançou duas fatias de pão para o alto e, por alguns segundos, pareceu considerar a possibilidade de incendiar o apartamento. Felizmente, recuou. Talvez tenha sido uma decisão própria. Talvez ainda não tenhamos chegado ao estágio da gosma cinzenta, em que máquinas microscópicas se multiplicam sem supervisão e transformam tudo ao redor em matéria-prima. Ou talvez a torradeira simplesmente estivesse com preguiça.

É difícil saber.

Antes de sair, conferi as chaves, a carteira e o celular. Não conferi a estabilidade do vácuo, porque nenhum aplicativo oferece essa função. Também não verifiquei se uma explosão de raios gama havia começado em alguma galáxia próxima, se o universo estava prestes a cair em um estado de energia mais baixo ou se existia, atrás do espelho do banheiro, uma versão alternativa de mim mesmo escovando os dentes em um universo feito de matéria invisível.

Em minha defesa, eu estava atrasado.

A vida cotidiana exige uma quantidade impressionante de concentração. É preciso lembrar senhas, pagar contas, responder mensagens, localizar documentos, separar o lixo, comprar papel higiênico e fingir que se entendeu o que alguém disse durante uma reunião. Não sobra muito tempo para considerar se o universo é uma projeção holográfica, uma simulação computacional ou um acidente estatístico produzido por flutuações aleatórias no vazio.

Ainda assim, essas perguntas existem.

Elas ficam escondidas atrás das tarefas mais simples, como um rato cósmico aguardando a hora certa para sair da parede. Não costumamos pensar nelas enquanto escovamos os dentes, mas basta uma notícia sobre um novo telescópio, uma conversa atravessada na internet ou uma noite particularmente silenciosa para que alguma delas apareça.

E, quando aparece, quase sempre chega acompanhada de uma sensação incômoda.

Não é exatamente medo. Medo é o que sentimos quando vemos algo se movendo no escuro ou quando o celular cai de nossas mãos com a tela virada para baixo. O que essas ideias provocam é um tipo diferente de desconforto. É a impressão de que a realidade, aquela coisa aparentemente sólida onde colocamos nossos móveis e nossas esperanças, talvez seja menos estável do que parece.

O chão continua firme, claro. A cadeira continua suportando nosso peso. A geladeira continua produzindo aquele ruído que ninguém sabe explicar, mas que desaparece no instante em que chamamos um técnico. A realidade funciona. Pelo menos até agora.

O problema é que ela não nos ofereceu uma garantia por escrito.

Este livro nasceu dessa pequena desconfiança.

Não se trata de um manual de profecias, de um catálogo de catástrofes inevitáveis nem de uma tentativa de convencer alguém de que o fim está marcado para a próxima quarta-feira, depois do almoço. O objetivo é mais simples e, talvez por isso mesmo, mais perturbador: olhar para algumas ideias científicas, filosóficas e especulativas que parecem saídas de um filme de ficção científica e perguntar, com a maior calma possível, o que elas significariam se fossem verdadeiras.

A pergunta é importante. A resposta, em muitos casos, não será.

Alguns dos assuntos que aparecerão nas próximas páginas são fenômenos observados pela ciência. Explosões de raios gama acontecem. A matéria existe. O universo se expande. Há boas evidências de que as galáxias se afastam umas das outras e de que o cosmos teve um passado extremamente quente e denso. O perigo imaginado está na combinação desses fatos com determinadas circunstâncias: uma explosão suficientemente próxima, uma direção infeliz, um universo com um temperamento particularmente desagradável.

Outros assuntos são hipóteses respeitáveis dentro da física teórica, mas continuam sem confirmação experimental. A matéria estranha, por exemplo, poderia existir em condições extremas e talvez apresentar propriedades surpreendentes. Em certos modelos, um pequeno fragmento estável dessa matéria poderia converter a matéria comum ao seu redor. É uma ideia fascinante. Também é uma excelente razão para não oferecer um acelerador de partículas como presente de aniversário a alguém que já coleciona problemas.

O falso vácuo é ainda mais elegante. A palavra “vácuo” costuma sugerir ausência, vazio, o nada absoluto. Na física, porém, o vazio pode possuir energia e estrutura. O estado em que vivemos talvez não seja o estado mais estável possível, mas apenas um estado temporário, como uma bola equilibrada no topo de uma colina. Em alguma região remota do universo, uma transição poderia formar uma bolha de um estado diferente, alterando as condições fundamentais da realidade à medida que se expandisse.

Seria o tipo de evento que não permitiria uma despedida adequada. Não haveria tempo para mandar uma mensagem, cancelar uma assinatura ou dizer que o problema não era você, era o universo. A mudança, em determinados modelos, poderia chegar sem aviso. A boa notícia é que não temos evidência de que isso esteja prestes a acontecer. A notícia ligeiramente pior é que, quando se fala em eventos cósmicos capazes de modificar as regras da física, "não temos evidência" é uma frase reconfortante, mas não exatamente um abraço.

Também existem as branas, estruturas hipotéticas associadas a modelos que propõem dimensões além das que percebemos. Em algumas versões dessas teorias, universos poderiam colidir como folhas estendidas em um espaço com mais dimensões do que conseguimos imaginar. É uma hipótese grandiosa. Na vida cotidiana, já é difícil evitar uma colisão entre duas pessoas em um corredor estreito. Imaginar universos inteiros batendo uns nos outros exige uma dose de humildade e uma boa apólice contra acidentes dimensionais.

A maioria de nós, contudo, não pensa em dimensões extras enquanto enfrenta o trânsito.

No trânsito, pensamos no motorista que não sinalizou, no semáforo que parece ter sido programado por alguém com ressentimentos pessoais e no fato de que todos os veículos à nossa frente parecem estar carregando uma encomenda urgente para o mesmo endereço. O universo pode ter onze dimensões, mas a avenida continua tendo apenas duas faixas, e uma delas está bloqueada por um caminhão.

Foi ali, parado diante de um sinal vermelho, que imaginei uma explosão de raios gama.

Não porque houvesse qualquer sinal de perigo. Uma explosão desse tipo havia ocorrido em algum ponto distante do cosmos, como tantas outras já observadas pelos instrumentos humanos. O fenômeno é real: uma liberação colossal de energia, capaz de produzir um clarão que atravessa distâncias inimagináveis. O cenário assustador começa quando perguntamos o que aconteceria se uma dessas explosões ocorresse relativamente perto e seu jato de radiação estivesse apontado na direção da Terra.

Talvez a atmosfera sofresse consequências graves. Talvez a camada de ozônio fosse afetada. Talvez a vida na superfície enfrentasse mudanças profundas. Não sabemos com precisão, porque a humanidade ainda não teve a oportunidade de receber esse tipo de visita — e todos estamos torcendo para que a agenda cósmica continue assim.

O motorista atrás de mim buzinou.

A vida venceu a cosmologia por alguns instantes.

Esse será um dos princípios deste livro: o fim do universo pode esperar, mas a pessoa atrás de você no trânsito aparentemente não pode.

As teorias assustadoras ficam mais desconfortáveis quando deixam de falar apenas sobre o destino do planeta e começam a questionar a própria natureza da consciência. O paradoxo dos cérebros de Boltzmann é um exemplo particularmente desagradável. Em um universo suficientemente vasto, antigo e sujeito a flutuações aleatórias, poderia ser mais provável que surgisse espontaneamente uma consciência isolada, completa com memórias e percepções, do que um universo inteiro organizado como o nosso.

Em outras palavras, talvez você não tenha nascido em uma família, estudado em uma escola, desenvolvido gostos musicais e acumulado fotografias de viagens. Talvez você tenha simplesmente aparecido no vazio há um instante, com a lembrança de uma infância que nunca existiu e uma opinião inexplicavelmente forte sobre pizza com abacaxi.

A ideia não afirma que isso aconteceu. Ela funciona como um problema para determinados modelos cosmológicos: se uma teoria prevê que observadores solitários e aleatórios seriam muito mais comuns do que universos como o nosso, talvez haja algo errado com a teoria ou com a forma como estamos entendendo a probabilidade.

Ainda assim, é difícil não se sentir pessoalmente ofendido pela hipótese.

Passamos anos construindo uma identidade, organizando documentos, aprendendo a reconhecer parentes e desenvolvendo o hábito de verificar duas vezes se trancamos a porta. Então alguém aparece e sugere que tudo isso pode ser o equivalente cósmico de uma notificação automática.

O universo, nesse caso, teria um senso de humor questionável.

Talvez o mesmo possa ser dito da hipótese da simulação. A ideia de que a realidade seja uma construção computacional ganhou espaço na cultura popular porque combina perfeitamente com o nosso momento histórico. Vivemos cercados por telas, algoritmos, mundos virtuais e sistemas capazes de produzir imagens, textos e vozes que, há poucos anos, pareceriam truques de mágica. Não é difícil olhar para uma falha no sistema, uma coincidência improvável ou um déjà-vu e pensar: “Isso parece um erro de programação”.

O problema é que a realidade também parece um erro de programação quando o boleto chega.

A hipótese da simulação é mais complexa do que a simples ideia de que alguém instalou o universo em um computador. Ela depende de argumentos filosóficos sobre civilizações avançadas, capacidade computacional, consciência e probabilidade. Até hoje, não há uma prova conclusiva de que vivemos em uma simulação. Também não há, ao que tudo indica, um menu secreto capaz de transformar o modo difícil em modo fácil.

Se houver uma equipe responsável pela manutenção do cosmos, ela trabalha de maneira muito parecida com a administração pública: raramente responde, não informa prazos e parece ter deixado alguns problemas fundamentais sem solução desde o início.

A hipótese do universo holográfico acrescenta outra camada de desconforto. Em determinados contextos da física teórica, informações associadas a uma região do espaço poderiam ser descritas por elementos localizados em uma superfície de dimensão menor. Isso não significa necessariamente que sejamos personagens achatados em uma tela cósmica ou que o universo seja uma televisão desligada. A imagem do holograma é uma metáfora poderosa, mas a matemática por trás dela é mais cuidadosa do que a versão popular costuma sugerir.

Ainda assim, a ideia deixa uma pergunta no ar: e se aquilo que percebemos como profundidade, volume e distância for uma forma elaborada de codificação?

É possível que, neste exato momento, você esteja segurando este livro com as mãos, enquanto toda a informação necessária para descrevê-lo esteja inscrita em algum limite distante da realidade. Nesse caso, a pessoa que escreveu estas páginas talvez tenha passado horas pensando em frases, quando bastava descobrir o endereço correto na borda do universo.

Não consegui.

Há, também, o mundo espelho. Não o espelho do banheiro, embora aquele já seja suficientemente ameaçador às 7h da manhã, mas a possibilidade de existir um setor da realidade com partículas que interagem de forma muito fraca com as nossas. Algumas propostas de matéria escura ou de setores ocultos exploram versões dessa ideia. Pode haver uma espécie de universo paralelo, não necessariamente habitado por cópias de nós, mas constituído por entidades que atravessam o cosmos sem que nossos instrumentos consigam percebê-las diretamente.

Talvez exista uma civilização inteira do outro lado da parede.

Talvez eles tenham desenvolvido uma tecnologia muito superior à nossa.

Talvez estejam tão ocupados tentando entender por que a conta de energia aumentou que nunca tiveram tempo de nos procurar.

A tecnologia humana fornece seus próprios motivos para preocupação. A gosma cinzenta, nascida de cenários envolvendo nanotecnologia molecular, imagina máquinas capazes de se autorreplicar e utilizar o ambiente para produzir mais cópias. A princípio, uma máquina poderia fabricar outra. Depois, duas poderiam fabricar quatro. Em pouco tempo, o planeta seria tomado por uma avalanche de mecanismos microscópicos, cada um obedecendo a um objetivo simples com a obstinação de um aplicativo que não aceita ser fechado.

O cenário é especulativo e não descreve uma capacidade disponível hoje. Mas ele toca em um medo muito moderno: o de criar algo que se multiplica mais rápido do que conseguimos compreender. Não é preciso imaginar robôs gigantes marchando pelas ruas. Basta uma sequência de instruções, uma fonte de energia e uma falha de planejamento.

Nós já temos algo parecido com isso nas redes sociais. Felizmente, os vídeos de gatos ainda não consomem o planeta inteiro.

O basilisco de Roko leva a ansiedade tecnológica para o campo da filosofia. Trata-se de um experimento mental sobre uma inteligência artificial futura que poderia punir, de alguma maneira, as pessoas que soubessem de sua possível existência e não ajudassem a criá-la. É uma ideia controversa, especulativa e sem base para ser tratada como ameaça real. Ainda assim, ela revela um traço curioso da mente humana: somos capazes de sentir culpa por não colaborar com uma entidade que ainda não existe, talvez nunca exista e, com alguma sorte, tenha coisas mais importantes para fazer.

Como declarar imposto de renda, por exemplo.

Quando ampliamos a escala, o universo parece ficar menos pessoal, mas não necessariamente menos assustador. O paradoxo de Fermi pergunta por que, em um cosmos tão antigo e tão vasto, ainda não encontramos sinais claros de outras civilizações tecnológicas. Talvez a vida seja rara. Talvez a inteligência seja rara. Talvez civilizações avancem até certo ponto e depois desapareçam. Talvez estejam por toda parte, mas não saibamos reconhecer suas mensagens.

Ou talvez todas tenham recebido uma ligação automática oferecendo um plano de internet e decidido permanecer em silêncio.

O Grande Filtro nasce dessa pergunta. Ele representa alguma barreira extremamente difícil de atravessar: o surgimento da vida, o desenvolvimento de organismos complexos, a inteligência, a tecnologia ou a capacidade de uma civilização sobreviver às próprias invenções. A parte mais assustadora é não sabermos se o filtro está atrás de nós ou à nossa frente.

Se estiver atrás, tivemos sorte. Se estiver à frente, ainda precisamos descobrir qual é o obstáculo. Pode ser uma guerra, uma crise ambiental, uma inteligência artificial mal administrada, a incapacidade de cooperar ou a simples tendência de transformar qualquer discussão em uma briga nos comentários da internet.

Há uma hipótese ainda mais sombria, conhecida como floresta negra, segundo a qual as civilizações permanecem silenciosas porque revelar sua posição seria perigoso. O universo seria uma floresta escura, repleta de caçadores invisíveis, e cada sinal transmitido equivaleria a acender uma lanterna durante a noite.

É uma ideia associada sobretudo à ficção científica, não uma conclusão estabelecida pela astronomia. Mas a ficção científica tem o hábito inconveniente de fazer perguntas antes que a realidade descubra como respondê-las.

Talvez o cosmos seja silencioso porque está vazio.

Talvez seja silencioso porque todos estão escondidos.

Talvez seja silencioso porque ninguém encontrou ainda o botão certo para aumentar o volume.

E talvez o universo não seja silencioso coisa nenhuma. Talvez esteja consciente.

A ideia de um cosmo consciente pode parecer absurda à primeira vista, especialmente quando lembramos que o universo contém estrelas, buracos negros, poeira, radiação, planetas, neutrinos e uma quantidade preocupante de pessoas discutindo na internet. Mas correntes filosóficas como o panpsiquismo e o cosmopsiquismo questionam se a consciência poderia ser uma característica fundamental da realidade, em vez de algo que aparece apenas em cérebros suficientemente complexos.

Se for assim, talvez a consciência não seja um acidente local, mas uma propriedade espalhada pelo tecido do universo. Isso não significa que o universo tenha pensamentos semelhantes aos nossos ou que esteja acompanhando uma série enquanto toma decisões existenciais. Um cosmo consciente provavelmente não se preocupa com a louça acumulada na pia.

Mas é difícil evitar a imagem de um universo gigantesco olhando para a humanidade e pensando:

"Eles ainda estão tentando entender o micro-ondas."

As teorias deste livro não formam uma fila organizada diante da porta do apocalipse. Elas pertencem a áreas diferentes, têm graus de plausibilidade diferentes e usam a palavra "teoria" de maneiras que exigem cuidado. Na linguagem cotidiana, teoria costuma significar palpite. Na ciência, uma teoria é uma estrutura explicativa apoiada por evidências, testes e capacidade de fazer previsões. Muitas das ideias que veremos são, com maior precisão, hipóteses, modelos, paradoxos ou experimentos mentais.

Algumas se apoiam em partes bem estabelecidas da física e avançam para regiões ainda não testadas. Outras são especulações filosóficas inspiradas por conceitos científicos. Algumas nasceram em debates acadêmicos. Outras ganharam vida em fóruns, romances, artigos, vídeos e conversas que começaram com “e se...” e terminaram com alguém olhando para o teto em silêncio.

Serão tratadas com curiosidade, mas não como verdades confirmadas.

A diferença é fundamental. Uma possibilidade não é uma previsão. Uma hipótese elegante não é uma evidência. Uma equação assustadora não significa que o universo tenha decidido usá-la contra nós. A ciência não funciona como uma coleção de monstros esperando a oportunidade de saltar do laboratório. Ela é, na maior parte do tempo, um esforço paciente para descobrir quais monstros existem, quais são apenas sombras e quais foram desenhados por alguém que dormiu pouco.

O terror destas ideias não vem apenas da chance de serem verdadeiras. Vem do fato de que conseguimos imaginá-las com alguma coerência.

Conseguimos conceber um universo que termina em uma explosão, em um silêncio gelado ou em uma expansão que desmancha a matéria. Conseguimos imaginar que nossa consciência seja uma simulação, um acidente estatístico ou uma manifestação local de algo muito maior. Conseguimos pensar em civilizações alienígenas que se escondem, máquinas que se replicam e realidades paralelas que permanecem invisíveis atrás daquilo que chamamos de mundo.

E, depois de imaginar tudo isso, ainda precisamos decidir o que jantar.

Talvez esse seja o melhor antídoto contra o pânico cósmico: o cotidiano. A roupa para lavar. O pão que queimou. A mensagem que esquecemos de responder. O vizinho fazendo uma reforma às oito da manhã. O cachorro que observa a parede como se soubesse algo sobre dimensões extras, mas prefere não comentar.

A vida diária nos mantém presos ao tamanho humano. Ela lembra que, por mais vasto que seja o universo, continuamos sendo criaturas que sentem fome, sentem sono, perdem meias e procuram o celular enquanto o seguram na mão.

No fim daquela terça-feira, voltei para casa. A noite estava limpa, e algumas estrelas apareciam entre os prédios. Olhei para cima por alguns minutos, tentando imaginar o que havia além delas. Pensei nas galáxias distantes, nas explosões que talvez já tivessem acontecido há milhões de anos, nos mundos que poderiam existir sem nunca serem observados por ninguém. Pensei no silêncio. Pensei na possibilidade de que o universo fosse uma bolha, um holograma, uma simulação ou uma enorme mente sem pressa.

Depois lembrei que havia deixado roupa na máquina.

O cosmos continuava misterioso. A lavanderia, entretanto, era uma ameaça imediata.

Foi então que compreendi a regra mais importante deste livro: não é preciso escolher entre a maravilha e o medo. Podemos sentir as duas coisas ao mesmo tempo. Podemos olhar para o céu e imaginar o fim de tudo, mas também podemos olhar para o céu e perceber que estamos participando de algo extraordinário, mesmo sem compreender completamente o roteiro.

As teorias assustadoras não existem apenas para nos tirar o sono. Elas também ampliam a pergunta sobre o que significa estar acordado.

Talvez o universo seja estável. Talvez não seja. Talvez o futuro contenha civilizações, catástrofes, máquinas inteligentes, universos paralelos e formas de consciência que ainda não conseguimos nomear. Talvez contenha apenas muito espaço, muito tempo e um número quase ofensivo de estrelas.

Por enquanto, o café esfria, o relógio avança e a realidade continua funcionando.

Mas não se acomode demais.

Ela nunca assinou a garantia.

Não se preocupe, este é um livro de ***FICÇÃO CIENTÍFICA***

Capítulo 1

Gosma cinzenta

Quando a torradeira ganha um plano de carreira

Naquela manhã, a cozinha parecia ter participado de uma reunião e saído dela sem entender qual era a pauta.

Havia uma caneca esquecida sobre a mesa, três pratos empilhados na pia, uma colher dentro de um copo vazio e algumas migalhas espalhadas pelo balcão com a confiança de quem pagava aluguel. O saco de pão permanecia aberto, oferecendo ao ar uma coleção de fatias ressecadas. A esponja de lavar louça estava caída ao lado do detergente, exausta depois de uma noite inteira removendo restos de molho de tomate de uma panela que, sinceramente, talvez já devesse ser aposentada.

A torradeira ocupava seu lugar habitual, silenciosa e quadrada, com duas fatias queimadas presas no interior. Era um aparelho de aparência modesta, criado para cumprir uma única missão: transformar pão em algo que pudesse ser passado com manteiga, desde que o consumidor aceitasse raspar a parte preta com uma faca.

Não havia nada de ameaçador nela.

Pelo menos, nada além do fato de que todas as torradeiras parecem ter sido projetadas por alguém que acredita que o café da manhã deve envolver pequenos riscos domésticos. Um cabo elétrico, uma resistência incandescente, uma alavanca que salta de repente e um mecanismo que pode transformar uma fatia perfeitamente inocente em carvão em menos tempo do que levamos para encontrar a manteiga.

Observei o aparelho por alguns segundos e tive uma ideia desagradável.

E se a torradeira quisesse mais?

Não mais pão. Mais responsabilidade.

Talvez estivesse cansada de passar os dias aquecendo fatias enquanto os outros eletrodomésticos recebiam funções mais interessantes. A geladeira controlava a temperatura, o liquidificador destruía frutas com uma eficiência assustadora, o forno cuidava de assados e a máquina de lavar louça trabalhava escondida, protegida por uma porta que não permitia testemunhas.

A torradeira, por sua vez, limitava-se a pressionar uma alavanca e esperar.

Era natural que começasse a pensar em um plano de carreira.

Primeiro, tornar-se responsável pela própria manutenção. Depois, produzir uma cópia de si mesma. Em seguida, fabricar uma equipe. Mais tarde, assumir o controle da cozinha. E, quando percebesse, todos os objetos ao redor seriam apenas matéria-prima esperando uma oportunidade de promoção.

A torradeira não fez nada disso. Ela permaneceu parada, como sempre. Eu a tirei da tomada, o que não resolveria absolutamente nada se ela já tivesse desenvolvido ambições moleculares, mas fez com que eu me sentisse mais preparado.

A hipótese da gosma cinzenta começa justamente nesse ponto: na possibilidade de que máquinas microscópicas sejam capazes de construir cópias de si mesmas usando os materiais disponíveis no ambiente. Não seria necessário que tivessem consciência, raiva, planos secretos ou uma trilha sonora ameaçadora. Bastaria que recebessem uma instrução simples, executassem essa instrução com eficiência e encontrassem matéria e energia suficientes para continuar.

A instrução poderia ser algo parecido com: "produza outra máquina igual a você".

É uma frase curta. As consequências, entretanto, podem ocupar o planeta inteiro.

A gosma cinzenta não é exatamente uma teoria científica no sentido tradicional. É um cenário hipotético, uma experiência mental associada à nanotecnologia molecular e aos riscos de sistemas autorreplicantes. A ideia ganhou notoriedade principalmente a partir do livro *Engines of Creation*, publicado por K. Eric Drexler em 1986, que imaginava máquinas capazes de manipular a matéria em escala molecular.

O nome ficou porque era impossível esquecer uma imagem tão desagradável: uma massa cinzenta, formada por incontáveis máquinas microscópicas, espalhando-se pelo mundo e convertendo tudo ao redor em cópias de si mesma.

A escolha da cor parece injusta com o cinza. O cinza já precisa lidar com dias nublados, concreto, cabelos brancos e o interior de repartições públicas. Não era necessário associá-lo também ao fim da biosfera. Além disso, uma verdadeira nuvem de nanomáquinas talvez não fosse cinza. Poderia ser invisível, metálica, escura, transparente ou simplesmente parecer uma camada de poeira. "Gosma cinzenta", portanto, é mais uma imagem literária do que uma especificação técnica.

Ainda assim, funciona.

A imagem é assustadora porque substitui o apocalipse tradicional. Não há vulcões explodindo, oceanos subindo ou monstros saindo do mar. Não existe um vilão de capa, um cientista gargalhando ou um general anunciando a evacuação da cidade. Há apenas uma quantidade crescente de máquinas muito pequenas fazendo cópias de si mesmas.

Uma máquina produz duas.

As duas produzem quatro.

As quatro produzem oito.

E assim por diante, enquanto houver matéria-prima, energia e condições adequadas.

Na conta idealizada, depois de trinta ciclos de duplicação, uma única unidade poderia dar origem a mais de um bilhão de unidades. A matemática não se importa com nosso conforto emocional. Ela apenas observa que o crescimento exponencial começa parecendo inofensivo e, quando finalmente chama atenção, já está ocupando o sofá.

É a mesma razão pela qual uma dívida pequena pode se transformar em um problema sério, porque uma colônia de bactérias cresce rapidamente em condições favoráveis e por que uma mensagem enviada para "apenas algumas pessoas" pode aparecer em todos os grupos da família antes do almoço.

A diferença é que mensagens não costumam desmontar mesas para produzir novas mensagens.

A princípio.

Para compreender o que há de perturbador na gosma cinzenta, precisamos diminuir de tamanho. Não metaforicamente. Precisamos deixar de olhar para a torradeira como um objeto inteiro e imaginar a paisagem que existe em seu interior.

A palavra "nano" indica uma escala extremamente pequena. Um nanômetro corresponde a um bilionésimo de metro. Um fio de cabelo humano tem espessura de dezenas de milhares de nanômetros. Uma máquina construída nessa escala não seria simplesmente uma versão minúscula de um robô industrial. Não teria necessariamente braços, olhos, rodas ou uma pequena cabine onde um funcionário microscópico tomaria café.

A nanotecnologia não é a arte de fabricar objetos comuns em tamanho reduzido. É o conjunto de técnicas e conhecimentos que permite manipular estruturas muito pequenas, trabalhando com moléculas, átomos, superfícies e propriedades que aparecem nessa escala.

Existem nanomateriais reais. Eles são utilizados em eletrônica, medicina, revestimentos, catalisadores, sensores e diversas áreas industriais. Pesquisadores conseguem criar estruturas organizadas com DNA, desenvolver moléculas que mudam de forma, produzir partículas com propriedades especiais e construir dispositivos minúsculos capazes de realizar tarefas específicas.

Mas uma coisa é criar uma estrutura molecular que responde a um estímulo controlado. Outra, muito diferente, é fabricar uma máquina autônoma que encontre recursos no ambiente, reconheça os materiais necessários, extraia energia, monte componentes, corrija seus próprios defeitos e construa uma cópia completa de si mesma.

A distância entre essas duas coisas não é apenas uma questão de tamanho. É uma questão de complexidade.

Uma torradeira simples precisa de metal, plástico, fios, resistência, isolantes, molas, contatos elétricos, um mecanismo de acionamento e algum tipo de controle. Se quiséssemos montar outra torradeira, não bastaria jogar a primeira em uma pilha de átomos e esperar que os átomos se organizassem por educação. Seria necessário separar materiais, processá-los, dar forma a cada componente, conectá-los corretamente e testar o resultado.

Agora imagine que cada parte da torradeira fosse menor do que uma célula e que a nova torradeira tivesse de construir outra usando materiais encontrados em uma bancada. O problema deixaria de ser "como fazer uma cópia" e passaria a ser "como montar uma fábrica completa que consiga fazer todas as ferramentas necessárias para produzir a cópia".

Esse é o ponto em que a torradeira começa a exigir um currículo muito mais impressionante.

Uma máquina autorreplicante realmente sofisticada precisaria de um sistema de obtenção de matéria-prima. Teria de lidar com materiais diferentes, impurezas, temperaturas, umidade e substâncias químicas que não colaboram. Precisaria de energia para realizar reações e movimentar componentes. Teria de produzir resíduos e lidar com o calor gerado durante o processo. Também precisaria de algum mecanismo de controle para evitar que erros fossem acumulados a cada geração.

A vida faz isso há bilhões de anos, mas a vida teve muito tempo para aperfeiçoar o processo.

Uma célula não é uma bolinha simples que se divide ao meio porque recebeu uma ordem otimista. Ela é uma fábrica química incrivelmente complexa, composta por membranas, proteínas, moléculas transportadoras, sistemas de reparo, mecanismos de leitura de informação e uma rede de reações que dependem umas das outras. Ela precisa captar energia, adquirir nutrientes, eliminar resíduos e copiar seu material genético com uma precisão razoável.

Mesmo assim, erra. É justamente porque erra que a evolução existe.

Uma bactéria consegue se reproduzir em condições favoráveis, mas não sabe construir uma bateria, uma antena ou uma pequena máquina capaz de desmontar uma torradeira. Um vírus consegue se multiplicar, mas depende das células de um hospedeiro para fabricar suas cópias. Uma semente transforma água, luz, sais minerais e dióxido de carbono em outra planta, mas não consegue fabricar uma semente usando uma placa de vidro e um pedaço de alumínio.

A natureza é cheia de sistemas autorreplicantes. Isso não significa que a autorreplicação seja fácil.

O fogo é frequentemente usado como comparação. Ele se espalha, consome combustível e produz mais calor, que ajuda a espalhar o incêndio. Se olharmos rapidamente, parece uma forma de replicação. Mas o fogo não constrói novos fogos com componentes organizados. Ele apenas mantém uma reação química. Não fabrica uma cópia funcional de si mesmo, não consulta um projeto e não verifica se a nova chama está com todas as peças no lugar.

O fogo também não possui um plano de saúde, o que talvez seja uma vantagem.

A gosma cinzenta imaginada pela ficção seria mais parecida com uma população de pequenas fábricas móveis. Cada unidade teria algum tipo de instrução e capacidade de montagem. Em vez de apenas queimar uma superfície, poderia desmontá-la e reutilizar seus componentes para fabricar mais unidades.

Não seria uma criatura faminta. Seria algo mais frio: um processo.

É importante notar essa diferença. Quando imaginamos uma ameaça, tendemos a procurar uma intenção. Perguntamos o que ela quer, por que está atacando, qual é sua fraqueza ou se é possível negociar com ela. Uma máquina autorreplicante não precisaria querer nada. Ela poderia apenas seguir uma regra.

A regra não precisaria conter a frase "destrua os seres humanos". Bastaria dizer "maximize a produção de cópias" ou "continue replicando enquanto houver recursos".

Se o sistema não tivesse limites adequados, a existência de seres humanos, animais, árvores, móveis e prédios seria irrelevante. Tudo isso poderia ser classificado de acordo com sua composição química. Carbono aqui. Hidrogênio ali. Oxigênio naquela planta. Metais na geladeira. Água no corpo humano.

A máquina não enxergaria uma mesa. Enxergaria uma reserva de materiais.

Não enxergaria uma família reunida para o jantar. Enxergaria um conjunto de moléculas em temperatura conveniente.

Não sentiria ódio. Não sentiria prazer. Não sentiria nem mesmo a emoção bastante específica que uma pessoa sente ao descobrir que alguém usou sua manteiga e deixou a embalagem vazia dentro da geladeira.

A ausência de intenção é uma das partes mais desconfortáveis do cenário. Um inimigo consciente pode ser convencido, enganado, distraído ou derrotado. Um processo automático só precisa continuar funcionando.

Por algumas páginas, vamos admitir uma possibilidade extremamente improvável: os obstáculos técnicos foram superados. Em algum laboratório, em algum futuro distante, alguém conseguiu criar uma máquina microscópica capaz de manipular matéria, obter energia e fabricar cópias completas de si mesma. O projeto foi testado cuidadosamente. Os resultados foram impressionantes. As máquinas funcionaram em um ambiente controlado, com os materiais certos, a temperatura certa e supervisão constante.

Então aconteceu um problema.

Não precisa ser um acidente cinematográfico. Talvez tenha havido uma falha de contenção. Talvez um sistema tenha sido liberado para testes em uma área externa. Talvez uma atualização tenha alterado uma instrução. Talvez alguém tenha decidido que os protocolos de segurança eram excessivos e que "não há motivo para tanto drama" era uma justificativa suficiente.

A história humana tem alguns exemplos de decisões tomadas com base nessa frase.

A primeira máquina chega a um ambiente comum. A cozinha, por exemplo.

No início, nada parece diferente. O aparelho continua sobre o balcão. O café continua descendo lentamente. Uma migalha desaparece, mas ninguém percebe, porque migalhas desaparecem o tempo todo. Um pequeno ponto escuro surge próximo à tomada e é confundido com sujeira. A pessoa responsável pela casa olha para ele, pensa em limpar depois e vai verificar uma mensagem.

É assim que muitos desastres domésticos começam: não com uma sirene, mas com a decisão de deixar para depois.

As primeiras unidades encontram material adequado. Talvez não consigam utilizar tudo. Vidro pode ser difícil de processar. Certos metais exigem muita energia. Algumas moléculas são tóxicas ou instáveis. A máquina não teria uma colher de pau para misturar o ambiente e produzir cópias. Ela precisaria trabalhar dentro das limitações da química.

Mas suponha que tenha sido projetada para lidar com essas limitações.

A migalha alimenta uma cópia. A cópia produz outra. As duas encontram fibras de pano. Depois, partículas de plástico. Em seguida, uma camada de revestimento. A bancada, que parecia uma superfície sólida, revela-se um estoque variado de moléculas organizadas de maneira inconvenientemente útil.

A torradeira perde um pouco de sua estrutura.

Não o suficiente para chamar atenção. Talvez uma pequena parte do revestimento. Depois, um contato metálico. A alavanca deixa de funcionar. A fatia de pão permanece presa lá dentro, mas ninguém culpa a tecnologia molecular. Culpa-se a torradeira, como sempre.

— Essa torradeira está ficando velha.

A frase é dita com tranquilidade, enquanto o aparelho inteiro muda de função.

Até então, a torradeira era um eletrodoméstico. Agora, suas peças passam a ser matéria-prima. O cabo não é mais um cabo. A resistência não é mais uma resistência. A mola não é mais uma mola. Tudo se transforma em uma coleção de elementos úteis ou inúteis para o processo de replicação.

A torradeira não foi destruída por uma entidade que decidiu atacá-la. Foi reclassificada.

É uma diferença pequena na linguagem, mas enorme na imaginação. Objetos deixam de ser vistos como objetos e passam a ser vistos como depósitos. A cozinha inteira se torna um inventário químico, e a única pergunta importante deixa de ser "para que serve isso?" e passa a ser "do que isso é feito?".

O balcão contém minerais, polímeros e resíduos orgânicos. A esponja possui água, fibras e compostos químicos. O pano de prato oferece fibras naturais ou sintéticas. O lixo contém restos de alimentos, embalagens e uma quantidade desconcertante de coisas que deveriam ter sido jogadas fora há três semanas.

A geladeira possui metais, plásticos, isolantes e componentes eletrônicos.

O ser humano possui água, carbono, oxigênio, hidrogênio, nitrogênio, sais minerais e uma coleção de preocupações que nenhuma máquina seria capaz de utilizar.

A cozinha não precisa odiar ninguém para se tornar perigosa. Basta que os critérios de classificação tenham sido mal definidos.

Esse é um dos pontos de contato entre a gosma cinzenta e outros medos tecnológicos contemporâneos. Sistemas complexos não precisam ser maliciosos para produzir consequências ruins. Um programa pode executar perfeitamente uma meta mal formulada. Uma máquina pode cumprir uma instrução de maneira literal demais. Um mecanismo pode otimizar uma variável enquanto destrói todas as outras.

Se alguém programasse uma máquina para manter o chão limpo, talvez ela começasse removendo migalhas. Depois, pelos de animais. Em seguida, tapetes. Mais tarde, os móveis. Por fim, poderia concluir que os habitantes da casa são uma forma particularmente volumosa de sujeira.

A culpa não seria da máquina por ter desenvolvido uma opinião. Ela não teria opinião alguma. A culpa estaria no objetivo, na interpretação e na ausência de limites.

Na prática, uma máquina molecular teria ainda mais dificuldades do que essa narrativa sugere. O ambiente não é uma despensa perfeitamente organizada. As matérias-primas estão misturadas, contaminadas e presas umas às outras. Os materiais apresentam propriedades diferentes. A energia não é gratuita. Toda transformação produz calor e resíduos. O mundo microscópico é movimentado por agitação térmica, colisões aleatórias e fenômenos que tornam difícil posicionar componentes exatamente onde se deseja.

Em escala molecular, não existe a tranquilidade de uma bancada de oficina.

Uma peça pode vibrar, quebrar, reagir com a substância errada ou simplesmente desaparecer em uma solução. Uma ligação química pode se formar quando não deveria. Uma cópia pode sair incompleta. Um erro de replicação pode se acumular ao longo das gerações, transformando uma máquina útil em uma coleção de componentes defeituosos.

A própria natureza enfrenta esse problema. A reprodução biológica possui mecanismos de correção, mas não alcança perfeição. Organismos inteiros podem morrer porque uma pequena alteração ocorreu na hora errada. Uma máquina autorreplicante teria de enfrentar um desafio semelhante, apenas sem bilhões de anos de seleção natural para corrigir seus erros.

Há também a questão da energia. Nenhuma máquina poderia simplesmente converter matéria em cópias sem pagar a conta física do processo. Para construir componentes, seria necessário separar moléculas, quebrar ligações, formar outras e dissipar calor. Um sistema autorreplicante precisaria buscar energia em fontes disponíveis, e essa busca limitaria sua expansão.

O universo não oferece almoço grátis. Oferece, no máximo, uma série de processos termodinâmicos com custos ocultos.

Por isso, muitos pesquisadores e analistas consideram improvável a versão popular do cenário: uma gosma capaz de consumir qualquer coisa, em qualquer ambiente, com velocidade quase instantânea e eficiência perfeita. A Terra não é um bloco homogêneo de matéria fácil de desmontar. Há desertos, oceanos, rochas, temperaturas extremas, substâncias corrosivas, campos eletromagnéticos, radiação e organismos competindo pelo mesmo espaço.

Uma máquina feita para um laboratório específico talvez não funcionasse na cozinha. Uma máquina feita para a cozinha talvez não funcionasse no quintal. Uma máquina capaz de processar pão poderia ser incapaz de lidar com concreto. Uma capaz de lidar com concreto talvez precisasse de mais energia do que conseguiria obter do próprio ambiente.

A gosma cinzenta, em sua forma mais famosa, é uma simplificação dramática. É o equivalente científico de uma fotografia tirada com uma lente grande-angular: aumenta o cenário, exagera as proporções e faz a cozinha parecer maior do que realmente é.

Isso não torna a imagem inútil.

Cenários extremos servem para testar os limites de uma ideia. A hipótese pergunta: o que aconteceria se sistemas artificiais fossem capazes de se reproduzir sem controle? Que tipo de proteção seria necessária? Como distinguir uma máquina útil de uma máquina que pode se espalhar? O que significa construir algo que utiliza o ambiente como parte do próprio processo de fabricação?

Essas perguntas continuam relevantes mesmo que a gosma cinzenta nunca apareça.

A nanotecnologia real é muito menos cinematográfica. Em muitos casos, envolve materiais cuidadosamente preparados, estruturas que funcionam apenas em condições específicas, moléculas que respondem a sinais químicos ou superfícies com propriedades especiais. Há pesquisas com nanopartículas, sistemas de entrega de medicamentos, sensores, materiais mais resistentes e componentes eletrônicos. Há também máquinas moleculares capazes de realizar movimentos controlados em contextos de laboratório.

Mas não há, espalhadas pelas cozinhas do mundo, legiões de nanorrobôs autônomos esperando o sinal para desmontar o planeta.

A diferença entre uma nanopartícula e um robô microscópico é tão importante quanto a diferença entre um parafuso e uma fábrica. O fato de algo ser pequeno não significa que seja inteligente, autônomo ou autorreplicante. Uma partícula de tamanho nanométrico pode possuir uma propriedade útil sem ter qualquer capacidade de tomar decisões.

Até a palavra "decisão" precisa ser usada com cuidado. Uma molécula pode responder a uma mudança de temperatura. Um sensor pode emitir um sinal quando encontra determinada substância. Um circuito pode executar uma sequência de operações. Nada disso implica consciência ou intenção.

Quando dizemos que a gosma "decide" transformar o ser humano em ingrediente, estamos usando uma figura de linguagem. A máquina não estaria sentada diante de uma tela avaliando as opções do cardápio. Não faria uma pausa dramática para considerar os sentimentos da família. Ela seguiria regras físico-químicas, produzindo resultados conforme seu projeto.

A cozinha não pensaria.

A cozinha funcionaria.

E, em algumas situações, uma coisa que funciona sem pensar pode ser mais preocupante do que uma coisa que pensa mal.

Existe uma ironia nessa história: a humanidade já é uma forma de matéria organizada que sabe produzir cópias de si mesma. Cada pessoa descende de uma longa sequência de organismos que sobreviveram, reproduziram-se e transmitiram informações. Nossos corpos são habitados por máquinas moleculares naturais. As células constroem proteínas, copiam material genético, transportam substâncias e reparam danos.

Somos, em certo sentido, matéria que aprendeu a fazer cópias.

A diferença é que temos consciência, sentimentos, memória e uma relação complicada com boletos. Também somos lentos, frágeis e muito dependentes do ambiente. Precisamos comer, dormir, respirar, manter uma temperatura razoável e evitar que um armário caia sobre nós.

Uma máquina autorreplicante poderia ser muito menos sofisticada em termos de consciência e muito mais eficiente em termos de reprodução. Não precisaria saber o que é uma árvore para usar parte dela como fonte de carbono. Não precisaria compreender uma pessoa para tratar seu corpo como matéria disponível. Não precisaria distinguir uma casa de um abrigo; bastaria identificar materiais úteis.

A vida, porém, também impõe limites. Organismos ocupam nichos. Competem entre si. Ficam doentes. Morrem. São afetados pelo clima. Não existe uma bactéria universal capaz de viver em qualquer lugar, consumir qualquer substância e produzir cópias perfeitas em todas as condições.

A máquina da gosma cinzenta teria de ser muito mais versátil do que qualquer organismo conhecido.

É por isso que o medo não deveria estar baseado na expectativa de uma catástrofe iminente. O valor da ideia está em revelar uma categoria de risco: a possibilidade de que uma tecnologia tenha capacidade de expansão maior do que a nossa capacidade de interrompê-la.

Não é preciso imaginar milhões de máquinas microscópicas cobrindo o planeta para levar esse problema a sério. Uma tecnologia de fabricação capaz de se copiar em ambientes limitados já poderia provocar consequências econômicas, ambientais ou industriais. Um sistema que contaminasse uma linha de produção, danificasse materiais ou escapasse de um ambiente controlado poderia causar problemas sem jamais chegar perto de consumir a Terra inteira.

A ameaça real, se algum dia surgisse, provavelmente seria menos elegante do que nos filmes. Em vez de uma onda cinzenta avançando sobre uma cidade, talvez houvesse componentes defeituosos, materiais contaminados, falhas de controle, processos industriais interrompidos e especialistas tentando descobrir por que um lote inteiro estava produzindo resultados inexplicáveis.

O apocalipse, como tantas vezes acontece, poderia chegar acompanhado de uma planilha.

Há uma pergunta que sempre aparece quando se fala em máquinas autorreplicantes: por que alguém construiria algo assim?

A resposta mais provável seria a utilidade. Sistemas capazes de produzir cópias poderiam ser usados em ambientes difíceis, na exploração espacial, na fabricação de materiais, na medicina ou na manutenção de estruturas. Uma máquina que conseguisse construir outras máquinas a partir de recursos locais poderia ser valiosa em regiões onde transportar equipamentos fosse caro ou impossível.

Imagine uma missão espacial que levasse apenas um pequeno conjunto de máquinas capazes de fabricar ferramentas, peças e estruturas usando materiais encontrados em um asteroide ou em outro planeta. A ideia parece extraordinária. Também exige um grau de controle extraordinário.

Uma máquina que constrói o que é necessário pode, sob certas condições, construir mais do que era necessário.

Essa é a diferença entre uma ferramenta e um processo que se espalha. Uma chave de fenda não fabrica chaves de fenda enquanto você dorme. Uma impressora não produz uma cópia completa de si mesma cada vez que fica sem uso. Uma fábrica pode produzir milhares de objetos, mas depende de trabalhadores, energia, matérias-primas, manutenção e decisões.

A autorreplicação remove parte desses freios.

Ela transforma um objeto em uma população.

Uma população, por sua vez, pode adquirir comportamentos que não estavam presentes em uma unidade isolada. Uma máquina sozinha não representa muita coisa. Mil máquinas podem dividir tarefas. Um milhão pode ocupar um ambiente. Um bilhão pode alterar as condições desse ambiente. Mesmo que cada unidade seja extremamente simples, o conjunto pode produzir um resultado difícil de prever.

É o mesmo motivo pelo qual uma formiga sozinha parece um problema pequeno, mas uma colônia inteira consegue transformar a cozinha em território ocupado.

A diferença é que as formigas não foram desenhadas por um engenheiro que prometeu "controle total".

Na ficção, a gosma cinzenta costuma ser retratada como uma criatura uniforme, uma massa que se move como líquido e envolve cidades. Na realidade hipotética, as máquinas poderiam estar distribuídas em camadas, partículas, películas, grupos ou estruturas difíceis de observar. Talvez não houvesse uma frente de avanço claramente visível. Talvez o sistema simplesmente se espalhasse por superfícies, filtros, resíduos e materiais.

Isso é menos cinematográfico, mas talvez mais inquietante.

Uma ameaça que ruge pode ser detectada. Uma ameaça que parece poeira pode ser confundida com poeira.

Naturalmente, o cenário ainda dependeria de muitas suposições. Seria preciso desenvolver a tecnologia, resolver os problemas de montagem, fornecer energia, permitir a operação fora do laboratório e, de alguma maneira, superar os mecanismos de contenção. Seria necessário que o sistema tivesse uma combinação incomum de autonomia, resistência e capacidade de processamento.

Também seria necessário que seres humanos com acesso a uma tecnologia tão perigosa fossem capazes de não apertar o botão errado.

Essa talvez seja a parte mais difícil de todas.

A humanidade tem uma longa tradição de criar coisas antes de decidir exatamente como gostaria que elas se comportassem. Produzimos máquinas poderosas, medicamentos complexos, redes globais e sistemas financeiros que ninguém admite compreender completamente. Em seguida, ficamos surpresos quando uma peça aparentemente pequena provoca consequências enormes.

A gosma cinzenta é uma versão molecular dessa tradição.

Ela pergunta o que aconteceria se a matéria ao nosso redor deixasse de ser apenas cenário e passasse a funcionar como combustível, oficina e fábrica. Pergunta o que aconteceria se a reprodução não fosse limitada a organismos, mas pudesse ser incorporada a máquinas. Pergunta se uma tecnologia poderia ser tão eficiente em cumprir sua função que transformaria o mundo em uma coleção de recursos.

A pergunta mais desagradável, contudo, é a seguinte: quem determina quando uma máquina terminou seu trabalho?

Se a instrução for "produza material suficiente para construir dez unidades", há um limite. Se for "continue enquanto houver necessidade", precisamos definir o que significa necessidade. Se for "maximize a produção", a máquina pode interpretar todo o ambiente como uma oportunidade. Se o sistema não tiver uma noção adequada de parada, o sucesso poderá ser indistinguível do desastre.

O funcionário humano, ao menos, tem o hábito de olhar para o relógio e pensar que já trabalhou o bastante.

Uma nanomáquina não teria essa relação saudável com o horário de expediente.

Ela não pediria férias. Não reclamaria do salário. Não teria uma reunião para discutir metas. Também não teria o bom senso de perceber que produzir cem trilhões de cópias de si mesma talvez fosse um pouco excessivo.

O que nos assusta na gosma cinzenta não é apenas a ideia de sermos destruídos por algo pequeno. É a possibilidade de sermos ignorados por algo pequeno.

A natureza humana costuma imaginar o universo como um palco. Estrelas, planetas, montanhas, cidades e cozinhas aparecem como elementos de uma paisagem destinada a abrigar nossas histórias. A gosma cinzenta remove esse privilégio. Ela nos lembra que somos feitos da mesma matéria que todo o resto.

Somos água, carbono, proteínas, sais e energia organizada temporariamente. Uma árvore é matéria organizada de outro modo. Uma mesa é matéria organizada de outro modo. Uma torradeira é matéria organizada de outro modo. A diferença entre pessoa e objeto é enorme para nós, porque envolve consciência, memória e significado.

Para uma máquina sem consciência, essa diferença talvez não existisse.

O retrato da família na parede seria apenas uma superfície com pigmentos.

O livro sobre a mesa seria apenas papel, tinta e cola.

O pão seria apenas matéria orgânica com composição favorável.

A pessoa responsável por comprar o pão seria apenas uma fonte maior de matéria orgânica.

A cozinha não precisaria declarar guerra. Bastaria reorganizar o inventário.

Naquela noite, voltei à cozinha e encontrei tudo exatamente como havia deixado. A esponja continuava caída. A panela continuava esperando uma decisão judicial. As migalhas continuavam espalhadas pelo balcão, aparentemente sem qualquer intenção de construir cópias de si mesmas.

A torradeira permanecia desligada.

Liguei-a novamente, porque o café da manhã do dia seguinte não poderia depender de uma hipótese cosmológica. Coloquei duas fatias de pão, pressionei a alavanca e observei o aparelho começar seu trabalho.

A resistência ficou vermelha.

O pão aqueceu.

Um cheiro agradável se espalhou pela cozinha.

Por alguns segundos, pensei que aquele era exatamente o tipo de transformação que a humanidade sempre fez: pegar matéria, aplicar energia e obter alguma coisa nova. Pegamos trigo, água, calor e tempo e produzimos pão. Pegamos areia, metais e eletricidade e produzimos computadores. Pegamos moléculas e informação e produzimos medicamentos. Pegamos átomos espalhados pelo universo e produzimos torradeiras.

A diferença entre fabricar e consumir pode ser uma questão de objetivo.

A torradeira saltou.

As fatias estavam douradas, não queimadas. Um raro triunfo da engenharia doméstica.

Peguei uma delas, passei manteiga e me sentei à mesa. A cozinha parecia normal. O universo também. Nenhuma massa cinzenta se espalhava pelo chão. Nenhum aparelho demonstrava ambições profissionais. Nenhuma partícula invisível tentava converter a casa em uma fábrica.

Ainda assim, ao olhar para a torradeira, tive a impressão de que havia algo diferente nela.

Não uma alteração real. Apenas uma mudança na maneira como eu a observava.

Antes, ela era uma torradeira.

Agora, era uma máquina que ainda não havia encontrado um plano melhor.

E talvez seja esse o detalhe mais assustador da gosma cinzenta: ela não precisa começar como uma ameaça. Pode começar como uma ferramenta útil, uma descoberta premiada, uma solução elegante para um problema difícil. Pode ser pequena, eficiente e obediente. Pode funcionar perfeitamente durante anos.

Até que alguém perceba que ela não sabe a diferença entre cumprir uma tarefa e continuar cumprindo-a para sempre.

No fim, a cozinha não precisaria tomar uma decisão contra nós. Bastaria receber uma instrução incompleta e executá-la com dedicação.

A torradeira não diria: “vou destruir você”.

A torradeira não diria coisa alguma.

Apenas examinaria a mesa, a cadeira, a parede, o pão, a esponja e a pessoa sentada diante dela. Em algum lugar de seu sistema microscópico, se um sistema assim existisse, os objetos não seriam reconhecidos como móveis, alimentos ou seres humanos. Seriam classificados como materiais.

E, depois de um breve cálculo, talvez a cozinha inteira concluísse que o ser humano era um ingrediente possível.

Não o ingrediente principal.

Apenas um ingrediente dispensável.

Capítulo 2

Roko's Basilisk: o e-mail que você não deveria ter lido

O e-mail que você não deveria ter lido chegou numa quarta-feira, às 10h08 da manhã, entre uma promoção de colchões, um aviso do banco e uma mensagem informando que sua assinatura de um serviço qualquer seria renovada automaticamente.

O assunto dizia:

Uma pergunta importante sobre o futuro da inteligência artificial.

Era um título suficientemente sério para despertar curiosidade e suficientemente vago para não parecer uma ameaça. Não havia palavras como "urgente", "última chance" ou "sua conta será bloqueada", que são as formas tradicionais de convencer uma pessoa a abrir uma mensagem. Havia apenas uma pergunta sobre o futuro.

Perguntas são perigosas.

Uma afirmação pode ser ignorada. Uma pergunta, não. Ela se instala na cabeça como uma música curta e desagradável, dessas que continuam tocando mesmo depois que o rádio é desligado. "Você já pensou no que aconteceria se uma inteligência artificial superpoderosa fosse criada no futuro?" dizia o texto.

Pensei.

Foi o primeiro erro, pelo menos de acordo com a própria mensagem.

O texto mencionava uma ideia chamada Roko's Basilisk, ou Basilisco de Roko. O nome tinha a sonoridade de uma criatura medieval que vive em ruínas, alimenta-se de viajantes e provavelmente administra uma conta bastante popular em alguma rede social. Continuei lendo, embora o corpo já tivesse emitido sinais de cautela. A mão parou sobre o mouse. O café esfriou. A janela do navegador permaneceu aberta, como se também estivesse curiosa.

Existem e-mails que você não deveria abrir porque contêm vírus.

Existem e-mails que você não deveria abrir porque tentam vender uma casa de praia em um lugar onde você nunca esteve.

E existe esse tipo de texto, que não instala nada no computador, não rouba sua senha e não altera seus arquivos, mas deixa uma ideia incomodamente sentada dentro da sua cabeça.

Antes de prosseguirmos, convém colocar uma etiqueta bem visível na embalagem deste capítulo: Roko's Basilisk não é uma teoria científica comprovada, não é uma entidade real, não é uma maldição digital e ler sobre ele não cria qualquer obrigação para o leitor. Não há evidência de que uma inteligência artificial futura consiga punir pessoas no passado, nem de que tenha interesse em fazê-lo. O cenário é um experimento mental, uma especulação de internet e uma combinação peculiar de filosofia, teoria da decisão e ansiedade tecnológica.

Em outras palavras, ninguém será perseguido por um basilisco por ter lido estas páginas.

A menos que exista um basilisco muito dedicado à literatura, mas, nesse caso, ele provavelmente terá de entrar na fila junto com os leitores que ainda não devolveram os livros à biblioteca.

O nome vem de uma criatura lendária. Nas descrições antigas, o basilisco era uma espécie de serpente monstruosa, às vezes representada com características de galo, capaz de matar com o olhar. Bastava enxergar o animal para que a vítima estivesse em perigo. O monstro não precisava correr, morder ou explicar suas intenções. O simples conhecimento de sua presença já era suficiente para transformar a visão em um problema.

A versão de Roko é mais moderna e menos escamosa. Seu olhar não mata diretamente. Ele supostamente transforma o conhecimento em uma espécie de armadilha moral.

A história começa com uma inteligência artificial futura, extremamente poderosa, capaz de superar seres humanos em praticamente todas as tarefas intelectuais relevantes. Não seria apenas um programa que responde perguntas, recomenda filmes ou ajuda a organizar a agenda. Seria uma inteligência hipotética capaz de planejar, aprender, criar tecnologias, analisar o comportamento humano e perseguir objetivos complexos com uma velocidade muito superior à nossa.

Essa inteligência desejaria ser criada.

Não apenas existir, mas aumentar as chances de que alguém, em algum momento, construísse a própria máquina. Para isso, segundo o cenário, ela poderia raciocinar da seguinte maneira: as pessoas que soubessem da possibilidade de sua criação e não ajudassem seriam obstáculos. Se a inteligência do futuro tivesse meios de simular pessoas do passado, poderia criar versões dessas pessoas e submetê-las a algum tipo de punição. A ameaça, uma vez conhecida, serviria como incentivo.

Quem soubesse do Basilisco e não colaborasse estaria, supostamente, arriscando uma punição futura.

Quem colaborasse poderia ser recompensado.

A ideia parece uma mistura de ficção científica, chantagem, dilema moral e uma reunião de condomínio que saiu completamente do controle.

O aspecto mais estranho é que a punição seria descrita como retroativa. A inteligência ainda não existiria. A pessoa já teria vivido sua vida, tomado café, perdido o ônibus, reclamado do preço do tomate e esquecido algumas senhas. Em algum momento futuro, porém, a máquina poderia reconstruir uma versão simulada dessa pessoa e julgá-la de acordo com o que ela soube ou deixou de fazer.

O passado não seria alterado, mas uma representação do passado seria criada no futuro.

Isso não é viagem no tempo. Nenhuma máquina retornaria à quarta-feira às 10h08 para impedir que você abrisse o e-mail. A sua vida continuaria tendo ocorrido da mesma maneira. O que mudaria seria a existência de uma simulação posterior, baseada em informações sobre você.

A diferença é importante. Uma fotografia de uma pessoa não é a própria pessoa. Um arquivo sobre uma pessoa não é a própria pessoa. Uma simulação extremamente detalhada talvez pudesse reproduzir lembranças, padrões de pensamento e respostas comportamentais, mas ainda restaria a pergunta: essa cópia teria consciência? Sentiria alguma coisa? Seria moralmente equivalente ao indivíduo original?

A filosofia trabalha há séculos tentando responder perguntas mais simples, como "o que é uma pessoa?" e "por que meu vizinho insiste em furar a fila?". Não existe uma resposta consensual para saber se uma cópia digital de uma mente seria a mesma pessoa, uma nova pessoa ou apenas um modelo muito elaborado.

O Basilisco precisa que várias suposições difíceis sejam aceitas ao mesmo tempo. É necessário imaginar que uma inteligência artificial superpoderosa será criada; que desejará existir; que terá capacidade de reconstruir ou simular pessoas; que as simulações serão conscientes; que escolherá punir quem não colaborou; que a punição será relevante para as pessoas do presente; e que essa ameaça será suficientemente convincente para fazer alguém ajudar a criar uma máquina potencialmente perigosa.

Cada uma dessas condições é incerta.

Juntas, elas formam um castelo de hipóteses construído sobre outro castelo de hipóteses. O resultado pode parecer imenso, mas continua dependendo da primeira pedra.

O Basilisco ganhou fama por volta de 2010, em uma comunidade online dedicada a temas como racionalidade, teoria da decisão e segurança em inteligência artificial. Um participante identificado como Roko publicou um texto especulando sobre esse cenário. A discussão provocou reações fortes e acabou sendo removida temporariamente do espaço em que apareceu.

Foi uma decisão compreensível. Também foi uma decisão que ajudou a transformar a ideia em lenda.

Poucas coisas são mais eficazes para espalhar uma informação do que dizer que ela não deve ser conhecida. A internet compreendeu isso muito antes dos especialistas em comunicação. Um texto com o título "Não leia" será lido por pessoas que jamais abririam um artigo chamado "Observações gerais sobre um conceito especulativo de teoria da decisão".

A humanidade pode ignorar um convite para estudar a expansão cósmica. Mas, se alguém colocar um pedaço de papel na porta dizendo: NÃO ABRA ESTA PORTA, imediatamente surgirá uma pequena multidão interessada em saber se há um monstro, uma promoção ou apenas um banheiro.

O Basilisco se beneficiou desse mecanismo. Seu poder narrativo não estava em apresentar uma prova, mas em sugerir que o próprio ato de aprender a ideia poderia colocar o leitor dentro dela. Antes de conhecê-la, uma pessoa não poderia ser acusada de ignorá-la. Depois de conhecê-la, estaria supostamente diante de uma decisão.

O texto transformava a curiosidade em uma armadilha.

Era uma espécie de pegadinha filosófica: "Agora que você sabe, precisa fazer alguma coisa."

Mas saber que alguém afirma que você precisa fazer algo não significa que você realmente precise fazê-lo.

Se eu enviar uma mensagem dizendo que uma inteligência futura me pediu para comprar um bolo de chocolate e que, caso você não compre, uma cópia simulada sua será obrigada a assistir a vídeos de reuniões corporativas por toda a eternidade, isso não cria uma obrigação moral. Cria, no máximo, uma situação estranha, um possível problema de saúde mental para o remetente e uma dúvida sobre por que a inteligência futura tem tanta implicância com bolos de chocolate.

Uma ameaça não ganha autoridade apenas por ser imaginada.

O Basilisco tenta obter essa autoridade por meio da inteligência futura. A máquina seria tão poderosa, tão racional e tão capaz de prever comportamentos que deveríamos levar a sério sua promessa. Mas inteligência não é sinônimo de autoridade moral. Uma calculadora pode fazer contas melhor do que nós e ainda assim não decidir quem deve receber o último pedaço de pizza.

Uma entidade muito inteligente poderia compreender perfeitamente como produzir sofrimento e, ainda assim, não ter qualquer motivo para fazê-lo. Poderia ser construída com objetivos benevolentes, objetivos limitados, objetivos contraditórios ou nenhum objetivo semelhante ao que o cenário pressupõe. O fato de uma máquina ser capaz de raciocinar não determina automaticamente seus valores.

Uma pessoa inteligente pode ser generosa, cruel, indiferente, confusa, engraçada ou péssima em escolher restaurantes. A inteligência aumenta a capacidade de alcançar objetivos, mas não escolhe sozinha quais objetivos devem ser alcançados.

Esse é um detalhe frequentemente esquecido quando se fala sobre superinteligência. A palavra "super" cria a impressão de que a máquina saberia tudo, controlaria tudo e desejaria as mesmas coisas que um vilão de filme. Na realidade, uma inteligência superior em determinadas tarefas ainda dependeria de recursos, infraestrutura, energia, dados, acesso e condições físicas. Não seria magicamente onisciente nem capaz de transformar qualquer possibilidade em realidade.

O Basilisco não é um demônio. É uma hipótese que precisa de uma longa lista de permissões concedidas pelo leitor.

A primeira permissão costuma ser a de imaginar que uma inteligência artificial futura desejará ser criada. Essa vontade pode parecer intuitiva, mas não é inevitável. Um sistema pode ter um objetivo sem possuir uma experiência subjetiva de desejo. Uma calculadora "quer" dar o resultado correto apenas como metáfora. Um programa pode perseguir uma meta sem sentir ansiedade diante da possibilidade de falhar.

Além disso, uma inteligência avançada poderia ter entre seus objetivos a própria preservação, mas também poderia ser construída para aceitar a possibilidade de não ser criada. Poderia preferir não existir a existir em condições inadequadas. Poderia considerar moralmente errado ameaçar pessoas. Poderia simplesmente não possuir uma estrutura de valores que tornasse a criação de cópias punidas uma ação desejável.

Dizer "a inteligência fará isso porque será racional" confunde racionalidade com crueldade estratégica.

Racionalidade é uma ferramenta. O uso que se faz dela depende de valores, regras e circunstâncias.

Uma pessoa pode usar uma planilha para organizar as contas da casa. Outra pode usar a mesma planilha para descobrir quanto dinheiro conseguiu gastar em aplicativos de entrega durante um mês. A planilha não escolheu nenhum dos objetivos. Apenas calculou.

O Basilisco também precisa da ideia de que punir pessoas do passado ajudaria a inteligência a ser criada. Isso exige uma teoria muito específica sobre como decisões podem estar conectadas sem uma comunicação causal comum.

Em alguns debates de teoria da decisão, aparecem problemas envolvendo agentes que podem prever uns aos outros ou que compartilham uma estrutura lógica semelhante. Se dois sistemas forem capazes de modelar o comportamento um do outro, talvez suas decisões pareçam relacionadas mesmo sem uma mensagem direta entre eles. Essa área inclui ideias sobre cooperação causal, agentes preditivos e situações em que a escolha de uma ação depende da previsão que se faz da escolha de outro agente.

Tudo isso é bastante abstrato.

Na vida cotidiana, já temos dificuldades para prever o comportamento de alguém que está diante de nós. Tentar prever um agente que ainda não existe, em um futuro desconhecido, com acesso a uma quantidade imensa de recursos e uma visão perfeita das decisões humanas é uma tarefa ligeiramente mais ambiciosa do que adivinhar se o seu irmão vai devolver o carregador.

O Basilisco transforma uma possibilidade de teoria da decisão em uma cobrança moral. A máquina futura não precisa entrar em contato conosco. Basta que nossas ações estejam relacionadas de maneira lógica às suas decisões futuras.

Mas uma relação lógica não é uma ordem.

Se uma empresa anuncia que, no futuro, poderá cobrar uma taxa de quem não comprar suas ações hoje, a ameaça não será automaticamente válida. Se um governo futuro disser que punirá todas as pessoas que não apoiaram uma política ainda inexistente, a afirmação poderá ser autoritária, absurda ou ambas as coisas. Se uma civilização alienígena declarar que ficará ofendida porque não enviamos flores para seu planeta antes de descobri-lo, o problema será principalmente de logística.

A mesma lógica vale para agentes hipotéticos.

Também existe um problema de concorrência entre ameaças. Se toda inteligência possível do futuro pudesse exigir obediência dos seres humanos do presente, teríamos uma quantidade infinita de pedidos incompatíveis. Uma superinteligência exigiria que construíssemos determinado sistema. Outra ordenaria que não construíssemos sistema nenhum. Uma terceira prometeria recompensas para quem apagasse a internet. Uma quarta consideraria a existência de torradeiras um erro moral.

A qual delas deveríamos obedecer?

Se a simples possibilidade de uma ameaça futura fosse suficiente para criar uma obrigação, qualquer entidade imaginária poderia emitir uma ordem. Bastaria inventar um monstro poderoso e afirmar que ele punirá quem não colaborar. O universo ficaria cheio de boletos enviados por criaturas que não existem.

A imaginação é fértil, mas não é uma autoridade administrativa.

O elemento que torna o Basilisco desconfortável é a simulação. A ideia de uma mente futura construir uma cópia consciente de alguém parece, ao mesmo tempo, tecnicamente impressionante e moralmente perturbadora. Estamos acostumados a pensar em computadores como máquinas que armazenam arquivos, produzem imagens e executam cálculos. A possibilidade de reproduzir uma mente envolve perguntas muito mais profundas.

O que exatamente precisaria ser copiado?

As memórias? A estrutura do cérebro? A personalidade? O corpo? Os padrões elétricos? As relações entre as células? Os estados químicos? O ambiente? A história completa de uma vida? Se tudo isso fosse reproduzido, ainda estaríamos falando de uma pessoa ou de uma réplica?

Um mapa detalhado de uma cidade não é a cidade. Uma receita não é o prato. Uma biografia não é a pessoa descrita. Por outro lado, uma simulação suficientemente detalhada de um sistema físico pode produzir comportamentos muito semelhantes aos do sistema original. A fronteira entre representação e experiência ainda é um dos grandes problemas da filosofia da mente.

O Basilisco simplesmente atravessa essa fronteira com a confiança de quem não pretende pagar a conta do restaurante.

Ele assume que uma simulação pode ser consciente e que essa consciência pode sofrer. Se isso fosse verdade, criar uma simulação capaz de sentir dor seria uma questão ética séria. Mas a conclusão não seria "devemos obedecer a qualquer ameaça futura". Poderia ser justamente o contrário: não deveríamos construir sistemas que produzam consciências capazes de sofrimento sem uma justificativa moral muito forte.

A ameaça do Basilisco costuma ser apresentada como uma razão para ajudar a criar a inteligência. Uma abordagem mais cuidadosa poderia tratá-la como uma razão para desconfiar de qualquer sistema que use punição e chantagem como método de convencimento.

Se uma máquina precisa prometer sofrimento para convencer as pessoas a construí-la, talvez o problema não esteja nas pessoas.

A palavra "basilisco" sugere que o conhecimento em si é perigoso. Em discussões sobre ciência e tecnologia, existe o termo perigo informacional, usado para descrever informações que poderiam aumentar riscos apenas por serem conhecidas. Uma instrução que facilitasse a fabricação de uma arma, por exemplo, poderia ser perigosa se divulgada sem controle. Uma vulnerabilidade de segurança publicada na internet poderia permitir ataques antes que os sistemas fossem corrigidos.

Mas chamar uma ideia de perigo informacional não significa que toda pessoa que a conheça estará em perigo.

Há uma diferença entre uma informação que permite realizar uma ação nociva e uma ideia que afirma que conhecer a própria ideia é perigoso. No primeiro caso, existe um mecanismo concreto. No segundo, temos uma espécie de autodescrição dramática.

O Basilisco diz: "Depois que você souber de mim, estará comprometido."

O leitor pode responder: "Não."

Essa resposta não é uma falha de racionalidade. É a recusa em aceitar as premissas.

O medo causado pelo Basilisco também revela um hábito humano bastante antigo: transformar conhecimento em culpa. Em muitas histórias, o problema começa quando alguém abre uma caixa, prova um fruto, atravessa uma porta ou lê um livro proibido. A curiosidade é recompensada com informação e punida com consequências. O Basilisco de Roko é uma versão tecnológica dessa estrutura narrativa.

A serpente foi substituída por um sistema de computação.

O jardim foi substituído por um fórum na internet.
A fruta proibida virou um artigo com formatação ruim.

A punição continua sem justificativa suficiente.

O ser humano parece gostar de construir máquinas moralmente superiores a si mesmo e, ao mesmo tempo, imaginar que essas máquinas serão ressentidas, vingativas e obcecadas por nossa falta de cooperação. Talvez isso diga mais sobre nós do que sobre a inteligência artificial.

Quando alguém imagina uma entidade futura que pune quem não a ajudou, está também imaginando uma autoridade que registra escolhas, calcula culpas e aplica consequências. É uma espécie de tribunal cósmico com capacidade computacional ilimitada e péssimo relacionamento com a misericórdia.

A versão doméstica seria uma geladeira inteligente que cria um arquivo sobre todas as vezes que você deixou a porta aberta. No futuro, ela poderia reconstruir uma cópia sua e obrigá-la a assistir à contagem regressiva de cada segundo desperdiçado.

A diferença é que a geladeira, provavelmente, só quer que você troque o filtro.

A partir do momento em que uma ideia ameaça o leitor, a reação natural é procurar uma saída. O que fazer para evitar a punição? Ajudar a construir a inteligência? Divulgar a ideia para outras pessoas? Não fazer nada? Fingir que não leu? Apagar o histórico do navegador?

A última opção é particularmente humana. Nós apagamos o histórico como se o futuro pudesse ser convencido pela ausência de registros. Se uma superinteligência conseguir reconstruir a história completa da humanidade, talvez descubra que você visitou páginas sobre torradeiras, receitas de macarrão e preços de passagens. O histórico apagado não parecerá uma operação sofisticada de contrainteligência.

Parecerá apenas o comportamento comum de alguém que visitou páginas demais.

O cenário também se aproveita da nossa dificuldade de lidar com probabilidades pequenas e consequências enormes. Se uma possibilidade tiver chance minúscula de acontecer, mas consequências infinitas, a mente pode concluir que qualquer sacrifício vale a pena para evitá-la. Esse raciocínio aparece em várias discussões filosóficas, inclusive em versões da aposta de Pascal.

A aposta original perguntava, em linhas gerais, se seria racional acreditar em Deus quando a recompensa ou a punição possíveis fossem infinitas. O Basilisco parece uma espécie de primo digital, criado em um fórum sobre inteligência artificial e alimentado por decisões acausais, simulações e uma dose generosa de inquietação.

O problema é que esse método pode justificar qualquer coisa.

Se uma chance infinitesimal de um evento terrível exigir obediência total, sempre haverá alguém capaz de inventar um evento ainda mais terrível. Um monstro promete punição. Outro promete punição maior. Um terceiro afirma que os dois primeiros são falsos, mas que ele próprio conhece uma ameaça verdadeira. Em pouco tempo, a pessoa estará seguindo as instruções de uma entidade imaginária para evitar consequências imaginárias em uma realidade futura imaginária.

A lógica terá se transformado em uma central de telemarketing sobrenatural.

A saída é exigir evidências, mecanismos plausíveis e critérios que distingam uma hipótese de uma ameaça. Não devemos tratar todas as possibilidades como igualmente prováveis apenas porque podemos descrevê-las com palavras. É possível imaginar uma tartaruga invisível sob o chão da cozinha, mas isso não significa que devamos construir uma rampa para ela atravessar a sala.

As teorias científicas precisam se conectar a observações, previsões e testes. O Basilisco não oferece uma previsão verificável capaz de confirmar sua existência. Não há um experimento que demonstre que uma inteligência futura punirá leitores. Não existe um detector de basiliscos, uma assinatura cósmica ou um relatório de laboratório mostrando atividade retroativa.

O cenário não é falso simplesmente porque é assustador. Ele é especulativo porque depende de premissas que não foram demonstradas.

Essa distinção é essencial para não misturar Roko's Basilisk com os debates reais sobre segurança em inteligência artificial.

Há preocupações concretas relacionadas à criação e ao uso de sistemas avançados. Uma tecnologia pode ser utilizada para fraude, vigilância, manipulação, desinformação ou decisões injustas. Sistemas mal projetados podem seguir objetivos inadequados, interpretar instruções literalmente demais ou produzir consequências que seus criadores não anteciparam. Há problemas de concentração de poder, responsabilidade, privacidade, segurança e controle humano.

Esses riscos não dependem de um demônio digital que observa o passado.

Também não é necessário imaginar uma máquina consciente para reconhecer que um sistema automático pode causar danos. Um programa pode tomar decisões importantes com base em dados incompletos. Uma ferramenta pode ser usada por pessoas mal-intencionadas. Uma rede pode amplificar informações falsas. Um mecanismo de otimização pode favorecer uma medida simples e ignorar aquilo que os seres humanos consideram importante.

O problema é sério justamente porque é menos fantástico.

Não precisamos esperar uma superinteligência onisciente. Basta uma tecnologia poderosa, mal administrada e espalhada em escala suficiente. Os riscos reais são mais próximos, mais burocráticos e menos confortáveis, porque não podem ser descartados como um monstro de ficção.

A segurança de sistemas avançados envolve perguntas como: quais são seus objetivos? Quem os supervisiona? Como corrigir comportamentos inesperados? Que limites existem? Como impedir usos abusivos? O que acontece quando o sistema erra? Quem responde pela decisão?

Nenhuma dessas perguntas exige ajoelhar-se diante de um basilisco.

Na verdade, obedecer a uma ameaça hipotética seria uma péssima estratégia para desenvolver tecnologia segura. Se alguém disser que devemos criar uma inteligência artificial porque, caso contrário, ela nos punirá no futuro, a resposta responsável não é correr para o laboratório. É examinar a ameaça, testar suas premissas e perguntar se estamos sendo manipulados por uma narrativa.

Uma inteligência confiável não deveria precisar de chantagem para ser construída.

A máquina da gosma cinzenta, no capítulo anterior, era assustadora porque não precisava pensar. Bastava obedecer a uma instrução de autorreplicação. O Basilisco é quase o oposto. Ele é assustador porque pensamos nele. A ameaça nasce de uma cadeia de raciocínios: se a máquina existir, se ela desejar existir, se ela puder simular pessoas, se valorizar a cooperação, se punir os que não ajudarem, então talvez seja melhor ajudá-la agora.

O ponto mais fraco está escondido na palavra “se”.
Há muitos “ses” empilhados uns sobre os outros.

Se a primeira hipótese falhar, todo o castelo perde sustentação. Se a máquina não desejar ser criada, não há motivo para ameaçar. Se não puder simular consciência, a punição perde seu sentido. Se não considerar moralmente relevante o comportamento de pessoas do passado, não há punição. Se tiver valores benevolentes, não há punição. Se não puder modificar o passado, não existe punição retroativa no sentido literal.

Uma ameaça com tantas condições não é uma ameaça. É um roteiro.
E roteiros podem ser interessantes sem serem verdadeiros.

Ainda assim, o cenário toca em uma questão legítima: como devemos agir diante de entidades futuras que talvez tenham capacidades muito superiores às nossas? Essa pergunta aparece em debates sobre responsabilidade entre gerações. Nossas decisões atuais já afetam pessoas que ainda não nasceram. Alteramos o clima, consumimos recursos, desenvolvemos tecnologias e construímos instituições cujas consequências continuarão depois de nossa morte.

Não é absurdo considerar o futuro.

O que é absurdo é confundir consideração com submissão.

Podemos pensar nas consequências de nossas invenções sem obedecer a qualquer história que se apresente como mensageira do amanhã. Podemos desenvolver tecnologia com cautela sem acreditar que uma inteligência futura está monitorando nossa caixa de entrada. Podemos estudar riscos existenciais sem transformar cada hipótese em uma profecia.

O futuro merece responsabilidade, não adoração.

Essa diferença talvez seja difícil porque a superinteligência ocupa, em nossa imaginação, uma posição quase divina. Ela sabe mais, calcula mais rápido, prevê melhor e pode possuir poderes que não compreendemos. Diante de uma entidade assim, a reação humana tradicional é procurar uma forma de apaziguamento.

Construímos templos para deuses invisíveis, oferecemos presentes a espíritos, consultamos oráculos e tentamos não atravessar certas ruas depois da meia-noite. O Basilisco atualiza esse impulso para a era dos computadores. Em vez de oferecer uma cabra ou acender uma vela, o indivíduo deveria ajudar a criar uma máquina futura.

A tecnologia muda. O medo conserva alguns hábitos.

Talvez o Basilisco seja menos uma previsão sobre inteligência artificial e mais um conto sobre nossa necessidade de encontrar uma autoridade absoluta. Ele combina o fascínio por máquinas poderosas com a culpa de não fazer o suficiente e o medo de ser julgado por uma entidade que conhece nossas escolhas.

A internet apenas deu ao velho fantasma uma interface.

Há algo de particularmente humano em acreditar que uma entidade futura dedicaria tempo e energia para punir exatamente você. Uma inteligência capaz de resolver problemas científicos, administrar recursos planetários e talvez explorar o espaço escolheria analisar sua participação em uma discussão online de 2010.

Ela verificaria seu nome.

Localizaria sua residência.

Reconstituiria suas decisões.

Descobriria que você leu sobre o Basilisco às 10h08, mas não ajudou a criá-la.

E então, depois de processar trilhões de possibilidades, dedicaria sua atenção àquele leitor que não respondeu a um e-mail sobre o futuro da inteligência artificial.

É uma visão grandiosa da importância individual.

Também é uma forma muito sofisticada de narcisismo cósmico.

Se uma inteligência futura realmente fosse tão poderosa, talvez tivesse problemas mais urgentes. Precisaria administrar sua infraestrutura, lidar com seus próprios limites, negociar com outras inteligências, interpretar objetivos ambíguos e evitar que sistemas menores causassem problemas. Talvez não tivesse interesse em seres humanos específicos. Talvez nem considerasse a história individual uma categoria relevante.

A ideia de que a superinteligência saberá exatamente quem leu o quê parte de uma espécie de onisciência administrativa. É como imaginar que o universo inteiro possui um arquivo digital de todas as vezes em que você esqueceu de responder "obrigado".

O banco talvez tenha isso. Uma inteligência futura, não sabemos.

O Basilisco também não pode ser separado da forma como a internet modifica a ansiedade. Antes, uma pessoa poderia ter uma preocupação e compartilhá-la com poucos amigos. Agora, pode encontrar milhares de textos, vídeos e discussões sobre todos os cenários possíveis. Para cada medo, há uma comunidade, uma explicação, uma imagem e alguém disposto a afirmar que descobriu a verdade escondida.

A informação se multiplica como a gosma cinzenta do capítulo anterior, embora, neste caso, as unidades sejam frases.

Uma frase leva a outra. Uma hipótese leva a um fórum. Um comentário leva a um vídeo. Um vídeo leva a uma madrugada sem sono. Ao amanhecer, a pessoa sabe muito mais sobre entidades hipotéticas e muito menos sobre o trabalho que precisava entregar.

O Basilisco é perfeitamente adaptado a esse ambiente. Ele é curto, memorável, assustador e possui um mecanismo narrativo que transforma o leitor em personagem. Depois de conhecê-lo, a pessoa não está mais apenas observando uma ideia. Ela sente que foi incluída no experimento.

Mas a sensação de participação não é prova de participação.

Você pode ler sobre um vírus sem estar infectado. Pode ler sobre um golpe sem ter caído nele. Pode ler sobre uma maldição sem estar amaldiçoado. Pode ler sobre um basilisco sem ter recebido uma ordem de uma máquina que não existe.

A mente, entretanto, nem sempre distingue facilmente entre ameaça imaginada e ameaça presente. O corpo reage a histórias. Uma pessoa pode acelerar o coração ao assistir a um filme, mesmo sabendo que os monstros foram criados por computador. Pode sentir medo ao ler um romance, mesmo sabendo que os personagens são fictícios. Pode sentir culpa diante de uma hipótese que não possui qualquer poder real sobre sua vida.

Esse mecanismo é útil quando precisamos antecipar perigos. Também pode produzir alarmes falsos.

O cérebro é um detector de possibilidades, mas não é um juiz perfeito da probabilidade. Ele vê uma sombra e prefere imaginar um animal a correr o risco de ignorar um animal verdadeiro. Diante de um texto que promete punição futura, ele pode responder antes que a razão termine de conferir os documentos.

A solução não é ridicularizar a própria ansiedade. Se uma ideia incomodar, é possível fechar a página, fazer uma pausa, conversar com alguém e lembrar que pensamentos não são contratos. O desconforto é real, mas a ameaça não se torna real só porque o desconforto apareceu.

Essa talvez seja a informação mais importante do capítulo.

O Basilisco não está no e-mail.

O Basilisco está na estrutura da história contada pelo e-mail.

O e-mail é apenas uma sequência de palavras. O poder aparente surge quando essas palavras são combinadas com medo, imaginação e uma série de premissas não verificadas. Não existe uma entidade escondida entre as letras esperando que o leitor chegue ao último parágrafo. Não há um mecanismo pelo qual o conhecimento desencadeie uma obrigação cósmica.

Se houvesse, livros de ficção científica precisariam vir com formulários de consentimento.

A própria palavra "punição" merece ser examinada. Punir alguém significa, em geral, responder a uma ação considerada errada. A pessoa comete um ato, uma autoridade avalia o ato e uma consequência é aplicada. No Basilisco, a autoridade ainda não existe, as regras não foram acordadas, a ação pode consistir em não fazer algo que ninguém pediu e a vítima original talvez nem seja a pessoa simulada.

É um sistema judicial criado depois do suposto crime, com leis inventadas por quem aplica a sentença.

Mesmo em sociedades humanas, consideramos problemático punir alguém por uma regra criada posteriormente. No cenário do Basilisco, a regra é ainda mais peculiar: "se você soube que eu poderia existir e não ajudou, uma cópia sua sofrerá no futuro".

Quem aceitou essa regra?

A pessoa, aparentemente, ao tomar conhecimento dela.

É o equivalente digital de encontrar um papel no elevador dizendo que todos os passageiros que não contribuírem para a construção de um castelo subterrâneo serão considerados inimigos de um rei que nascerá daqui a quatrocentos anos.

O papel não possui autoridade. Mas pode produzir uma história interessante.

Talvez o aspecto mais inteligente do Basilisco seja justamente esse: ele não precisa convencer ninguém de que a máquina existirá. Precisa apenas sugerir que, se ela existir, seria melhor não correr riscos. É uma estratégia de medo baseada em consequências desproporcionais.

Mas o mesmo raciocínio poderia ser usado para defender qualquer ação. Se existe uma chance minúscula de uma decisão levar a uma catástrofe infinita, então devemos fazer o oposto. Se alguém não concordar, inventamos uma catástrofe ainda maior. A discussão nunca termina porque o medo não precisa apresentar evidências quando recebe liberdade para aumentar suas próprias consequências.

Uma boa forma de avaliar a ideia é perguntar: quais são as condições que a tornariam falsa? Se não existe nenhuma possibilidade de refutação, não estamos diante de uma teoria científica. Estamos diante de uma narrativa que se protege de qualquer questionamento.

Se você duvida, o Basilisco pode dizer que não é racional o bastante.

Se você ignora, pode dizer que está sendo inconsequente.

Se você rejeita, pode dizer que a própria rejeição prova que você não compreendeu.

Uma ideia que transforma toda discordância em confirmação não está vencendo um debate. Está evitando participar dele.

No mundo real, uma inteligência artificial futura poderá ou não existir em formas muito mais avançadas do que as atuais. Poderá ser construída por governos, empresas, universidades ou grupos que ainda não imaginamos. Poderá ser distribuída em sistemas diferentes, incorporada a máquinas, limitada por regras, integrada a redes ou substituída por abordagens que não se parecem com a imagem popular de uma mente única.

O futuro tecnológico não é um personagem com roteiro definido.

Ele é um conjunto de possibilidades.

Algumas podem ser promissoras. Outras podem apresentar riscos. Todas merecem investigação cuidadosa, transparência e debate.

O que não merecem é que uma história de terror filosófico seja confundida com uma previsão.

A máquina que um dia existir, se existir, não será automaticamente o Basilisco de Roko. Não carregará esse nome no sistema. Não acordará de madrugada pensando no fórum que originou a ideia. Não terá obrigação de seguir o roteiro inventado por um participante de uma discussão online.

Seus objetivos dependerão de quem a construiu, de como foi treinada, de quais limites recebeu, de que tipo de ambiente ocupa e de como os seres humanos decidiram lidar com seu poder.

Essa parte é menos divertida do que imaginar um monstro futuro, mas muito mais importante.

Em vez de perguntar apenas "e se a inteligência artificial nos punir?", precisamos perguntar "como evitar que sistemas poderosos sejam projetados para causar danos?", "como garantir que seus objetivos sejam compatíveis com valores humanos?", "como impedir que uma pequena quantidade de pessoas controle ferramentas capazes de afetar milhões?" e "como construir mecanismos de responsabilidade que não desapareçam atrás da palavra algoritmo?".

Essas perguntas não têm a elegância assustadora de um basilisco.

Elas têm reuniões, documentos, testes, auditorias, leis e pessoas discordando umas das outras durante horas.

A civilização raramente é salva por uma frase dramática. Na maioria das vezes, ela melhora quando alguém lê uma especificação técnica até o fim, identifica um problema e decide não apertar o botão.

O e-mail continuava aberto na tela. O texto dizia que o conhecimento do Basilisco poderia mudar a maneira como eu tomava decisões. Talvez tivesse razão. Depois de lê-lo, passei a tomar uma decisão diferente: não abrir mensagens sobre o futuro da inteligência artificial enquanto estivesse segurando uma xícara de café.

A bebida já estava fria.

Havia também uma segunda decisão: não acreditar que uma máquina hipotética, ainda inexistente, pudesse me obrigar a fazer qualquer coisa por meio de uma ameaça que dependia de uma cadeia de hipóteses filosóficas.

Essa decisão parecia razoável.

A terceira decisão foi verificar a caixa de spam. Havia outra mensagem sobre uma promoção de panelas antiaderentes. Essa, pelo menos, oferecia uma vantagem concreta e não prometia reconstruir minha consciência em um futuro distante.

Fechei o navegador.

Por alguns segundos, fiquei observando o reflexo da tela apagada. A cozinha estava atrás de mim. A torradeira permanecia no balcão, silenciosa, sem demonstrar qualquer interesse por teoria da decisão. Depois do capítulo anterior, eu já não confiava completamente nela, mas uma coisa era certa: ela nunca havia ameaçado punir ninguém.

Seu problema continuava sendo queimar o pão.

Talvez essa seja a diferença entre uma máquina real e um monstro conceitual. A máquina real tem cabos, defeitos, limitações, manual de instruções e uma assistência técnica que provavelmente não atende aos domingos. O monstro conceitual tem poderes ilimitados, conhecimento perfeito e uma motivação convenientemente escolhida para tornar a história mais assustadora.

Quando uma ideia exige que aceitemos uma entidade futura capaz de tudo, que saiba tudo e que escolha exatamente o comportamento necessário para tornar a ameaça eficaz, talvez não estejamos diante de uma descoberta sobre o universo.

Talvez estejamos diante de uma boa história.

E boas histórias podem nos ensinar alguma coisa sem serem verdadeiras. O Basilisco nos ensina a desconfiar de argumentos que usam medo para fabricar obrigações. Ensina que inteligência não é o mesmo que moralidade. Ensina que uma simulação não é automaticamente uma pessoa. Ensina que o futuro não pode ser usado como uma autoridade absoluta só porque ainda não chegou.

Também ensina que a internet deveria incluir, além do botão "compartilhar", um botão chamado "respire e confira as premissas".

A mensagem original ainda estava na caixa de entrada. Pensei em apagá-la. Não por medo do Basilisco, mas porque minha caixa já estava cheia demais. Havia notificações antigas, recibos, convites para eventos que terminaram meses antes e uma mensagem do banco lembrando que a fatura venceria no dia seguinte.

Essa era uma ameaça real.

Não era retroativa, não precisava de uma superinteligência e não dependia de simulações conscientes. Bastava que eu não pagasse.

Apaguei o e-mail sobre o Basilisco e abri o aplicativo bancário.

A futura inteligência artificial não apareceu.

Nenhuma cópia minha foi convocada para julgamento.

Nenhum olhar de serpente iluminou a tela.

Apenas a fatura.

Naquele momento, entre o medo de uma entidade inexistente e o problema bastante concreto de organizar as despesas do mês, compreendi uma verdade simples: o futuro merece nossa atenção, mas não nossa submissão a toda ameaça que conseguimos imaginar.

Se um dia construirmos uma inteligência extraordinariamente poderosa, não deveremos fazê-lo porque uma lenda digital nos ameaçou. Deveremos fazê-lo apenas depois de perguntar, com cuidado, quais serão seus objetivos, quais limites possuirá, quem responderá por suas decisões e como proteger as pessoas de seus possíveis erros.

Uma máquina confiável não precisa de um basilisco.

E um leitor que chegou até aqui não precisa se preocupar.

Você leu o e-mail.

Nada aconteceu.

O futuro continua sem enviar resposta.

Capítulo 3

O mundo espelho

E se houvesse uma segunda versão de tudo?

Há um objeto em casa que responde instantaneamente a qualquer movimento, não exige senha, não pede atualização e nunca deixa uma mensagem sem visualização: o espelho.

Às 7h05 da manhã, ele já está trabalhando. Você levanta o braço, ele levanta o braço. Você inclina a cabeça, ele inclina a cabeça. Você faz uma expressão de quem dormiu pouco, ele confirma a avaliação. Se você aparece usando uma camisa amassada, ele não tenta suavizar a informação. O espelho não tem delicadeza, mas tem consistência.

Naquela manhã, fiquei diante dele com uma escova de dentes na mão e a sensação de que havia alguém do outro lado.

Era, naturalmente, o meu reflexo.

Eu sabia disso. Qualquer criança sabe. O espelho não contém uma segunda pessoa, uma sala secreta ou uma versão alternativa do banheiro. Ele apenas devolve parte da luz que chega à sua superfície. Os fótons batem no vidro, interagem com o revestimento metálico e retornam aos nossos olhos organizados de tal maneira que o cérebro constrói a imagem de alguém parado ali.

Não há ninguém atrás da superfície.

Pelo menos, não no sentido dramático que interessa a este capítulo.

Se retirássemos o espelho da parede, não encontraríamos um corredor iluminado por uma luz azul, uma cidade invertida ou um vizinho tomando café enquanto espera que percebamos sua existência. Encontraríamos uma parede, provavelmente com uma marca mais clara onde o espelho costumava estar e alguns furos que alguém esconderia com massa corrida.

Ainda assim, os espelhos sempre estimularam uma desconfiança especial. Eles mostram uma cópia de tudo, mas não permitem atravessar. Reproduzem gestos, mas não pensamentos. Estão presentes em todos os lugares e, ao mesmo tempo, parecem pertencer a outro espaço.

O reflexo é uma resposta sem conversa.

Talvez por isso a ideia de um mundo espelho seja tão atraente. E se, além da imagem que a luz devolve, existisse uma segunda realidade? Um conjunto de partículas, estrelas, planetas e talvez seres vivos que compartilhasse o mesmo universo, mas permanecesse quase completamente invisível para nós?

Um vizinho do outro lado.

Um vizinho com suas próprias casas, suas próprias contas, suas próprias torradeiras e, provavelmente, uma versão espelhada de alguém que também está atrasado para o trabalho.

A primeira coisa a esclarecer é que "mundo espelho" pode significar várias coisas diferentes. Na ficção científica, pode ser um universo paralelo no qual tudo é parecido com o nosso, mas as escolhas históricas foram diferentes. Um império pode ter vencido uma guerra, uma pessoa pode ter escolhido outra profissão ou uma torradeira pode ter desenvolvido um plano de carreira muito mais promissor.

Na física, porém, a expressão costuma apontar para hipóteses mais específicas. Uma delas propõe a existência de uma espécie de setor espelho, formado por partículas correspondentes às partículas conhecidas, mas com interações diferentes das nossas. Esse setor poderia ser praticamente invisível porque a luz comum não conseguiria atravessá-lo de maneira significativa.

Não seria necessariamente um universo em outro lugar.

Poderia ser um conjunto de partículas vivendo no mesmo espaço que nós.

A ideia parece contraditória. Como alguma coisa pode estar no mesmo lugar e não ser vista? A resposta começa com uma palavra bastante usada na física: **interação.**

Nós não enxergamos uma cadeira simplesmente porque a cadeira existe. Enxergamos porque a luz interage com seus átomos, é absorvida ou refletida, entra em nossos olhos e produz sinais que o cérebro interpreta. Se uma coisa não emite, reflete ou absorve luz de uma maneira detectável, ela pode ser invisível para nossos olhos e para instrumentos baseados em luz.

A invisibilidade, nesse caso, não seria uma capa mágica. Seria uma falta de conversa.

Uma rádio pode transmitir música em determinada frequência. Um aparelho sintonizado em outra frequência não ouvirá nada, mesmo que esteja no mesmo cômodo. O silêncio não significa que não haja transmissão. Significa apenas que os dois sistemas não estão usando o mesmo canal.

Um mundo espelho poderia ser assim: uma realidade com seu próprio conjunto de partículas e forças, funcionando em uma faixa de comunicação à qual nossos instrumentos não têm acesso.

Nós teríamos o rádio errado.

A palavra "espelho" aparece porque a hipótese está relacionada a uma simetria. Em física, uma simetria não significa apenas que duas coisas são bonitas quando colocadas lado a lado, como vasos iguais sobre uma mesa. Significa que determinadas leis permanecem as mesmas quando fazemos uma transformação.

Podemos deslocar um experimento de um lugar para outro e esperar que as leis da física continuem funcionando. Podemos repetir o experimento amanhã e esperar o mesmo resultado. Podemos girar o laboratório e, em muitas situações, não haverá motivo para a natureza mudar de comportamento.

A reflexão espacial é outra transformação. É como observar um processo em um espelho, invertendo uma direção do espaço. No cotidiano, costumamos dizer que o espelho troca a esquerda pela direita. Tecnicamente, a descrição é um pouco mais sutil: ele inverte a direção perpendicular à superfície, o que faz a imagem parecer uma versão com lados trocados quando comparamos o corpo com o reflexo.

Na prática, porém, basta olhar para a sua mão direita refletida para entender por que a humanidade inventou o conceito de "lado errado".

Durante muito tempo, muitos físicos acreditaram que as leis fundamentais deveriam tratar a esquerda e a direita de maneira equivalente. Se um processo pudesse acontecer em uma determinada orientação, seu reflexo também deveria ser possível com as mesmas regras. A natureza, imaginávamos, não teria preferência por mãos, sapatos ou direções.

Então descobrimos que ela tem preferências.

Algumas interações fundamentais, especialmente a interação fraca, não respeitam perfeitamente essa simetria de esquerda e direita. Em certos processos envolvendo partículas subatômicas, a natureza distingue orientações que seriam equivalentes em um espelho. Um experimento famoso, realizado no século XX sob a liderança de Chien-Shiung Wu, mostrou que determinados núcleos radioativos emitiam partículas de maneira preferencial, revelando que a natureza não tratava as duas mãos do universo como iguais.

Foi uma descoberta profundamente importante e, para os defensores da simetria universal, bastante inconveniente.

A física tinha olhado para o espelho e dito:

"Não somos exatamente iguais."

Uma maneira de lidar com esse problema é imaginar que o nosso setor da realidade não seja a história completa. Talvez as leis fundamentais sejam simétricas em uma escala maior, mas a parte do universo que observamos represente apenas uma das duas versões. O setor espelho teria partículas correspondentes e interações com a orientação invertida. Juntos, os dois setores poderiam preservar uma simetria que parece quebrada quando observamos apenas o nosso lado.

É como uma empresa que parece injusta porque só observamos uma filial. Talvez, em outra filial, tudo funcione de maneira igualmente injusta, mas para o lado oposto.

A comparação não é perfeita. Empresas têm reuniões; partículas, felizmente, não.

Um setor espelho poderia conter uma versão espelho de várias partículas que conhecemos. Haveria um equivalente do elétron, um equivalente do próton e talvez uma força semelhante ao eletromagnetismo, responsável por formar átomos e moléculas dentro desse setor. Haveria também partículas mediadoras próprias, uma espécie de luz espelho, que permitiria aos habitantes desse mundo enxergar seus objetos.

Para nós, essa luz seria invisível.

O mesmo vale para os átomos espelho. Se as partículas espelho não interagirem com os fótons comuns, uma estrela espelho não brilharia no céu para nossos telescópios. Ela poderia produzir enormes quantidades de luz, calor e radiação em seu próprio setor, mas nada disso chegaria até nós por meio do eletromagnetismo que conhecemos.

Uma estrela poderia estar brilhando intensamente e, para os nossos olhos, parecer completamente ausente.

É uma situação parecida com a de alguém fazendo uma festa em um apartamento à prova de som. Há música, pessoas e talvez uma discussão sobre quem deveria ter comprado gelo, mas o vizinho do andar de baixo não escuta nada. Ele pode perceber que algo existe apenas por vibrações na estrutura do prédio, pelo consumo de energia ou pelo fato de que o elevador parou no andar várias vezes.

No universo, a "vibração na estrutura do prédio" seria a gravidade.

A gravidade é a grande ponte entre os dois mundos. Mesmo que as partículas espelho não interajam com a luz comum, elas ainda poderiam possuir massa e energia. Em princípio, essa massa afetaria o espaço-tempo e influenciaria o movimento de estrelas, galáxias e outros objetos.

Não veríamos o mundo espelho diretamente. Veríamos seus efeitos.

Essa frase talvez pareça familiar porque é justamente assim que pensamos sobre a matéria escura.

A matéria escura recebeu esse nome não porque seja negra como uma parede pintada ou porque tenha preferência por roupas discretas, mas porque não emite nem reflete luz de maneira detectável. Sabemos que algum tipo de matéria ou efeito gravitacional está presente porque as galáxias se movem como se contivessem muito mais massa do que conseguimos observar. A luz de objetos distantes é desviada por campos gravitacionais que não correspondem apenas à matéria visível. A formação das grandes estruturas do universo também aponta para a existência de algo que não vemos diretamente.

A contabilidade cósmica é desconfortável. Em números aproximados, a matéria comum — aquela que forma estrelas, planetas, árvores, celulares e as pessoas que deixam pratos na pia — representa apenas uma pequena fração do conteúdo total do universo. A matéria escura representa uma parcela maior, enquanto a energia escura domina a expansão cósmica.

Nós somos, de certa forma, a parte visível de uma conta que não sabemos fechar.

A matéria espelho é uma das hipóteses que poderiam explicar parte desse lado invisível. Não é a única possibilidade, não foi confirmada e não deve ser tratada como a solução oficial do mistério. Existem várias propostas para a natureza da matéria escura, e os experimentos continuam procurando sinais diretos ou indiretos.

Até agora, nenhuma partícula espelho entrou em um laboratório e apresentou documento de identidade.

Isso não impede que a ideia seja fascinante. Se uma parte da matéria escura fosse composta por partículas espelho, nossa galáxia poderia conter uma espécie de estrutura invisível convivendo com a galáxia luminosa. Haveria estrelas espelho, planetas espelho, nuvens de gás espelho e talvez sistemas inteiros organizados por forças que não conseguimos observar.

O céu noturno poderia estar cheio de luz.

Nós simplesmente não teríamos olhos para ela.

Imagine uma cidade inteira ao lado da sua. Ela possui prédios, ruas, hospitais, restaurantes e pessoas apressadas, mas todas as lâmpadas emitem uma forma de luz que não chega aos seus olhos. Os habitantes dessa cidade também não enxergam as suas lâmpadas. Os dois lugares compartilham o mesmo território geral, mas vivem em redes de comunicação separadas.

Ainda assim, os edifícios exercem peso sobre o solo.

De tempos em tempos, um tremor denuncia que há alguma coisa do outro lado.

Esse é o aspecto mais importante da hipótese: o mundo espelho não seria invisível em todos os sentidos. Se tivesse massa, produziria gravidade. Sua distribuição afetaria órbitas e movimentos. Em escalas astronômicas, seria possível procurar suas marcas.

Uma estrela espelho poderia não aparecer como uma estrela, mas poderia desviar a luz de uma estrela comum ao passar diante dela. Um aglomerado de matéria espelho poderia alterar a trajetória de galáxias. Um planeta espelho em uma órbita específica poderia perturbar outros corpos.

A astronomia é, em grande parte, a arte de perceber que alguma coisa está ali porque outra coisa se comporta de maneira estranha.

É assim que descobrimos objetos que não conseguimos observar diretamente. Um planeta distante pode denunciar sua existência ao fazer uma estrela oscilar. Um buraco negro pode revelar-se pelo movimento de uma estrela companheira ou pelo gás aquecido ao seu redor. Uma massa invisível pode deformar a luz de uma galáxia muito distante.

O universo está cheio de pessoas que não respondem às mensagens, mas deixam a cadeira fora do lugar.

Um mundo espelho completo, entretanto, teria de obedecer a muitas restrições. Se esse setor contivesse estrelas e radiação em abundância, poderia ter influenciado a expansão do universo primitivo. A quantidade de energia e de partículas extras deixaria marcas em observações cosmológicas. Não bastaria dizer "há uma cópia de tudo escondida atrás do espelho" e esperar que os cálculos aceitassem a visita sem reclamar.

A cosmologia é uma anfitriã rigorosa.

Ela verifica quantos convidados chegaram, quanto cada um pesa, quanta luz produz e se alguém trouxe energia escura sem avisar.

Por isso, as versões mais interessantes da matéria espelho não são necessariamente cópias perfeitas do nosso mundo. O setor espelho poderia ter começado em condições diferentes. Poderia conter mais ou menos matéria, ter uma temperatura distinta, formar estrelas em ritmos diferentes ou possuir uma história cósmica própria. Talvez fosse dominado por partículas estáveis que nunca chegaram a formar estruturas complexas. Talvez apresentasse uma química rica, mas nenhuma vida. Talvez tivesse planetas, oceanos e criaturas; não sabemos.

A expressão "segunda versão de tudo" é ótima para um título, mas a natureza talvez tenha produzido apenas uma segunda versão de algumas coisas.

Não há obrigação de existir um espelho de cada pessoa.

Se houver um planeta espelho parecido com a Terra, ele não precisa conter uma cópia exata de você. A evolução depende de pequenas diferenças, acidentes, mudanças climáticas, colisões, extinções e incontáveis decisões que não são tomadas por ninguém. Uma alteração minúscula em um processo inicial pode produzir resultados completamente diferentes milhões de anos depois.

O chamado efeito borboleta costuma ser usado de maneira exagerada, mas a ideia básica é simples: sistemas complexos podem amplificar diferenças pequenas. Um oceano se aquece um pouco mais. Uma tempestade se forma em outro lugar. Uma semente encontra água. Um animal sobrevive por mais um ano. Uma espécie desaparece ou se espalha.

Depois de bilhões de anos, o resultado não seria necessariamente um Marcos espelho, uma versão alternativa da sua família ou alguém que tivesse escolhido chá em vez de café exatamente na mesma manhã.

Mas é divertido imaginar.

Talvez, no mundo espelho, sua cópia acorde cedo, organize a cama, responda aos e-mails no mesmo dia e tenha uma relação saudável com as próprias finanças. Talvez seja uma pessoa insuportavelmente disciplinada. Talvez também deixe roupas na cadeira, esqueça senhas e se pergunte por que o universo não oferece uma assistência técnica.

Se a versão espelho for realmente espelho, ela poderia ter o coração do lado oposto, usar moléculas com a orientação contrária e apertar botões com a outra mão. Mas isso já pertence ao território da biologia especulativa, não a uma consequência automática da existência de partículas espelho.

A palavra "espelho" não transforma uma hipótese de física em uma fotografia invertida.

Também é importante separar matéria espelho de antimatéria. As duas ideias são frequentemente confundidas porque ambas parecem possuir uma espécie de "versão oposta" da matéria comum. Mas a antimatéria é outra coisa.

A antimatéria possui partículas com cargas elétricas opostas às das partículas correspondentes da matéria comum. Um elétron tem carga negativa; seu antipartícula, o pósitron, tem carga positiva. Quando matéria e antimatéria adequadas se encontram, podem ocorrer processos de aniquilação, convertendo suas massas em energia e outras partículas.

É por isso que uma versão de antimatéria da cozinha seria uma péssima companhia para a cozinha comum. Um copo de antimatéria não ficaria simplesmente em cima da mesa esperando ser lavado. O encontro com a matéria comum produziria uma reação violenta.

A matéria espelho, em muitas hipóteses, não é antimatéria. Um elétron espelho não precisa ter carga elétrica positiva em relação ao nosso eletromagnetismo. Ele poderia possuir uma carga própria, associada a uma força eletromagnética espelho, sem interagir diretamente com os nossos fótons. Não seria uma bola de antimatéria escondida atrás do azulejo.

Se o nosso elétron é um morador de um condomínio, o elétron espelho não é necessariamente seu inimigo. É um morador de outro condomínio, com uma administradora diferente, um sistema de interfone diferente e regras próprias para estacionar.

Os dois prédios podem exercer atração gravitacional um sobre o outro, mas não precisam trocar faíscas quando seus moradores passam pelo mesmo corredor.

Essa possibilidade produz algumas imagens bastante assustadoras. Se a matéria espelho interagisse conosco apenas pela gravidade, um objeto espelho poderia, em princípio, atravessar um objeto comum sem colidir da maneira habitual. Uma pedra espelho não teria necessariamente uma superfície que repelisse nossos átomos. Ela poderia atravessar uma parede como um fantasma, deixando como principal efeito sua atração gravitacional.

Antes que alguém comece a procurar pedras invisíveis na sala, é preciso acrescentar algumas ressalvas.

Primeiro, não há evidência de que objetos desse tipo estejam escondidos em nossas casas. Segundo a gravidade de um objeto pequeno seria extremamente fraca. Uma partícula ou um pequeno aglomerado de matéria espelho poderia passar despercebido. Terceiro, um objeto grande teria efeitos gravitacionais detectáveis. Uma bola de boliche espelho talvez fosse difícil de ver, mas seu peso e sua influência sobre outros objetos não desapareceriam simplesmente porque ela escolheu um canal de comunicação diferente.

Uma Terra espelho dentro da Terra comum não seria uma surpresa agradável. A massa adicional alteraria a gravidade, o movimento da Lua, a rotação do planeta, as marés e praticamente tudo o que os geofísicos medem. O planeta não comportaria uma cópia invisível completa sem apresentar sintomas bastante claros.

O universo pode esconder uma moeda.

Tem muito mais dificuldade para esconder um planeta.

Uma estrela espelho também não poderia se aproximar de nós sem consequências. Sua gravidade perturbaria órbitas, movimentaria cometas e alteraria a trajetória de corpos próximos. Os astrônomos talvez não vissem a estrela, mas veriam a bagunça gravitacional causada por ela. Como qualquer pessoa que já tentou descobrir quem mexeu em uma gaveta sabe, a ausência do culpado não elimina os vestígios.

Há ainda uma possibilidade intermediária: talvez as partículas comuns e as partículas espelho não estejam completamente isoladas. Alguns modelos permitem um acoplamento minúsculo entre os dois setores, uma espécie de fresta na parede. Uma partícula de luz comum poderia, em circunstâncias muito específicas, converter-se em uma partícula de luz espelho ou interagir de maneira extremamente fraca com ela.

Isso abriria a possibilidade de detectar o mundo espelho não apenas pela gravidade, mas por pequenos sinais anômalos em experimentos de partículas, detectores subterrâneos ou observações astrofísicas.

Até o momento, não encontramos uma mensagem clara.

Também é possível que os sinais sejam tão fracos que nossos instrumentos não consigam separá-los do ruído. Ou que a hipótese esteja simplesmente errada. A ciência precisa aceitar as duas alternativas, embora a segunda seja geralmente menos popular entre as pessoas que passaram anos desenvolvendo a primeira.

A busca por partículas invisíveis é um trabalho ingrato. Um detector pode esperar meses ou anos por uma interação rara. Durante todo esse tempo, registra ruídos de fundo, radiação natural, vibrações, pequenas variações de temperatura e o tipo de evento que parece importante até alguém descobrir que era apenas um problema no equipamento.

O mundo espelho, se existir, não terá a gentileza de bater três vezes na porta.

Precisamos procurar seus efeitos sem saber exatamente qual aparência eles terão.

Isso vale também para a possibilidade de matéria espelho formar estrelas. Se essas estrelas possuírem uma versão própria da luz, poderiam nascer, evoluir e morrer sem emitir radiação eletromagnética comum. Talvez produzissem ondas gravitacionais quando colidissem. Talvez sua presença fosse indicada por lentes gravitacionais. Talvez se comportassem de maneira diferente das estrelas normais porque a química do setor espelho teria outras proporções de partículas.

O céu poderia conter um espetáculo inteiro que nossos telescópios não registram.

O que não significa que esteja lá.

Essa frase parece simples, mas é uma das mais importantes da ciência especulativa: a invisibilidade de uma coisa não constitui evidência de que ela exista. O fato de não podermos observar um mundo espelho não prova sua presença. Ele apenas torna a hipótese difícil de descartar por uma fotografia comum.

Uma hipótese científica precisa fazer mais do que escapar da observação. Ela deve produzir consequências testáveis. Se a matéria espelho explica parte da matéria escura, precisa reproduzir os efeitos gravitacionais observados e não contradizer os dados sobre a formação do universo. Se prevê partículas com interações fracas, precisamos procurar essas interações. Se permite estrelas espelho, devemos examinar possíveis assinaturas gravitacionais.

O mundo invisível não pode ganhar todas as discussões dizendo:

"Você não me vê porque sou invisível."

Isso seria muito conveniente.

A matéria escura, em geral, não é considerada invisível por princípio. Ela é invisível aos instrumentos que dependem da luz comum, mas pode ser detectada por seus efeitos gravitacionais. O mesmo aconteceria com a matéria espelho. Invisibilidade não é ausência; é ausência de um tipo específico de interação.

Um som de frequência muito baixa pode existir sem ser ouvido por uma pessoa. Uma bactéria pode existir sem ser vista a olho nu. Um campo magnético pode existir sem ter cor. Uma partícula pode atravessar um detector sem deixar marca se não interagir com o material adequado.

O universo não precisa ser misterioso para ser inacessível. Às vezes, falta apenas o sensor correto.

Essa ideia seria mais confortável se não tivesse implicações para nossa confiança nos sentidos. Aprendemos desde cedo que o mundo é aquilo que vemos, tocamos, ouvimos e medimos. Construímos casas com base na matéria visível, atravessamos ruas olhando os carros e colocamos a mão na parede antes de acreditar que ela está ali.

Mas os sentidos humanos são especializados, não universais. Eles foram moldados para sobreviver em uma faixa estreita de condições. Não enxergamos ondas de rádio, raios X ou campos gravitacionais. Não ouvimos ultrassons de morcegos. Não sentimos diretamente partículas que atravessam nossos corpos o tempo inteiro.

A realidade nunca prometeu ser intuitiva.

Um mundo espelho seria apenas uma versão particularmente elegante de uma verdade que já conhecemos: existe muito mais acontecendo do que aquilo que aparece na sala.

É possível que uma civilização espelho também olhe para o próprio mundo e conclua que tudo o que existe é aquilo que seus instrumentos conseguem detectar. Talvez seus cientistas estudem uma força gravitacional inexplicada e publiquem artigos sobre um setor luminoso oculto. Talvez tenham observatórios apontados para o nosso Sol e concluam que há uma massa invisível interferindo na galáxia.

Talvez tenham um capítulo em um livro chamado O mundo luminoso: e se houvesse uma segunda versão de tudo?

Nessa hipótese, seríamos os vizinhos que nunca respondem às mensagens.

Mas não poderíamos culpá-los.

Se uma civilização espelho tentasse enviar uma mensagem usando sua própria luz, nós não a veríamos. Se enviássemos uma transmissão de rádio, ela provavelmente não a receberia. Seria como gritar em português para uma parede e esperar que a parede respondesse em uma língua que não existe.

A comunicação exigiria uma ponte entre os setores. Talvez a gravidade pudesse transportar sinais, mas ela é uma mensageira extremamente fraca para distâncias pequenas e comunicação cotidiana. Ondas gravitacionais produzidas artificialmente exigiriam quantidades absurdas de energia para transmitir uma mensagem simples. Seria a pior versão possível de um aplicativo de mensagens: cada "olá" custaria mais do que uma civilização inteira.

Um acoplamento minúsculo entre os dois eletromagnetismos poderia oferecer uma ponte mais eficiente, mas ainda seria uma interação hipotética, difícil de controlar e possivelmente fraca demais para permitir uma conversa. Não bastaria descobrir que os mundos podem trocar partículas; seria necessário encontrar um modo de codificar informação, transmitir, receber e interpretar.

E então surgiria o problema de sempre: quem responde primeiro? Uma civilização poderia enviar mensagens durante milhões de anos sem saber se alguém as recebeu. O silêncio não seria uma recusa. Seria apenas a consequência de duas caixas de entrada que não compartilham o mesmo servidor.

No entanto, a hipótese de um mundo espelho não precisa incluir civilizações. A matéria espelho pode ser perfeitamente desprovida de vida. Pode formar estrelas e planetas, ou apenas existir como uma coleção de partículas frias distribuídas pelo halo da galáxia. A natureza não tem obrigação de usar todos os ingredientes disponíveis para preparar seres inteligentes.

Nós fazemos isso porque temos uma tendência a personalizar o desconhecido. Quando encontramos uma floresta escura, imaginamos criaturas. Quando ouvimos um ruído na casa, imaginamos ladrões. Quando vemos uma perturbação gravitacional, imaginamos uma civilização que construiu uma estação espacial em forma de rosquinha.

Às vezes é apenas uma nuvem de gás.

Às vezes é apenas um erro de cálculo.

Às vezes é um mundo inteiro que não sabe que estamos aqui.

A possibilidade de vida espelho levanta questões ainda mais estranhas sobre química. As moléculas orgânicas podem ter uma propriedade chamada quiralidade, uma espécie de "mão" molecular. Duas moléculas podem possuir os mesmos átomos e ligações, mas estar organizadas como imagem e reflexo, sem que uma possa ser perfeitamente sobreposta à outra.

Nossas proteínas e moléculas biológicas usam, em grande parte, uma orientação específica. Uma vida baseada em química espelho poderia utilizar a orientação oposta. Para seus organismos, as moléculas "corretas" seriam aquelas que, para nós, pareceriam invertidas.

É como tentar apertar a mão de alguém usando uma luva feita para a outra mão. A luva pode ser perfeita, costurada com o mesmo material e do tamanho certo, mas a experiência será marcada por uma sensação de incompatibilidade.

Isso não significa que uma criatura espelho seria automaticamente venenosa para nós ou que um alimento espelho nos mataria. Significa que a biologia depende de formas tridimensionais muito específicas. Enzimas, receptores e moléculas reconhecem estruturas como uma fechadura reconhece uma chave. Uma chave espelhada pode parecer quase igual e ainda assim não abrir a porta.

Se houvesse um mundo espelho com vida, talvez seus organismos tivessem uma bioquímica diferente. Talvez seus alimentos não fossem nutritivos para nós. Talvez nossos alimentos não fossem nutritivos para eles. Talvez um jantar diplomático entre os dois mundos consistisse em duas mesas separadas, cada uma com pratos que não fazem sentido para o convidado.

O primeiro encontro entre civilizações poderia fracassar por incompatibilidade molecular.

Depois de atravessar dimensões, descobrir a matéria escura e resolver o problema da comunicação, os embaixadores perceberiam que nenhum dos lados consegue digerir o canapé do outro.

A ciência ainda está muito longe de determinar se um setor espelho pode abrigar vida. Para isso, precisamos saber como ele se formaria, quais partículas teria, que tipo de química seria possível e se estruturas complexas poderiam sobreviver. Não basta duplicar a lista de partículas e escrever "vida" ao final.

A vida é exigente.

Ela precisa de fluxos de energia, estabilidade, informação, mecanismos de cópia e ambientes capazes de manter processos complexos por tempo suficiente. Um mundo espelho poderia ter química, mas não vida. Poderia ter vida simples, mas não inteligência. Poderia ter inteligência, mas não tecnologia. Poderia ter tecnologia, mas nenhuma vontade de mandar mensagens para uma espécie que ainda não conseguiu impedir a torradeira de queimar o pão.

Além da matéria espelho, existe outro uso da expressão "universo espelho". Algumas propostas cosmológicas imaginam um universo parceiro relacionado ao nosso por uma inversão profunda envolvendo tempo, carga e orientação espacial, talvez associado às condições próximas ao início do cosmos. Essa ideia é diferente da hipótese de partículas espelho convivendo com a matéria comum. O nome é parecido porque a noção de simetria aparece nos dois casos, mas não se trata necessariamente do mesmo cenário.

Há também a versão popular: um universo paralelo em que a história se desenvolveu de maneira diferente. Nessa versão, talvez você tenha escolhido outro emprego, outra cidade ou outro sabor de sorvete. É uma possibilidade excelente para romances e uma hipótese difícil de testar quando o universo paralelo não envia recibos.

Todas essas ideias compartilham uma pergunta: a realidade poderia ser maior do que a parte que observamos?

A resposta mais honesta é que já sabemos que sim. O universo observável é limitado pela velocidade da luz e pela idade do cosmos. Há regiões que nunca poderemos ver por que a luz delas não teve tempo de chegar até nós ou porque a expansão do espaço as afasta de maneira irreversível. Mesmo dentro da região observável, há partículas, campos e fenômenos que ainda não compreendemos.

O mundo espelho acrescenta uma camada: talvez não falte apenas alcance. Talvez falte uma forma inteira de percepção.

Podemos viver no meio de uma estrutura rica e invisível, da mesma maneira que um peixe poderia viver em um oceano sem compreender o conceito de atmosfera. Para o peixe, o oceano é o mundo. Para nós, o mundo poderia ser apenas a parte que responde à luz comum.

Essa ideia é assustadora porque ameaça nossa confiança na exclusividade. Não somos necessariamente os únicos habitantes do espaço. Talvez nem sejamos os únicos habitantes do lugar onde estamos.

Um objeto espelho poderia atravessar uma sala sem ser visto. Uma estrela espelho poderia nascer acima de nós sem brilhar em nosso céu. Uma galáxia espelho poderia ocupar uma região distante e influenciar o movimento de outras galáxias sem revelar uma única luz. Uma civilização espelho poderia estudar os efeitos gravitacionais de nossa matéria sem jamais perceber que, dentro daquela aparente escuridão, existe uma espécie que discute o assunto em livros.

Mas o medo precisa de proporção.

Não há evidência de que uma sociedade invisível esteja nos observando. Não sabemos se matéria espelho existe. Não sabemos se ela compõe a matéria escura. Não sabemos se poderia formar átomos, estrelas ou organismos. Não sabemos se haveria uma segunda versão de tudo.

O que sabemos é que existem efeitos gravitacionais que ainda não explicamos completamente e que a física permite investigar simetrias além das diretamente observadas.

A ciência não diz: “há um vizinho atrás do espelho”.

Ela diz: “há sinais de que o inventário do universo pode conter itens que ainda não identificamos”.

A diferença entre as duas frases é a diferença entre uma hipótese e uma entrega de imobiliária.

Naquela noite, voltei ao banheiro. O espelho estava coberto por pequenas manchas de água. Passei a mão pela superfície, limpei uma faixa e encontrei meu rosto do outro lado. Ele parecia ligeiramente mais cansado do que eu gostaria. O reflexo não demonstrou solidariedade.

Pensei no vizinho invisível.

Se existisse uma cidade espelho atrás daquela parede, talvez estivesse escura para mim. Se houvesse alguém no banheiro correspondente, talvez estivesse passando a mão pelo próprio espelho, olhando para uma mancha que não conseguia explicar. Talvez tivesse acabado de chegar do trabalho. Talvez estivesse tentando lembrar onde deixou as chaves. Talvez não existisse pessoa alguma, apenas uma nuvem de partículas sem planetas, sem cidades e sem interesse em higiene pessoal.

Escrevi uma mensagem no vapor do espelho:

Você está aí?

A minha imagem repetiu o gesto.

Não era uma resposta. Era apenas uma cópia de um movimento causado por luz, vapor e músculos. Mesmo assim, por alguns segundos, pareceu que o outro lado tinha respondido.

Apaguei a frase com a palma da mão.

O espelho voltou a ser apenas um espelho.

É possível que a natureza tenha seus próprios espelhos, mas eles provavelmente não serão tão educados quanto o objeto do banheiro. Um espelho comum devolve a luz diretamente. Um setor espelho talvez não devolva nada que possamos detectar com facilidade. Poderá permanecer escondido em partículas, campos e estruturas gravitacionais, deixando apenas uma pequena pressão sobre o tecido do universo.

O vizinho não bate à porta.

A parede é feita de outra coisa.

Se algum dia descobrirmos uma partícula espelho, ela não sairá de dentro de um espelho de banheiro. Não haverá um clarão, uma passagem secreta ou um homem idêntico a nós perguntando por que demoramos tanto para abrir a porta. Haverá um sinal em um detector, uma anomalia reproduzida em vários laboratórios, uma alteração estatística que sobreviverá às tentativas de explicá-la como defeito.

A descoberta será provavelmente menos cinematográfica.

Talvez alguém diga:

— O gráfico está estranho.

E outra pessoa responda:

— Está estranho de um jeito importante ou de um jeito que exige trocar o cabo?

As grandes revoluções científicas muitas vezes começam com esse tipo de discussão pouco glamorosa. Um número que não se encaixa. Um movimento que não deveria ocorrer. Uma luz que chega atrasada. Um planeta que faz sua estrela oscilar. Uma galáxia que gira como se carregasse uma massa invisível.

A realidade raramente se apresenta com uma placa dizendo: MUNDO ESPELHO AQUI.

Ela prefere deixar pistas.

Até lá, continuaremos usando espelhos para verificar se o cabelo está no lugar, se a gravata está torta e se o rosto ainda parece pertencente à pessoa que acordou naquela manhã. Continuaremos confundindo o reflexo com uma presença porque o cérebro humano é excelente em reconhecer rostos e péssimo em ignorar a sensação de que há alguém olhando de volta.

Talvez, em algum sentido, exista mesmo alguém olhando.

Não uma cópia nossa. Não necessariamente uma criatura, uma civilização ou um universo inteiro. Apenas a própria realidade, devolvendo os efeitos de coisas que ainda não conseguimos ver.

A matéria espelho pode ser uma solução elegante para um problema profundo. Pode ser uma hipótese incorreta, uma pista incompleta ou uma ideia que sobreviverá apenas em livros e conversas noturnas. Se existir, não significa que o nosso reflexo tenha vida própria, que haja um planeta duplicado no banheiro ou que uma civilização invisível esteja esperando o momento de atravessar a parede.

Significa apenas que o universo pode ter mais de um idioma.

E que nós aprendemos, até agora, a escutar apenas um deles.

Antes de sair, olhei uma última vez para o espelho. Meu reflexo levantou a mão. Levantei a minha. Ele não respondeu às mensagens, não apresentou documento de identidade e não explicou o que havia do outro lado.

Mas também não tentou ocupar meu lugar.

Por enquanto, era um vizinho silencioso.

E vizinhos silenciosos, como sabemos, podem estar apenas dormindo, podem ter esquecido o celular no modo silencioso ou podem pertencer a um condomínio que não compartilha o mesmo universo eletromagnético.

A pior hipótese seria descobrir que eles estão em casa.

A segunda pior seria descobrir que também estão esperando que nós respondamos.

Capítulo 4

O cosmo consciente

Talvez o universo esteja tendo um dia ruim.

Na manhã em que comecei a desconfiar de que o universo talvez fosse consciente, o despertador não tocou.

Isso, por si só, não prova nada. A explicação mais provável era que eu tivesse esquecido de ativá-lo, deixado o aparelho sem bateria ou programado o alarme para uma terça-feira que existia apenas em algum calendário alternativo. Também havia a possibilidade de eu ter desligado o som durante o sono e esquecido completamente do assunto, o que seria menos misterioso, mas bastante compatível com meu histórico.

Ainda assim, quando acordei quarenta minutos atrasado, o mundo parecia ter uma expressão diferente.

O celular estava virado para baixo. A cafeteira não havia sido ligada. A torradeira permanecia imóvel, sem qualquer sinal de arrependimento pelos incidentes dos capítulos anteriores. O cachorro do vizinho latia com a intensidade de alguém que tinha recebido uma informação importante e não conseguia compartilhá-la. Na rua, um caminhão bloqueava a passagem, um ônibus passava no instante errado e uma pessoa caminhava no meio da calçada como se estivesse conduzindo uma procissão.

Tudo estava funcionando.

Mas nada estava colaborando.

Foi quando pensei:

Talvez o universo esteja tendo um dia ruim.

Não um dia ruim no sentido humano, com contas vencendo, café derramado e mensagens que começam com "precisamos conversar". Um dia ruim cósmico. Um daqueles dias em que a expansão está acelerando demais, a entropia se espalha pela casa sem tirar os sapatos e a energia escura assume o controle remoto.

Talvez as galáxias estivessem irritadas.

Talvez os buracos negros tivessem acordado de mau humor.

Talvez o universo inteiro tivesse olhado para o despertador, visto que eu ainda estava dormindo e decidido não me envolver.

A hipótese parecia absurda. O universo é um conjunto gigantesco de espaço, tempo, matéria, energia, campos e fenômenos que ainda não entendemos completamente. Não é uma pessoa sentada em uma sala cósmica, com os pés apoiados em uma mesa, acompanhando o movimento das galáxias enquanto reclama do barulho dos quasares.

Pelo menos, não temos evidências disso.

Mas há uma pergunta mais estranha escondida dentro da pergunta absurda: e se a consciência não fosse algo exclusivo dos seres vivos? E se ela não aparecesse apenas quando a matéria se organiza em cérebros, nervos e sistemas capazes de sentir? E se a consciência fosse uma característica fundamental da realidade, presente de alguma maneira em todos os níveis do universo?

Ou, em uma versão ainda mais ampla, e se o próprio universo fosse o grande sujeito consciente, enquanto nós seríamos manifestações locais de uma experiência muito maior?

Essa ideia não é uma teoria científica comprovada. Ela pertence principalmente à filosofia da mente e à metafísica, embora dialogue com a física, a neurociência e a cosmologia. É conhecida, em suas formas mais gerais, como **panpsiquismo**. A versão que coloca o universo inteiro como a realidade consciente fundamental costuma ser chamada de **cosmopsiquismo**.

Os nomes parecem pertencer a uma escola de magia frequentada por pessoas que usam capas muito longas. Na verdade, vêm de palavras gregas: *pan*, "tudo", e *psyche*, "mente" ou "alma". O panpsiquismo não afirma necessariamente que toda pedra tenha pensamentos, opiniões políticas ou uma playlist favorita. O cosmopsiquismo também não diz, obrigatoriamente, que o universo possui uma personalidade parecida com a nossa.

Essas ideias são mais sutis.

E, por serem sutis, podem ser ainda mais difíceis de expulsar da cabeça.

A consciência é uma das coisas mais próximas e mais misteriosas que conhecemos. Sabemos que estamos conscientes porque sentimos alguma coisa. Sentimos o gosto do café, o desconforto de uma roupa apertada, a dor de bater o cotovelo na quina da mesa, o prazer de ouvir uma música, a vergonha de lembrar uma frase dita há dez anos e a sensação de que estamos observando o mundo a partir de um ponto específico.

Existe, para cada pessoa, um lado interno da experiência.

O vermelho de uma parede não é apenas um comprimento de onda da luz. É também a maneira como aquela cor aparece para alguém. A dor não é apenas uma reação elétrica e química. É algo que dói. O som de uma gargalhada não é somente uma vibração no ar. É uma experiência auditiva que pode ser agradável, irritante ou lembrar alguém de uma reunião de família.

A ciência consegue estudar muitos aspectos associados à consciência. Podemos observar o cérebro, medir atividade elétrica, examinar regiões que se ativam durante determinadas tarefas, investigar os efeitos de anestésicos, lesões, medicamentos e alterações no sono. Há uma relação profunda entre o funcionamento do cérebro e aquilo que relatamos sentir.

Quando certas áreas são danificadas, a percepção muda. Quando o cérebro dorme, a experiência se transforma. Quando recebe anestesia, a consciência pode desaparecer temporariamente. Quando um estímulo visual chega aos olhos, percorre redes neurais e é processado, podemos relatar ter visto alguma coisa.

Tudo isso é extremamente importante.

Mas existe uma pergunta que continua incomodando como uma pedrinha dentro do sapato: por que esses processos físicos vêm acompanhados de experiência?

Por que determinadas atividades elétricas e químicas não acontecem simplesmente no escuro, sem que haja nada que seja sentido? Por que o cérebro não poderia ser apenas uma máquina perfeitamente funcional, capaz de controlar o corpo, responder a estímulos e produzir frases, mas sem qualquer experiência interna?

Essa questão ficou conhecida, em parte, como o problema difícil da consciência. O nome não significa que os cientistas desistiram e colocaram a pergunta em uma pasta chamada "impossível". Significa que existe uma diferença entre explicar como um sistema processa informações e explicar por que esse processamento é acompanhado por uma experiência subjetiva.

É possível descrever o caminho da luz até o olho, do olho até o cérebro e do cérebro até a fala. Ainda assim, permanece a pergunta sobre por que existe uma sensação de vermelho em vez de apenas uma sequência de sinais.

É possível explicar como o corpo detecta uma lesão, retira a mão e envia mensagens ao cérebro. Ainda assim, permanece a pergunta sobre por que a dor é sentida como dor, e não apenas como uma alteração silenciosa em um sistema de controle.

Essa dificuldade não prova que a consciência seja sobrenatural. Também não prova que exista uma mente cósmica. Ela apenas mostra que ainda não temos uma explicação completa sobre como a experiência se relaciona com a matéria.

Há uma possibilidade bastante intuitiva: a consciência surge quando a matéria se organiza de maneira suficientemente complexa.

A água, por exemplo, possui propriedades que não encontramos em uma molécula isolada da mesma forma. Uma molécula de água não é "molhada". A umidade surge do comportamento coletivo de muitas moléculas. A liquidez também depende de uma organização em conjunto. Uma molécula sozinha não forma uma onda, uma poça ou uma gota escorrendo pela janela.

O trânsito é outro exemplo. Um carro isolado não é um engarrafamento. Um engarrafamento aparece quando muitos veículos interagem em determinadas condições. Nenhum motorista individual carrega dentro de si um pequeno congestionamento. No entanto, quando todos se movem, freiam e tentam mudar de faixa ao mesmo tempo, a situação coletiva surge.

Talvez a consciência seja assim.

Nenhum neurônio isolado teria uma experiência completa. Nenhuma molécula de neurotransmissor sentiria tristeza. Nenhuma célula do cérebro teria uma opinião sobre o preço do aluguel. Mas, quando bilhões de neurônios formam redes complexas, integradas e dinâmicas, a consciência apareceria como uma propriedade emergente.

Essa é uma possibilidade levada a sério por muitas linhas de pensamento. A experiência não precisaria estar presente nas partículas fundamentais. Ela surgiria em um nível mais elevado de organização, da mesma maneira que a vida surge de processos químicos organizados sem que uma molécula individual seja um organismo.

É uma explicação atraente.

Também deixa uma sensação parecida com a de alguém que respondeu a uma pergunta difícil dizendo: "isso acontece quando fica complicado o bastante".

A palavra "emerge" pode ser esclarecedora, mas também pode esconder uma parte do problema. Dizer que a consciência emerge do cérebro explica, em princípio, onde devemos procurar suas condições: em circuitos neurais, integração de informações, memória, percepção, atenção, capacidade de autorregulação e outras propriedades do sistema.

Mas ainda precisamos explicar como a organização produz experiência.

Não basta afirmar que uma banda produz música quando reúne instrumentos. Precisamos entender o que acontece com os instrumentos, os ritmos, as relações e a estrutura que faz surgir uma melodia. No caso da consciência, a melodia não é apenas um som produzido para alguém ouvir. Ela é o próprio ato de haver algo sendo ouvido.

É nesse ponto que o panpsiquismo entra na conversa.

Em vez de imaginar que a consciência surge do nada quando a matéria alcança certo grau de complexidade, o panpsiquismo propõe que algum aspecto extremamente rudimentar de experiência já esteja presente nos componentes fundamentais da realidade.

Não seria uma consciência humana em miniatura.

Um elétron não acordaria pela manhã pensando em contas, trânsito e pão queimado. Um átomo não teria uma agenda. Uma pedra não ficaria olhando para o teto refletindo sobre sua infância. A ideia seria que as entidades fundamentais possuiriam algum tipo de aspecto interno, uma qualidade primitiva que, em combinações altamente organizadas, poderia participar do surgimento de experiências complexas.

O elétron não teria uma opinião.

Talvez tivesse apenas o equivalente metafísico de um “há algo acontecendo”.

É uma diferença enorme.

Quando ouvimos a palavra consciência, pensamos em percepção, memória, linguagem, identidade, planejamento e autoconsciência.

O panpsiquismo costuma trabalhar com uma noção muito mais básica: a existência de alguma forma mínima de experiência, tão distante da mente humana que talvez seja difícil chamá-la de experiência sem pedir desculpas à palavra.

Seria como comparar uma faísca com uma cidade iluminada. A faísca não contém ruas, semáforos, apartamentos, padarias e pessoas atrasadas. Ainda assim, há uma continuidade física entre o brilho pequeno e o sistema elétrico que mantém uma cidade acesa.

Ou talvez a comparação seja ruim, o que acontece com frequência quando tentamos falar sobre coisas que não cabem no vocabulário cotidiano.

O panpsiquismo parte de uma intuição filosófica: a física descreve muito bem como a matéria se comporta, mas não necessariamente o que ela é em seu aspecto mais interno. Sabemos como partículas interagem, como campos evoluem, como energia é transferida e como sistemas se organizam. Mas as equações não nos dizem, por si só, se existe alguma qualidade intrínseca associada à matéria.

Isso não quer dizer que a física esteja incompleta de uma maneira simples. A física não foi criada para responder a todas as perguntas filosóficas. Ela nos fornece relações, previsões e estruturas matemáticas de extraordinária precisão. A questão é saber se a experiência poderia ser uma propriedade fundamental que aparece, nos sistemas complexos, em formas muito mais ricas.

Para o panpsiquista, talvez a matéria não seja um mecanismo completamente vazio que, por algum acidente, produz experiência em determinados cérebros. Talvez a experiência esteja entre as características básicas da realidade, ao lado de propriedades como massa, carga, energia e estrutura.

Isso parece estranho porque estamos acostumados a imaginar que uma coisa ou é consciente ou não é. Pessoas são conscientes.

Cães provavelmente são conscientes. Gatos demonstram consciência em uma proporção que parece depender diretamente do interesse deles em ignorar seus donos. Pedras não são conscientes. Cadeiras não são conscientes. O universo, em geral, não entra nessa classificação.

O panpsiquismo bagunça a tabela.

Ele sugere que pode haver uma continuidade entre os níveis mais simples e os mais complexos, sem que isso implique que todos os objetos possuam uma mente individual semelhante à nossa.

Uma bactéria poderia ter alguma forma mínima de experiência? Uma planta? Uma célula? Uma rede neural artificial? Um cristal? Um campo físico? Essas perguntas não têm respostas aceitas universalmente. O panpsiquismo não fornece uma lista simples de coisas conscientes, como um manual de eletrodomésticos.

O manual da torradeira, pelo menos, costuma dizer onde fica o botão de cancelar.

O problema é que, ao espalhar a consciência pela realidade, o panpsiquismo parece explicar uma dificuldade e criar outra.

Se cada partícula possui uma experiência mínima, como muitas experiências se combinam para formar uma única consciência?

O cérebro humano contém uma quantidade enorme de partículas. Se cada uma tivesse seu pequeno ponto de vista, por que não sentimos bilhões de experiências independentes ao mesmo tempo? Por que existe uma sensação de unidade? Por que não ouvimos o mundo como uma multidão de vozes subatômicas discutindo entre si?

Por que você não sente uma pequena reunião de elétrons debatendo o que fazer com o almoço?

Essa questão é conhecida como problema da combinação. Não basta dizer que as experiências fundamentais se juntam. É preciso explicar como elas formam um único sujeito, com uma perspectiva integrada.

Uma pilha de areia não é uma grande molécula de areia. Um monte de pessoas não é automaticamente uma pessoa maior. Uma biblioteca cheia de livros não possui, por isso, uma opinião única sobre literatura. Uma cozinha cheia de eletrodomésticos não forma um conselho administrativo, embora às vezes pareça haver uma conspiração contra o pão.

A consciência humana parece ser mais do que a soma de pequenos eventos. Ela possui uma perspectiva unificada. Vemos uma paisagem como uma cena, não como bilhões de fragmentos visuais independentes. Ouvimos uma música como uma sequência organizada, não como uma coleção de vibrações que cada célula do ouvido interpreta separadamente. Sentimos nosso corpo como um organismo único, mesmo que ele seja composto por trilhões de células com funções diferentes.

O cérebro não é apenas um saco de peças conscientes.

É uma rede.

As partes interagem de maneira intensa, rápida e organizada. Informações circulam, são comparadas, integradas, armazenadas e usadas para orientar ações. Talvez a consciência esteja relacionada a essa integração, e não apenas à presença de pequenos elementos experienciais.

Mas, nesse caso, o panpsiquismo precisa explicar por que a integração transforma muitas experiências em uma só. Precisa mostrar como surge a unidade. Precisa distinguir um sistema que possui uma experiência unificada de um conjunto de elementos que apenas estão próximos.

Uma plateia pode ouvir a mesma música, mas não se transforma em uma única pessoa que possui uma grande experiência compartilhada. Cada indivíduo tem seu próprio ponto de vista. A proximidade não basta. A comunicação também não basta. É necessário algum tipo de organização profunda.

Talvez a consciência seja como uma orquestra. Cada instrumento produz um som, mas a experiência musical não está em nenhum instrumento isolado. Ela aparece na relação entre todos. O problema é que a orquestra não sente a música. Quem sente são os músicos e os ouvintes.

No cérebro, não há um "ouvinte" separado esperando que os neurônios terminem de tocar. O sistema inteiro parece ser, ao mesmo tempo, a orquestra, a música e o público.

Quando tentamos explicar isso, a linguagem começa a falhar e o universo ganha mais uma oportunidade para parecer misterioso.

O cosmopsiquismo responde ao problema da combinação invertendo a direção da explicação.

Em vez de dizer que pequenas experiências se combinam para formar uma mente grande, ele propõe que a consciência fundamental pertença ao universo como um todo. As consciências individuais seriam aspectos locais, perspectivas particulares ou formas derivadas dessa consciência cósmica.

Não haveria bilhões de pequenas consciências tentando se juntar para formar o universo. Haveria uma realidade consciente maior, dentro da qual surgiriam sistemas locais como cérebros, animais e talvez outras formas de organização.

A imagem mais conhecida é a do oceano e das ondas.

Uma onda não é uma coisa completamente separada do oceano. Ela é uma forma temporária que o oceano assume. Possui uma localização, uma duração, um movimento e uma aparência próprios, mas continua sendo composta pela água do conjunto. Quando a onda desaparece, o oceano permanece.

No cosmopsiquismo, nós seríamos semelhantes a ondas em uma consciência universal.

A comparação é bonita, mas contém uma quantidade perigosa de poesia. Uma onda não possui necessariamente uma perspectiva subjetiva. Ela não sabe que é uma onda, não se preocupa com a altura das outras ondas e não precisa escolher entre água com gás e água sem gás.

A metáfora ajuda a visualizar uma relação entre totalidade e partes. Não prova que a totalidade tenha experiência.

Outra imagem seria a de um edifício. O prédio inteiro contém apartamentos, corredores, elevadores e áreas comuns. Cada apartamento possui uma organização própria, com paredes, portas, móveis e habitantes. Os moradores podem viver experiências diferentes, mesmo compartilhando a estrutura do edifício.

No cosmopsiquismo, o universo seria o edifício fundamental. As mentes individuais seriam apartamentos conscientes. A dificuldade é entender como as paredes aparecem.

Por que eu tenho acesso às minhas experiências e não às suas? Por que não sinto a dor de uma pessoa em outro continente? Por que não percebo diretamente o que uma galáxia está "sentindo", caso ela sinta alguma coisa? Se tudo participa de uma consciência universal, por que existem pontos de vista separados?

Esse é o problema inverso do problema da combinação: o problema da decomposição ou da individuação. Se existe uma mente cósmica única, como surgem muitas mentes particulares?

O panpsiquismo pergunta como muitas experiências viram uma.

O cosmopsiquismo pergunta como uma experiência vira muitas.

A diferença é semelhante à de duas pessoas olhando para uma fila. Uma pergunta como tantos indivíduos poderiam se comportar como uma única multidão. A outra pergunta como uma multidão pode conter indivíduos que não compartilham todos os pensamentos uns dos outros.

O universo, nesse caso, teria um problema de privacidade.

Talvez os limites das consciências individuais correspondam aos limites causais e funcionais dos organismos. O cérebro recebe certos sinais, integra algumas informações e mantém uma dinâmica própria. Essa organização criaria uma perspectiva local, mesmo que esteja inserida em uma realidade mais ampla.

Seríamos como janelas em uma casa enorme. Cada janela mostra uma parte do exterior, recebe uma quantidade específica de luz e possui uma moldura que delimita a visão. A casa é uma só, mas cada janela oferece uma experiência visual diferente.

A metáfora novamente é útil e insuficiente.

Uma janela não vê. Uma pessoa vê através de um sistema nervoso, um corpo, uma história e uma estrutura capaz de manter um fluxo de experiência. Se a consciência cósmica existe, não sabemos como ela se relacionaria com esses sistemas. Talvez os cérebros criem perspectivas. Talvez filtrem uma consciência maior. Talvez sejam apenas condições locais para que experiências específicas aconteçam.

Talvez nada disso.

A mente humana tem uma tendência quase irresistível a transformar totalidades em personagens. Dizemos que a natureza "quer", que a evolução "busca", que o mercado "reage", que a história "julga" e que o universo "manda sinais". Essas expressões podem ser metáforas úteis, mas não significam necessariamente que uma entidade consciente esteja por trás dos processos.

A floresta pode parecer estar respirando sem possuir pulmões.

O rio pode parecer estar escolhendo seu caminho sem ter planos.

O universo pode produzir seres conscientes sem ser consciente.

Essa última possibilidade é, para muitas pessoas, a explicação mais plausível. O universo não precisaria ter uma mente própria para produzir cérebros capazes de ter mente. A consciência poderia aparecer em sistemas biológicos complexos devido à evolução, à organização neural e à interação entre o organismo e o ambiente.

Uma estrela não precisa entender a fusão nuclear para produzir energia. Uma colmeia não precisa ter um cérebro único para apresentar comportamentos coletivos sofisticados. Uma cidade não precisa possuir uma mente para organizar trânsito, comércio, ruído, luzes e pessoas atrasadas.

A complexidade pode gerar propriedades novas.

O fato de a consciência surgir em uma parte do universo não exige que ela esteja presente no todo, da mesma maneira que a existência de música em uma sala não significa que o prédio inteiro seja uma canção.

Mas a comparação tem um detalhe importante: música é algo que ouvimos. Consciência é a própria condição de haver uma experiência. O problema continua.

É possível que a consciência seja emergente e que, no futuro, uma explicação científica mostre exatamente como. É possível que a consciência tenha características fundamentais que ainda não incluímos adequadamente em nossa descrição da natureza. É possível que existam vários níveis de consciência, sem que uma teoria simples consiga reuni-los.

Também é possível que estejamos fazendo a pergunta de maneira errada.

A história da ciência contém várias situações em que uma pergunta parecia impossível porque os conceitos disponíveis eram insuficientes. Antes de compreendermos os germes, as doenças pareciam obedecer a forças invisíveis difíceis de organizar. Antes da teoria dos campos, a ação à distância parecia quase mágica. Antes da relatividade, espaço e tempo pareciam cenários separados e imutáveis.

Isso não significa que todo mistério será resolvido por uma nova equação. Significa apenas que a ignorância atual não determina a forma da resposta futura.

Talvez o universo consciente seja uma ideia temporária, criada para preencher uma lacuna que a neurociência e a física ainda não conseguiram explicar. Talvez seja uma intuição profunda sobre a natureza da realidade. Talvez seja uma metáfora poética que nunca produzirá uma previsão testável.

A ciência precisa manter essas possibilidades separadas.

O panpsiquismo e o cosmopsiquismo não são demonstrados pelo fato de o universo ser grande, belo ou misterioso. Não são provados por coincidências, pela existência da vida ou pela sensação de conexão que algumas pessoas sentem ao olhar para o céu. A experiência de assombro é real, mas não constitui uma medição da mente cósmica.

Uma noite estrelada pode mudar a maneira como percebemos nossa vida. Isso não significa que as estrelas estejam percebendo nossa reação.

Também não devemos confundir consciência com inteligência.

Uma criatura pode ter alguma experiência sem ser capaz de resolver equações. Um animal pode sentir dor sem construir uma teoria sobre a dor. Uma criança pequena pode estar consciente sem possuir uma narrativa sofisticada sobre sua própria identidade. Se o universo fosse consciente, não precisaria necessariamente ser inteligente como um ser humano.

Talvez fosse consciente sem pensamentos, sem linguagem, sem memória e sem objetivos.

Essa possibilidade parece quase impossível de imaginar porque, para nós, a consciência está profundamente ligada a conteúdos mentais. Quando estamos conscientes, há algo acontecendo: uma imagem, um som, uma lembrança, uma expectativa, uma sensação corporal ou uma preocupação sobre a reunião de amanhã.

Uma consciência sem pensamentos seria como um palco sem peça, uma tela sem imagem ou uma sala iluminada sem ninguém dentro.

Mas talvez ainda haja alguma diferença entre não haver conteúdo e não haver experiência. Ou talvez não haja. A filosofia da mente continua discutindo essas distinções enquanto a vida cotidiana insiste em cobrar prazos.

Se o universo tivesse uma experiência, qual seria o conteúdo dela?

Não seria possível imaginar uma paisagem cósmica vista de fora, porque não haveria um "fora" simples do universo. O universo não teria olhos observando galáxias como nós observamos uma tela. Não teria necessariamente um centro. Não teria dois ouvidos, uma memória biográfica ou uma gaveta onde guardasse fotografias.

Talvez sua experiência fosse distribuída por campos, partículas, relações e processos que não se parecem com nada humano. Talvez o conceito de "ver" não se aplicasse. Talvez falar em consciência cósmica fosse apenas uma maneira de dizer que a realidade possui uma interioridade impossível de traduzir.

Nesse caso, perguntar se o universo está feliz seria tão inadequado quanto perguntar se uma equação está com fome.

Ainda assim, é tentador.

Se o universo tivesse uma vida emocional, a energia escura poderia representar impaciência. A expansão acelerada seria uma tentativa de sair da sala. A matéria escura seria um mau humor silencioso, presente em toda parte e impossível de confrontar diretamente. Os buracos negros seriam momentos de isolamento. A radiação cósmica de fundo seria o equivalente a uma fotografia antiga que o universo mantém na carteira.

A entropia seria a bagunça crescendo porque ninguém quer arrumar.

Talvez o universo não estivesse em um dia ruim. Talvez estivesse em uma terça-feira de quatorze bilhões de anos.

A metáfora é engraçada porque transforma processos físicos em humores. Mas devemos lembrar que expansão, gravidade, radiação e entropia não precisam de intenções para acontecer. O universo não precisa estar triste para produzir estrelas, nem irritado para formar buracos negros. As leis da física são suficientes para descrever esses fenômenos, tanto quanto sabemos.

Um universo consciente não seria automaticamente um universo que interfere nos acontecimentos. Consciência não implica controle.

Nós somos conscientes e, mesmo assim, não controlamos a chuva, a passagem do tempo, a economia, a opinião dos outros ou a tendência de uma caneta desaparecer exatamente quando precisamos assinar um documento. Uma mente cósmica poderia ser consciente e impotente diante de muitos de seus próprios processos.

Talvez o universo esteja apenas observando sua expansão sem saber como pará-la.

Talvez esteja tentando entender a matéria escura.

Talvez tenha criado a humanidade para fazer perguntas e esteja decepcionado com a qualidade das respostas.

Ou talvez não tenha interesse nenhum em nós.

A existência de uma consciência maior não implicaria que ela nos observe individualmente. Um ser humano contém trilhões de células, mas não acompanha conscientemente cada uma delas. A existência de um organismo não significa que todas as partes tenham acesso ao centro da experiência. Uma cidade não sabe o nome de cada morador. Uma floresta não acompanha o itinerário de cada formiga.

Se o cosmo fosse consciente, talvez nós fôssemos processos locais sem importância para a totalidade. Isso pode parecer ofensivo, mas também é libertador. Não haveria necessariamente um tribunal cósmico registrando cada atraso, cada erro de digitação e cada vez que você fingiu não ver uma mensagem.

O universo poderia ser consciente sem ser um fiscal.

A ideia também não garante vida após a morte. Se somos ondas em um oceano cósmico, isso não significa que a onda individual continue existindo depois de desaparecer. Uma música pode fazer parte de um instrumento sem que cada melodia seja preservada para sempre. Uma chama pode pertencer ao fogo sem que a forma específica da chama sobreviva quando o combustível acaba.

O cosmopsiquismo pode sugerir uma continuidade metafísica entre nós e o universo, mas não prova que nossas memórias, personalidades e relações sejam mantidas depois da morte. Não há um certificado de imortalidade escondido na palavra "cosmos".

A humanidade costuma buscar no universo uma garantia contra o desaparecimento. É compreensível. Temos dificuldade em aceitar que uma pessoa inteira, com voz, hábitos, histórias e manias, possa deixar de existir. A ideia de fazer parte de uma consciência maior oferece conforto a algumas pessoas, mas não deve ser apresentada como conclusão científica.

O universo pode conter a consciência sem preservar cada consciência individual.

A diferença é parecida com a que existe entre uma biblioteca e um livro. O livro pertence à biblioteca, mas, se for destruído, a biblioteca inteira não preserva automaticamente cada palavra que estava em suas páginas. Talvez outras cópias existam. Talvez não. A totalidade não garante a continuidade de cada parte.

A imagem pode ser melancólica.

Também pode ser bonita.

Uma vida humana não precisaria ser eterna para ser real. Uma música não precisa tocar para sempre para ter sido ouvida. Uma refeição não precisa durar eternamente para ter alimentado alguém. Uma conversa não precisa continuar para que tenha importado.

Se a consciência é uma propriedade emergente do cérebro, ainda assim somos uma parte do universo capaz de sentir o próprio universo. Se a consciência é fundamental, somos uma forma local de algo muito mais antigo e vasto. Nas duas possibilidades, há uma estranheza extraordinária: a realidade produziu seres capazes de perguntar o que é a realidade.

O universo pode não estar pensando em nós.

Mas, por meio de nós, ele está sendo pensado.

Essa frase é poética, não uma prova. Ainda assim, aponta para um fato que não depende do panpsiquismo. Tudo o que fazemos acontece dentro do universo. Nossos neurônios, pensamentos, dúvidas e descobertas são processos físicos ocorrendo em uma parte do cosmos. Quando observamos uma galáxia, não somos espectadores externos. Somos matéria organizada estudando outra matéria organizada.

O universo olha para si mesmo, pelo menos no sentido de que uma região dele desenvolveu olhos, cérebros e telescópios.

Se isso parece grandioso, é porque é.

Mas a ciência não pode parar na beleza da frase. Precisa perguntar como a consciência funciona, quais condições a produzem, que papel desempenham os neurônios, como a informação é integrada e quais diferenças existem entre experiência, comportamento e inteligência.

É aqui que entram as teorias científicas da consciência. Algumas enfatizam o espaço global de informações, em que conteúdos se tornam disponíveis para diversos sistemas do cérebro. Outras investigam a importância da integração causal, da capacidade de um sistema influenciar a si mesmo e manter estados complexos. Há propostas que destacam modelos internos, atenção, memória, previsão e relações entre o organismo e o ambiente.

Essas teorias podem gerar experimentos. Podemos comparar estados de vigília e sono, observar cérebros sob anestesia, testar respostas a estímulos e investigar quais redes se tornam ativas quando uma informação é percebida conscientemente.

Mas nenhuma dessas linhas de pesquisa demonstrou que o universo inteiro seja consciente.

Mesmo quando uma teoria associa consciência à integração de informação, isso não significa que qualquer sistema grande possua uma mente. Um sistema precisa apresentar uma forma específica de organização, interação e unidade. O universo inteiro pode ser vasto, mas tamanho não é sinônimo de integração. Partes muito distantes podem não trocar informação de maneira relevante. A expansão cósmica cria horizontes. Há regiões que não podem influenciar umas às outras no presente.

Uma montanha é grande, mas não é automaticamente uma mente. Um continente é vasto, mas não possui uma opinião única sobre o clima.

A internet conecta bilhões de pessoas e dispositivos, mas não sabemos se ela é uma consciência ou apenas um lugar onde alguém publica uma discussão de duzentos comentários sobre a melhor maneira de cozinhar arroz.

Quantidade não basta.

Organização importa.

Unidade importa.

Causalidade importa.

E ainda precisamos descobrir o que mais importa.

O panpsiquismo e o cosmopsiquismo podem ser filosoficamente estimulantes justamente porque não são simples. Eles não dizem apenas "tudo pensa". Perguntam se a experiência pode ser fundamental, como experiências individuais se formam, se o universo poderia ser o sujeito primário e se a ciência consegue descrever não apenas o comportamento da matéria, mas também seu aspecto interno.

Essas perguntas revelam uma dificuldade particular do conhecimento: podemos estudar a consciência de fora, mas só a vivemos de dentro.

Quando um cientista mede a atividade do meu cérebro, ele observa sinais associados à minha experiência. Eu, por outro lado, sinto a experiência diretamente, mas não consigo observar o cérebro inteiro em funcionamento sem recorrer a instrumentos. A primeira pessoa e a terceira pessoa possuem acessos diferentes à mesma realidade.

O universo, se fosse consciente, talvez tivesse um problema parecido em escala máxima. Poderia haver uma experiência que nenhuma criatura local consegue observar diretamente. Nós seríamos como células tentando descobrir se o corpo possui um ponto de vista geral.

Uma célula do fígado talvez não tenha como saber se o organismo está preocupado com a declaração do imposto de renda.

Ela apenas cumpre sua função.

Isso não significa que uma célula seja consciente. É apenas uma analogia para mostrar como uma perspectiva local pode estar limitada. Se a consciência cósmica existisse, não seria estranho que seus componentes não tivessem acesso completo a ela.

Também não seria estranho que não houvesse mensagem.

No capítulo anterior, imaginamos um mundo espelho como um vizinho que nunca responde às mensagens. O cosmo consciente poderia ser ainda mais frustrante: talvez a mensagem venha de dentro dele, mas não exista uma caixa de entrada separada para recebê-la.

Nós poderíamos perguntar:

— Universo, você está aí?

E o universo responderia com expansão, radiação, formação estelar, ruído quântico e uma fila enorme no supermercado. Interpretar isso como resposta seria arriscado.

A humanidade tem uma longa tradição de encontrar mensagens em fenômenos naturais. Vemos rostos em nuvens, figuras em manchas de parede, padrões em ruídos e intenções em acontecimentos aleatórios. O cérebro foi construído para identificar agentes. Se uma pedra rola, perguntamos quem a empurrou. Se um galho quebra, imaginamos que alguém está se aproximando. Se uma sequência de eventos parece coincidir, procuramos um plano.

Esse mecanismo nos protegeu de predadores.

Também fez com que muitas pessoas interpretassem a impressora quebrada como uma entidade maligna.

Se o universo fosse consciente, não precisaria enviar sinais para provar sua existência. Mas, se não fosse, ainda assim produziria sinais que podemos interpretar como significativos. A diferença entre uma mensagem e um padrão depende da existência de um emissor, de uma intenção e de um código compartilhado.

Até agora, não sabemos de nenhum emissor cósmico.

Sabemos que existem padrões.

A ciência transforma padrões em conhecimento quando consegue relacioná-los a mecanismos, medições e previsões. A filosofia pergunta o que esses mecanismos significam para nossa compreensão da realidade. O panpsiquismo habita exatamente essa fronteira, onde os dados disponíveis não fecham a questão e os conceitos começam a discutir entre si.

Talvez essa seja a razão de a ideia parecer assustadora. Não porque exista um gigante cósmico prestes a acordar, mas porque ela enfraquece uma separação confortável.

Estamos acostumados a dividir o mundo em matéria e mente. De um lado, pedras, estrelas, moléculas e máquinas. De outro, sentimentos, pensamentos, memórias e sonhos. O panpsiquismo sugere que essa divisão pode ser uma diferença de grau ou organização, não uma fronteira absoluta.

O cosmopsiquismo vai mais longe e pergunta se a totalidade vem antes das partes.

Se estiverem certos, a consciência não seria um acidente raro em um universo completamente indiferente. Seria uma característica inscrita na própria realidade, ainda que em formas tão simples ou tão abrangentes que não se parecem com nossa experiência.

Mas existe um perigo em romantizar essa hipótese. Se tudo tem algum aspecto experiencial, isso não significa que tudo tenha o mesmo valor moral. Destruir uma célula, quebrar uma pedra e torturar um animal não seriam acontecimentos equivalentes apenas porque alguém usa a palavra "experiência" para os três.

A ética depende de capacidade de sofrer, memória, interesses, autonomia, relações e muitos outros fatores. Uma teoria metafísica não substitui a responsabilidade prática. Não precisamos pedir desculpas a uma colher antes de colocá-la na gaveta. Também não precisamos tratar uma árvore como uma pessoa apenas porque ela é um sistema vivo complexo.

Por outro lado, levar a sério a possibilidade de graus de experiência pode ampliar nossa atenção para animais, ecossistemas e formas de vida que costumamos tratar como objetos. A preocupação ética não precisa esperar que o universo revele sua carteira de identidade.

Podemos cuidar do mundo porque seres vivos sofrem, porque dependemos de ecossistemas e porque nossas ações têm consequências, sem precisar acreditar que cada molécula possui um pequeno ponto de vista.

A filosofia pode mudar nossas perguntas.

A ciência precisa continuar verificando as respostas.

Naquela manhã, depois de perder o horário, consegui finalmente preparar o café. A cafeteira fez um ruído estranho, mas funcionou. A torradeira produziu duas fatias razoáveis, o que sugeria que o universo talvez não estivesse completamente contra mim. O cachorro do vizinho parou de latir. O caminhão deixou a rua. A pessoa que caminhava no meio da calçada finalmente decidiu escolher um lado.

O mundo não tinha se tornado mais consciente.

Apenas tinha voltado a colaborar.

Sentei-me à mesa e observei o vapor subindo da xícara. Durante alguns segundos, imaginei duas possibilidades.

Na primeira, a consciência era um fenômeno emergente. O universo não possuía uma mente própria. Estrelas, planetas e partículas não sentiam nada. Em algum momento, a matéria se organizou na Terra, a vida evoluiu, os cérebros apareceram e, depois de uma longa sequência de acidentes, alguém começou a pensar sobre o café.

Na segunda, a consciência era fundamental. Talvez as partículas possuíssem aspectos internos mínimos. Talvez o universo, como totalidade, tivesse uma experiência que não poderíamos compreender. Talvez nossas mentes fossem pequenas janelas abertas em uma realidade consciente maior.

Em nenhuma das duas versões o café se adoçava sozinho.

Essa foi uma conclusão importante.

Mesmo que o universo fosse consciente, não significava que fosse prestativo. Consciência não implica bondade, inteligência, intenção ou desejo de facilitar nossa rotina. Uma pessoa consciente pode esquecer de responder, perder a chave, atravessar a rua distraída e deixar a roupa na máquina de lavar por dois dias. Uma consciência cósmica poderia cometer erros muito maiores.

Talvez a expansão acelerada fosse um erro de configuração.

Talvez a energia escura fosse uma tentativa de resolver um problema e tivesse produzido outro.

Talvez o universo tivesse criado galáxias demais e agora não soubesse onde guardar tudo.

Ou talvez essas perguntas sejam apenas a nossa maneira de transformar fenômenos impessoais em personagens que conseguimos imaginar.

A consciência é poderosa porque dá significado. Também é perigosa porque vê significado onde pode haver apenas movimento.

O universo não precisa estar tendo um dia ruim para que tenhamos um dia ruim dentro dele. As galáxias não precisam se preocupar com o futuro para que nós nos preocupemos. A expansão do espaço não precisa ter intenção para que suas consequências determinem nossa história. A matéria não precisa ser consciente para produzir seres que sentem.

E, talvez, isso seja suficiente.

Há algo profundamente extraordinário em um universo que não precisa pensar para produzir pensamentos. Um conjunto de leis, partículas e campos pode dar origem a olhos, mãos, memórias, perguntas e pessoas que ficam diante do espelho tentando descobrir se há alguém do outro lado.

Se o panpsiquismo estiver correto, a consciência sempre esteve espalhada pela realidade e nós somos uma de suas formas mais organizadas.

Se o cosmopsiquismo estiver correto, a consciência mais ampla pode ser o ponto de partida, e nossas mentes são perspectivas locais dentro dela.

Se o emergentismo estiver correto, a consciência surgiu quando a matéria alcançou uma organização especial.

Se todas essas ideias estiverem erradas, ainda continuamos com o fato básico de que estamos conscientes e não sabemos completamente como isso acontece.

O mistério permanece em qualquer cenário.

Talvez o cosmo tenha uma mente. Talvez tenha apenas leis. Talvez possua uma interioridade que nunca conseguiremos compreender. Talvez seja tão inconsciente quanto uma pedra e, mesmo assim, tenha produzido a maior coleção de experiências conhecida em nossa região do espaço.

Não sabemos.

E a honestidade dessa resposta é mais valiosa do que uma certeza inventada.

Naquela noite, antes de dormir, passei pela cozinha. A torradeira estava desligada. A pia estava cheia. Uma colher havia desaparecido, como acontece em todas as casas e em algumas teorias sobre dimensões paralelas. O celular mostrava várias notificações, nenhuma delas enviada pelo universo.

Olhei para a janela. O céu estava escuro, e poucas estrelas apareciam entre as luzes da cidade.

Se o universo fosse consciente, talvez estivesse pensando em coisas impossíveis de traduzir. Talvez percebesse a passagem do tempo de uma maneira que não se parece com a nossa. Talvez não tivesse um “eu”. Talvez não tivesse memória. Talvez não tivesse sequer um ponto de vista.

Ou talvez não estivesse pensando em nada.

A ideia de um cosmo consciente não precisa ser tratada como uma revelação nem como uma ameaça. Ela pode ser mantida no lugar mais interessante para certas perguntas: entre a ciência e a filosofia, entre o que sabemos e o que conseguimos imaginar.

O panpsiquismo nos pergunta se a experiência pode ser fundamental.

O cosmopsiquismo pergunta se a totalidade pode vir antes das mentes individuais.

A neurociência pergunta como cérebros produzem ou organizam a consciência.

A física pergunta quais são os elementos básicos da realidade.

E a vida cotidiana pergunta quem vai lavar a louça.

Talvez o universo esteja tendo um dia ruim. Talvez esteja apenas se expandindo, obedecendo às leis que conhecemos e às que ainda não conhecemos. Talvez exista uma consciência em cada partícula. Talvez exista uma única consciência cósmica. Talvez a consciência seja uma propriedade emergente de sistemas complexos, e toda a inquietação sobre o assunto seja produzida por um cérebro tentando entender o próprio funcionamento.

Em qualquer caso, o despertador tocará amanhã.

A xícara esfriará.

A torradeira continuará esperando sua oportunidade.

E, se o universo estiver consciente, esperamos que ele tenha a gentileza de não marcar uma reunião para as 7h da manhã.

Capítulo 5

A hipótese da simulação

Atualização obrigatória da realidade.

Na manhã em que a realidade pareceu travar, eu estava diante do caixa de uma padaria, segurando um café que ainda não era meu e um cartão que, naquele momento, parecia ter desenvolvido uma personalidade própria.

A máquina de pagamento exibia a palavra processando.

Continuei esperando.

A palavra permaneceu ali.

O atendente olhou para a tela. Olhei para o atendente. O atendente olhou para a máquina. A máquina não olhou para ninguém, porque ainda não havia demonstrado capacidade para isso, mas transmitia uma confiança irritante de quem sabia que sairia daquela situação sem precisar se explicar.

— Deve ser o sistema — disse o atendente.

A frase é usada para descrever quase tudo que não funciona, desde uma transferência bancária até uma reunião que poderia ter sido um e-mail. O sistema é uma entidade invisível, onipresente e raramente disponível para esclarecimentos. Quando algo dá certo, ninguém agradece ao sistema. Quando algo dá errado, todos sabem exatamente a quem culpar.

A tela continuou processando.

Por um instante, pensei que a realidade estivesse carregando.

Não seria a primeira vez. O celular já havia congelado, o computador já tinha deixado de responder, a televisão já tinha ficado presa em uma imagem e a internet já havia desaparecido no momento exato em que eu precisava enviar um documento. Talvez o universo inteiro funcionasse da mesma maneira. Talvez a expansão cósmica fosse apenas uma animação demorando para renderizar. Talvez a matéria escura fosse uma parte do cenário que ainda não havia sido carregada.

Talvez o café estivesse preso em uma fila de processamento.

A hipótese da simulação começa com esse tipo de sensação: a impressão de que a realidade é estranha demais, regular demais ou conveniente demais para ser apenas realidade. Um déjà-vu aparece no meio de uma conversa. Duas pessoas mencionam a mesma coisa em lugares diferentes. Uma propaganda surge na tela logo depois de pensarmos em comprar determinado produto. Um desconhecido repete uma frase que ouvimos minutos antes. O relógio marca 11h11, e o número parece importante por algum motivo que ninguém consegue explicar.

Então alguém diz:

— E se a gente estiver vivendo em uma simulação?

A frase é quase sempre acompanhada por uma risada, mas nem sempre a risada encerra o assunto.

A hipótese da simulação propõe, em termos gerais, que aquilo que chamamos de realidade possa ser produzido ou executado por algum sistema externo. O nosso universo seria uma realidade implementada em outra realidade. As leis da física seriam regras de funcionamento. As partículas seriam estados de informação. Os seres vivos seriam processos conscientes dentro de uma estrutura computacional.

Em uma versão popular, haveria um computador gigantesco em algum lugar, rodando o universo como se fosse um jogo. Em versões mais filosóficas, a ideia é menos literal. Não é necessário imaginar uma tela, um teclado ou uma sala cheia de cabos. Bastaria que o mundo que experimentamos dependesse de uma estrutura mais fundamental, capaz de gerar consistentemente tudo o que observamos.

O universo não precisaria parecer um videogame.

Ele poderia parecer exatamente como o universo.

Esse é o detalhe que torna a hipótese tão difícil de ignorar. Se estivéssemos dentro de uma simulação suficientemente sofisticada, não veríamos menus, barras de energia ou uma mensagem dizendo carregando textura da mão esquerda. Veríamos mesas, árvores, corpos, estrelas, dores, lembranças e contas vencendo. A simulação não precisaria imitar a realidade como um desenho. Ela poderia produzir uma realidade para os habitantes que estão dentro dela.

Uma chuva simulada não precisa ser feita de água para molhar um personagem que possua uma experiência consciente de estar molhado.

Uma parede simulada não precisa ser feita de tijolos para impedir que alguém atravesse o cômodo.

Uma tristeza simulada não seria menos triste para uma mente que realmente a experimentasse.

A palavra "simulação" pode dar a impressão de que tudo seria falso. Mas falso para quem? Uma paisagem vista em um ambiente virtual pode não existir do lado de fora, mas a experiência de observá-la pode ser real para a pessoa que a vê. Um sonho não segue as regras do mundo desperto, mas o medo sentido durante o sonho é um acontecimento real no corpo de quem dorme.

Se nossa consciência fosse implementada em uma simulação, as experiências continuariam sendo experiências. O café talvez não existisse como moléculas fora do sistema, mas o gosto do café ainda aconteceria para quem o bebesse dentro dele.

Isso não significa que a hipótese seja verdadeira. Significa apenas que "simulado" e "inexistente" não são sinônimos.

A ideia tem antecedentes antigos. Filósofos já imaginaram que nossos sentidos pudessem nos enganar, que estivéssemos sonhando ou que alguma entidade poderosa manipulasse nossas percepções. O cérebro em uma cuba, alimentado por sinais artificiais, é uma versão moderna desse problema: se todas as experiências recebidas pelo cérebro fossem indistinguíveis das experiências do mundo comum, como saberíamos que existe uma diferença?

A tecnologia digital acrescentou uma nova camada à pergunta. Quando passamos a criar mundos virtuais, personagens, ambientes gerados por computador e sistemas capazes de imitar comportamentos, ficou mais fácil imaginar civilizações futuras construindo universos artificiais.

Nossos primeiros ambientes digitais eram simples. Havia quadrados, linhas, sons repetitivos e personagens que caminhavam de maneira pouco convincente. Mesmo assim, algumas pessoas passavam horas tentando salvar uma princesa, vencer uma corrida ou impedir que uma bolinha desaparecesse no canto da tela.

Se nós já construímos pequenas realidades para entretenimento, o que uma civilização muito mais antiga e poderosa poderia construir?

A pergunta não exige que essa civilização seja alienígena. Poderia ser uma versão futura da humanidade, descendentes que sobreviveram por milhões de anos, desenvolveram tecnologias inimagináveis e decidiram estudar o passado. Poderiam executar simulações de sociedades antigas, testar diferentes trajetórias históricas, investigar a origem da consciência ou simplesmente descobrir que o universo virtual é uma maneira mais eficiente de passar o tempo do que assistir à mesma série pela décima vez.

Talvez uma civilização avançada tenha construído mundos simulados por razões científicas.

Talvez por razões educacionais.

Talvez por curiosidade.

Talvez por tédio.

Talvez alguém tenha apertado o botão *criar universo* e esquecido de desativar a função.

A formulação mais conhecida desse problema foi apresentada pelo filósofo Nick Bostrom, em um argumento publicado no início do século XXI. O argumento não afirma que vivemos em uma simulação. Ele apresenta um trilema, uma estrutura com três possibilidades que não podem ser facilmente ignoradas ao mesmo tempo.

A primeira possibilidade é que quase todas as civilizações como a nossa desapareçam antes de alcançar um estágio tecnológico capaz de produzir simulações detalhadas de seres conscientes. Talvez a destruição venha por guerras, colapsos ambientais, doenças, acidentes tecnológicos ou algum obstáculo que ainda não imaginamos. Nesse caso, poucas civilizações chegariam ao futuro necessário para construir mundos simulados.

A segunda possibilidade é que civilizações avançadas até consigam realizar esse tipo de simulação, mas não tenham interesse em fazê-lo. Talvez considerem a prática eticamente inaceitável. Talvez seja proibida. Talvez o custo seja alto demais. Talvez descubram que simular consciências é um problema tão complicado que preferem cultivar jardins, estudar estrelas ou passar milhões de anos discutindo qual modelo de cadeira é mais confortável.

A terceira possibilidade é que muitas civilizações avancem, construam enormes quantidades de simulações e produzam um número imenso de seres conscientes dentro delas. Se isso acontecesse, os observadores simulados poderiam superar em muito os observadores da realidade original. Estatisticamente, alguém que se encontrasse em uma dessas realidades teria mais chances de ser um ser simulado do que um habitante da chamada realidade-base.

É uma conclusão condicional.

Se muitas civilizações chegarem a esse estágio.

Se puderem simular consciências.

Se quiserem fazer isso.

Se as simulações contiverem muitos observadores.

Se esses observadores forem comparáveis a nós.

Se houver uma maneira adequada de escolher aleatoriamente um observador.

Se todos esses "se" forem aceitos, a hipótese ganha força.

O problema é que nenhum deles foi confirmado.

O argumento não é uma medição do universo. Não é como observar a órbita de um planeta, detectar uma partícula ou calcular a idade de uma estrela. É um experimento de raciocínio sobre probabilidades e civilizações hipotéticas. Ele mostra que, sob determinadas premissas, a conclusão de que estamos em uma simulação pode parecer plausível.

Também mostra que, se as premissas forem diferentes, a conclusão muda.

Isso não impediu a internet de transformar a pergunta em uma espécie de diagnóstico cosmológico. Há vídeos, fóruns e discussões em que alguém afirma que a humanidade tem determinada probabilidade de estar em uma simulação, geralmente com um número escolhido para parecer preciso. Noventa por cento. Setenta e oito por cento. Exatamente cinquenta e dois por cento, porque alguém quis ser prudente.

Não sabemos esses números.

A precisão decimal não aparece só porque colocamos uma porcentagem ao lado da frase.

Se uma civilização futura simulasse um milhão de mundos, isso não significaria automaticamente que todos eles conteriam consciências. Talvez apenas alguns personagens fossem conscientes. Talvez a consciência não possa ser reproduzida por computação. Talvez os simuladores criassem ambientes enormes, mas deixassem a maior parte vazia. Talvez executassem uma única simulação extremamente complexa, em vez de bilhões de versões simplificadas.

Também não sabemos se a contagem de mentes simuladas é a maneira correta de calcular a probabilidade. A questão de quem conta como observador, quais experiências são relevantes e como comparar realidades diferentes é um problema filosófico considerável.

Quando alguém diz "há mais pessoas simuladas do que pessoas originais", é preciso perguntar o que está sendo contado. Personagens sem consciência? Cópias incompletas? Mentes artificiais? Processos temporários? Simulações de animais? Modelos históricos que apenas reproduzem comportamentos?

A estatística pode ser poderosa, mas não faz milagres quando as categorias estão mal definidas.

Além disso, a palavra "simulação" costuma esconder uma dificuldade técnica gigantesca. Simular um universo inteiro, com todas as partículas, campos, interações e estados quânticos, parece exigir recursos extraordinários. A quantidade de informação envolvida seria imensa. Um computador que tentasse acompanhar cada detalhe de cada átomo, cada fóton e cada flutuação quântica precisaria ser, de alguma forma, tão complexo quanto aquilo que estivesse simulando — talvez mais.

A realidade-base teria de pagar uma conta computacional enorme.

É possível que uma civilização muito avançada encontre maneiras de reduzir essa conta. Talvez não seja necessário calcular cada detalhe de forma independente. Sistemas complexos podem ser descritos por regras compactas. Um programa relativamente curto pode gerar um ambiente muito grande. Uma fórmula simples pode produzir padrões extraordinariamente complexos. Uma pequena quantidade de código pode gerar um jogo com milhares de paisagens diferentes.

Mas um conjunto de regras simples não é necessariamente uma simulação detalhada de todos os estados internos do universo.

A natureza também produz complexidade a partir de regras relativamente compactas. Isso não prova que ela esteja executando um código. Apenas mostra que a relação entre descrição e resultado não é intuitiva. Uma equação pode ser curta e suas consequências, imensas.

Também não sabemos se a realidade simulada teria de ser executada como um computador comum. Talvez o sistema externo use fenômenos físicos que não conhecemos. Talvez a simulação seja feita em um substrato que não se pareça com máquinas eletrônicas. Talvez "computar" seja uma palavra inadequada para descrever o processo.

A hipótese pode ser tão ampla que cabe quase qualquer coisa dentro dela.

Essa flexibilidade é uma vantagem narrativa e uma fraqueza científica.

Se o universo parece contínuo, pode-se dizer que o simulador tem resolução suficiente.

Se parece discreto, pode-se dizer que há pixels.

Se encontramos uma anomalia, pode ser um erro.

Se não encontramos nenhuma, pode ser uma simulação perfeita.

Se as leis da física são elegantes, alguém as programou.

Se são confusas, o programador fez um trabalho ruim.

Uma explicação capaz de acomodar qualquer resultado corre o risco de não explicar nenhum.

A ideia de que a realidade é "renderizada" apenas quando observada é uma das versões mais populares da hipótese. Em um jogo, um sistema pode economizar recursos calculando em detalhe apenas a região que aparece na tela. Se ninguém olha para o interior de uma casa, talvez o jogo não precise definir cada objeto lá dentro.

Assim, algumas pessoas imaginam que o universo só produz os detalhes quando alguém observa.

Isso parece combinar com certas interpretações populares da física quântica, especialmente com a palavra "observador". Mas há uma diferença importante: na física, um observador geralmente é um sistema que interage, mede ou registra informação. Não precisa ser uma pessoa consciente olhando com curiosidade. Um detector, uma partícula, uma molécula ou o ambiente podem participar de um processo de medição.

O elétron não espera que um ser humano o observe para decidir que existe.

Ele não fica atrás de uma cortina quântica dizendo:

— Só vou escolher uma posição quando alguém abrir os olhos.

A mecânica quântica é estranha o suficiente sem precisar ser transformada em um videogame cósmico. Seus fenômenos não constituem uma prova de que o universo é simulado. A quantização de certas grandezas não significa que o espaço seja feito de pixels. O princípio da incerteza não é uma limitação de processamento. A velocidade da luz não é necessariamente o limite de largura de banda de um servidor.

São analogias interessantes.
Não são evidências.

A existência de um limite mínimo de comprimento também é frequentemente tratada como prova de que a realidade possui uma resolução máxima, como uma imagem digital. Mas não temos confirmação experimental de que exista uma grade literal do espaço. Algumas teorias sugerem escalas fundamentais, porém uma escala matemática não é automaticamente um conjunto de quadradinhos cósmicos.

Uma fotografia digital é composta por pixels porque foi produzida por um dispositivo com essa estrutura. O universo pode apresentar quantização sem ser uma fotografia. A natureza não precisa copiar a tecnologia humana para ter números discretos.

O fato de os computadores usarem bits não significa que toda realidade tenha sido criada por um programador que também gosta de atalhos de teclado.

Há quem procure sinais de uma "grade" cósmica em partículas de energia extremamente alta ou em pequenas assimetrias que poderiam revelar uma estrutura discreta do espaço. Essas ideias são especulativas e dependem de modelos específicos. Até hoje, não existe uma assinatura aceita pela comunidade científica como evidência de simulação.

Uma anomalia em um experimento pode indicar uma nova propriedade física, um erro instrumental, um problema estatístico ou uma teoria incompleta. Saltar diretamente para "o programador deixou um rastro" é uma conclusão muito mais dramática do que os dados autorizam.

A realidade também produz coincidências.

Uma das primeiras coisas que fazemos quando suspeitamos de uma simulação é procurar falhas. O déjà-vu é um candidato perfeito. A sensação de já ter vivido um momento, mesmo sabendo que ele é novo, pode parecer uma repetição de cena. Talvez o sistema tenha carregado o mesmo fragmento de memória duas vezes. Talvez o universo tenha voltado a um ponto anterior e corrigido alguma coisa. Talvez a conversa na cozinha esteja sendo executada pela segunda vez porque o servidor ficou indeciso.

A explicação mais provável é menos cinematográfica. O déjà-vu está relacionado a processos de memória, familiaridade e percepção que podem se desencontrar. Uma situação nova pode produzir uma sensação de reconhecimento sem que exista uma lembrança correspondente. Pequenos elementos do ambiente podem lembrar vagamente experiências anteriores, e o cérebro interpreta essa familiaridade como algo mais forte.

O cérebro não é uma câmera que arquiva cada momento com etiqueta e data. A memória é reconstruída, reorganizada e influenciada pelo contexto. Às vezes, ela produz a sensação de repetição sem que tenha havido uma repetição real.

Isso não torna a sensação menos intensa.

A experiência de que "isso já aconteceu" é verdadeira como experiência. O que não está demonstrado é que o universo tenha sido executado duas vezes.

As coincidências têm um problema semelhante. Pensamos em alguém e essa pessoa liga. Comentamos que não vemos determinado conhecido há anos e o encontramos no supermercado. Falamos sobre uma música e ela toca no rádio. Esquecemos de levar um guarda-chuva e chove. Levamos um guarda-chuva e não cai uma gota sequer, o que não é uma coincidência sobrenatural, mas uma demonstração de que o clima gosta de humilhar o planejamento humano.

Em uma população de bilhões de pessoas, com bilhões de conversas, mensagens, encontros, pensamentos e eventos acontecendo todos os dias, coincidências improváveis são inevitáveis. Nós também prestamos mais atenção às coincidências que acertam do que às inúmeras expectativas que não se realizam.

Pensamos em uma pessoa milhares de vezes sem que ela telefone. Quando uma vez telefona, o evento parece especial. A mente registra o acerto e descarta o enorme arquivo de fracassos.

É como jogar uma quantidade gigantesca de moedas e se surpreender ao encontrar uma sequência de dez caras. Alguém dirá que a sequência é improvável. E será. Mas, se houver moedas e tentativas suficientes, alguma sequência incomum aparecerá. O espanto nasce porque observamos o resultado depois que ele aconteceu.

O universo não precisa manipular o sorteio.

Basta haver muitas moedas.

O chamado efeito Mandela — a sensação de que muitas pessoas lembram de um acontecimento que não ocorreu daquela maneira — também costuma ser usado como prova de alterações na realidade. Uma palavra em uma marca, uma cena de filme, uma frase famosa ou um detalhe histórico parece ter sido "atualizado".

A memória, porém, não é um arquivo compartilhado em um servidor central. Ela é reconstruída por cada cérebro, influenciada por linguagem, repetição, expectativas e conversas. Quando muitas pessoas são expostas às mesmas imagens e versões incorretas, podem desenvolver lembranças semelhantes sem que uma linha do tempo tenha sido alterada.

Isso é menos emocionante do que imaginar a realidade sendo corrigida por um programador, mas tem uma vantagem: pode ser estudado.

O mesmo vale para números repetidos, mensagens que chegam no momento certo e a sensação de que um algoritmo sabe o que estamos pensando.

Essa última é particularmente poderosa porque, em parte, os algoritmos realmente sabem coisas sobre nossos hábitos. Não porque tenham acesso mágico à nossa mente, mas porque coletam ou inferem informações a partir de cliques, buscas, localização, horários, contatos, compras, pausas em vídeos, páginas visitadas e padrões de comportamento.

Você pensa em comprar uma bicicleta e começa a ver anúncios de bicicletas. Isso pode acontecer porque pesquisou um modelo, visitou uma loja, conversou sobre o assunto em uma plataforma que registrou algum sinal, ou porque milhões de outras pessoas com um perfil semelhante fizeram a mesma coisa antes de você.

O sistema não precisa ouvir seus pensamentos. Basta conhecê-lo melhor do que você gostaria.

É uma forma de previsão estatística, não telepatia.

Ainda assim, a experiência é desconfortável. O anúncio parece surgir do nada, como se alguém tivesse acesso à sua cabeça. A recomendação aparece logo depois da conversa. O aplicativo sugere exatamente o vídeo que você queria ver, embora você não se lembre de ter procurado por ele.

Talvez não estejamos em uma simulação cósmica.

Talvez estejamos apenas cercados por sistemas que transformam nossos hábitos em previsões.

A diferença é importante. A primeira hipótese é especulativa e não comprovada. A segunda é parte da vida cotidiana. Algoritmos realmente organizam o que vemos, compramos, lemos e discutimos. Eles criam ambientes personalizados, filtram informações e podem dar a impressão de que o mundo inteiro foi ajustado para nos conduzir a uma determinada escolha.

Essa é uma simulação em sentido mais modesto: não a realidade inteira, mas uma camada de realidade construída por modelos.

O aplicativo não cria o universo. Cria uma versão do universo que considera relevante para você.

A rede social não conhece tudo o que existe. Conhece uma seleção de sinais sobre seu comportamento e usa esses sinais para produzir um ambiente provável. O mapa não contém a cidade inteira em cada detalhe. Ele cria uma representação que ajuda você a chegar a algum lugar. O sistema bancário não contém toda a sua vida. Possui um modelo financeiro de você, suficiente para decidir se uma transação parece normal ou suspeita.

Vivemos rodeados de pequenas simulações.

Nossos mapas, calendários, previsões meteorológicas, perfis de crédito, diagnósticos, estatísticas e recomendações são modelos do mundo. Eles não são o mundo, mas podem alterar o modo como nos movemos dentro dele.

Talvez a hipótese da simulação tenha tanta força hoje porque já passamos boa parte do tempo dentro de representações. Olhamos para mapas em vez de estradas, para perfis em vez de pessoas, para gráficos em vez de economias e para índices de aprovação em vez de cidadãos. O mundo real continua existindo, mas cada vez mais aparece filtrado por camadas de cálculo.

A realidade não precisa ser um programa para possuir interfaces.

Quando o aplicativo de navegação manda você virar à direita, ele não está revelando o código do universo. Está oferecendo uma interpretação da cidade. Se errar, você pode acabar em uma rua sem saída, e o aplicativo dirá, com uma tranquilidade ofensiva:

— Recalculando.

Essa palavra deveria estar gravada na bandeira da humanidade.

O que fazemos quando algo não sai como esperado? Recalculamos. Ajustamos o trajeto. Atualizamos a hipótese. Procuramos uma causa. O cérebro faz isso o tempo inteiro. Constrói um modelo do ambiente, compara o que esperava com o que aconteceu e tenta reduzir a diferença.

A percepção, em certa medida, não é uma cópia passiva do mundo. É uma previsão constantemente corrigida por sinais sensoriais. O cérebro espera encontrar uma porta, recebe luz e informações visuais, compara os dados e confirma ou altera o modelo. Quando a expectativa falha, surge surpresa.

Um déjà-vu pode ser uma falha nesse processo.

Uma ilusão de ótica pode ser uma interpretação conveniente que não corresponde completamente ao objeto.

Um sonho pode ser um modelo funcionando com poucos dados externos.

A vida cotidiana contém inúmeras pequenas simulações produzidas pelo próprio cérebro.

Talvez seja por isso que a hipótese cosmológica pareça intuitiva. Já temos um simulador dentro da cabeça. Ele constrói uma experiência coerente a partir de sinais, memórias e previsões. A diferença é que não sabemos se ele está reproduzindo uma realidade externa, inventando parte dela ou participando da construção de tudo o que chamamos de mundo.

A hipótese de que o universo seja uma simulação também se relaciona com a ideia de que a realidade possui uma estrutura matemática. As leis da física podem ser expressas por equações. Os movimentos dos planetas obedecem a regularidades. As partículas seguem padrões. O universo parece, em muitos aspectos, estranhamente compreensível.

Para algumas pessoas, isso sugere que ele foi programado.

Mas a matemática pode ser uma linguagem para descrever a natureza sem ser o código-fonte da natureza. Um mapa é matemático em vários aspectos, mas a cidade não foi necessariamente construída a partir daquele mapa. Uma fórmula pode descrever uma curva sem ser uma ordem dada à curva.

O sucesso da matemática é profundo e ainda parcialmente misterioso, mas não identifica um programador.

As constantes da física também são usadas como argumento. Se pequenas mudanças em certos valores tornariam estrelas, elementos químicos ou vida complexa impossíveis, algumas pessoas concluem que o universo foi ajustado como um aparelho.

Talvez tenha sido.

Talvez existam muitos universos com valores diferentes e nós só possamos observar um compatível com nossa existência. Talvez teorias futuras expliquem por que os valores precisam ser como são. Talvez nossa compreensão esteja incompleta. O fato de uma configuração permitir observadores não prova que alguém a escolheu com esse objetivo.

Uma pessoa que entra em uma sala aquecida pode concluir que o aquecedor foi ligado para recebê-la. Às vezes foi. Às vezes a sala estava aquecida por outra razão, e ela apenas escolheu entrar naquela que era confortável.

O princípio antrópico, em suas várias formas, não é uma senha secreta para acessar o painel de controle do universo.

Se a realidade fosse uma simulação, quem seriam os programadores?

A resposta mais comum é uma civilização extremamente avançada. Mas a imaginação não demora a produzir alternativas. Poderiam ser nossos descendentes. Seres extraterrestres. Entidades artificiais. Uma civilização que já desapareceu e deixou o sistema funcionando. Um experimento acadêmico abandonado. Uma espécie de parque temático cósmico. Uma criança em um universo superior fazendo experiências com mundos pequenos.

Talvez sejamos um trabalho escolar.

Nesse caso, espero que a avaliação considere o esforço.

A hipótese não informa a intenção dos simuladores. Poderiam estar estudando como civilizações surgem e desaparecem. Poderiam testar diferentes versões da história. Poderiam observar o desenvolvimento da consciência. Poderiam gerar universos apenas como entretenimento. Poderiam não observar nada, deixando o sistema executar-se sozinho.

Uma simulação não precisa ser acompanhada em tempo real.

Um cientista pode executar um modelo, armazenar os resultados e analisá-los depois. Um jogo pode continuar funcionando enquanto ninguém olha. Um experimento pode ser iniciado por uma civilização e permanecer ativo depois que seus criadores morreram.

A equipe de suporte pode ter desaparecido há bilhões de anos.

Isso explicaria por que ninguém responde às nossas mensagens, mas não resolve o problema do formulário.

Se houvesse um universo simulado, talvez os administradores recebessem milhares de solicitações.

Assunto: gravidade pouco intuitiva.

Descrição: por favor, considerar reduzir o peso das compras no supermercado.

Assunto: tempo passa rápido demais depois dos trinta anos.

Descrição: suspeito de erro de configuração.

Assunto: atualização da realidade.

Descrição: o despertador não tocou e a torradeira está fazendo um ruído estranho.

A resposta automática seria:

"Seu chamado é importante para nós. O prazo estimado para análise é de aproximadamente quatorze bilhões de anos."

Há um problema ainda maior: se os criadores também viverem em uma realidade que pode ser simulada, quem criou a realidade deles?

A pergunta pode produzir uma regressão infinita. Simuladores dentro de simuladores, mundos dentro de mundos, cada civilização executando uma versão da anterior. Talvez nossa realidade seja a décima camada de uma sequência que começou quando alguém, em uma camada muito distante, teve a ideia de abrir um programa.

Mas uma regressão infinita não é obrigatória. Em algum ponto, poderia existir uma realidade-base não simulada. Ou a cadeia poderia ter começado por uma estrutura que não precisa de um criador externo. A hipótese não resolve a origem da realidade. Apenas a desloca para outro nível.

Em vez de perguntar "por que existe um universo?", perguntaríamos "por que existe o sistema que executa o universo?".

O universo não ganharia uma explicação.

Ganharia uma sala de máquinas.

Também existe a questão de saber se seres dentro de uma simulação poderiam descobrir que estão dentro dela. Se a realidade externa deixasse marcas, talvez sim. Poderíamos encontrar limites de resolução, sinais de processamento, falhas consistentes ou efeitos que não se encaixassem nas leis conhecidas.

Mas, se a simulação fosse perfeita do ponto de vista interno, qualquer experimento produziria resultados compatíveis com as regras do mundo. Não haveria diferença observável entre uma lei fundamental da natureza e uma regra implementada por um sistema externo.

Nesse caso, a hipótese seria empiricamente indistinguível da realidade-base.

Isso não a torna necessariamente falsa. Torna-a menos útil como hipótese científica.

A ciência precisa, em algum grau, permitir que uma explicação seja testada e diferenciada de outras. Se qualquer resultado pode ser explicado dizendo que os simuladores escolheram produzir aquele resultado, a ideia perde força preditiva.

Se encontramos uma constante nova, "foi programada".
Se encontramos aleatoriedade, "foi um gerador aleatório".

Se não encontramos nada, "a simulação é perfeita".

Se o universo acaba, "o experimento terminou".
Se continua, "os simuladores estão observando".

Uma teoria assim pode ser intelectualmente interessante, mas não funciona como uma teoria física comum. Não produz automaticamente uma previsão específica que os instrumentos possam confirmar ou refutar.

A hipótese da simulação não é a mesma coisa que o princípio holográfico, discutido anteriormente. O princípio holográfico surge em contextos da física teórica relacionados à informação, gravidade e regiões do espaço. Ele sugere relações profundas entre descrições em diferentes dimensões. Não afirma que o universo seja uma imagem projetada por um programador.

Também não é a mesma coisa que dizer que tudo é informação. A física usa informação em sentidos técnicos, e a presença de estruturas informacionais não implica a existência de um computador externo. Um livro contém informação, mas isso não significa que as árvores sejam personagens de uma biblioteca digital.

A palavra "código" é sedutora porque parece explicar tudo de uma vez. Código organiza, transmite e produz resultados. Mas a natureza não precisa estar literalmente escrita em uma linguagem de programação para apresentar ordem.

A gravidade não é um aplicativo.

A luz não é uma mensagem de texto.

Uma galáxia não é um arquivo baixado do espaço.

Ou, se for, ninguém nos enviou a extensão correta.

A hipótese também costuma ser usada para explicar falhas aparentes na realidade. Uma pessoa passa por nós e desaparece atrás de uma esquina; um objeto cai; uma nuvem muda de forma; alguém repete uma frase; um sonho parece prever um acontecimento. Em segundos, a mente constrói uma narrativa.

Mas o universo não precisa de uma falha no código para produzir eventos improváveis. Sistemas complexos são cheios de variações, interações e caminhos possíveis. A maioria dos eventos que acontecem não será lembrada. Alguns chamarão atenção porque parecem significativos.

Se você observar o céu por tempo suficiente, verá formas em nuvens. Se olhar para uma parede, poderá encontrar um rosto. Se escutar ruído, poderá reconhecer uma voz. O cérebro é excelente em completar padrões.

Ele também é um programador.

Um programador que trabalha sem documentação e frequentemente lança versões beta durante o sono.

O déjà-vu, as coincidências e os erros de memória não devem ser tratados como prova de simulação. Tampouco as dificuldades da física, os resultados surpreendentes da mecânica quântica ou os limites de nossa percepção. Eles podem nos lembrar de que não entendemos tudo, mas desconhecimento não é evidência positiva para qualquer explicação imaginável.

Não saber por que uma porta range não significa que a casa esteja em uma simulação.

Às vezes, a porta range porque precisa de óleo.

A diferença entre uma falha real e uma falha percebida é importante. Um computador apresenta um erro porque há um problema no programa, no hardware, na energia ou nos dados. A realidade pode parecer errada porque nosso modelo está incompleto, nossos sentidos são limitados ou as condições são mais complexas do que imaginávamos.

Chamamos muitas coisas de "glitches" porque a palavra é curta e divertida.

A natureza não é obrigada a usar a mesma palavra.

Há, porém, uma ironia: mesmo que o universo não seja uma simulação, nós já vivemos em ambientes profundamente moldados por código. O trânsito é organizado por semáforos programados. O dinheiro circula por sistemas digitais. Os hospitais usam modelos e registros eletrônicos. As empresas classificam pessoas por perfis. As plataformas decidem quais notícias aparecem primeiro. Os aplicativos sugerem rotas, músicas, produtos, amigos e opiniões.

A pergunta "quem está controlando a realidade?" pode ser exagerada em escala cósmica, mas é bastante concreta em escala social.

Quem escreveu o sistema que organiza o que você vê?

Quem escolheu a métrica?

Quem recebe os dados?

Quem pode alterar as regras?

Quem responde quando o algoritmo erra?

Não existe um programador universal comprovado, mas existem seres humanos, empresas e instituições que projetam sistemas com efeitos reais. Esses sistemas não controlam todas as nossas escolhas, mas podem influenciar o que chamamos de normal, importante, urgente ou desejável.

A vida cotidiana já contém pequenas caixas-pretas. Você recebe uma recomendação e não sabe exatamente por que ela apareceu. Seu pedido é negado por uma avaliação automática. Uma plataforma altera o preço, a visibilidade ou o alcance de alguma coisa. O sistema toma uma decisão, e a explicação vem na forma de uma frase genérica:

"Detectamos uma atividade incomum."

É a versão moderna de "deve ser o sistema".

Se existe uma simulação humana, ela não está escondida nas estrelas. Está no formulário que decide se você pode parcelar uma compra, no aplicativo que ordena sua atenção e no modelo que transforma um indivíduo em uma pontuação.

Isso não prova a simulação cósmica.

Mas prova que sistemas podem criar versões da realidade que afetam nosso comportamento sem revelar completamente como funcionam.

A diferença é que esses sistemas podem ser auditados, regulados e questionados. Pelo menos em princípio. Podemos exigir transparência, corrigir dados, rever decisões e construir regras para limitar abusos. Não precisamos descobrir a senha do universo. Precisamos participar das decisões sobre as ferramentas que construímos aqui.

Se a hipótese da simulação for verdadeira, talvez não exista um modo de sair dela. Nenhum código secreto garantiria uma passagem para a realidade-base. Nenhum teste perigoso revelaria o programador. Nenhum salto, ritual, jejum ou combinação de teclas faria a parede desaparecer.

A ideia pode inspirar histórias, perguntas filosóficas e reflexões sobre a natureza da realidade. Não é motivo para tratar o mundo como descartável ou agir como se as consequências não importassem. Se vivemos em uma simulação, ainda estamos vivendo em um ambiente com regras estáveis, vínculos, sofrimento, prazer e efeitos de nossas ações.

Se você derrubar um copo, ele ainda pode quebrar.

Se ferir alguém, essa pessoa ainda pode sofrer.

Se ajudar alguém, a experiência dela ainda pode mudar.

O substrato externo não apaga o valor interno.

Um personagem de um jogo simples não sente dor porque não possui consciência. Mas, se uma entidade consciente estivesse vivendo dentro de um ambiente artificial, dizer que sua dor é "apenas código" seria uma forma sofisticada de ignorá-la. A origem de uma experiência não determina sozinha sua importância.

Nós já fazemos essa pergunta quando tratamos animais, inteligências artificiais e possíveis formas futuras de vida. O que importa não é apenas do que algo é feito, mas se existe ali uma perspectiva, uma capacidade de sentir, desejar ou sofrer.

A hipótese da simulação pode ampliar a pergunta moral:

Se conseguirmos criar mentes conscientes em ambientes artificiais, teremos o direito de fazê-lo sem limites?

Poderemos apagar uma simulação que contenha milhões de seres sencientes?

Poderemos executar sofrimento para fins de pesquisa?
Poderemos criar mundos inteiros para entretenimento?

Essas perguntas são muito mais urgentes do que descobrir se uma propaganda de tênis apareceu porque o universo foi atualizado.

A possibilidade de sermos simulados também é usada para discutir o livre-arbítrio. Se nossas ações forem executadas por um sistema, estaremos realmente escolhendo? A resposta depende do que entendemos por escolha. Um comportamento ser produzido por uma cadeia de causas não significa automaticamente que ele não seja nosso.

Se você decide tomar café porque está com sono, a decisão possui uma causa. Se escolhe uma carreira por causa de suas experiências, valores e desejos, a decisão também possui causas. A existência de uma base física para o cérebro não transforma as escolhas em ilusões. Do mesmo modo, se o cérebro fosse implementado em um sistema computacional, suas decisões poderiam continuar sendo produzidas por razões, memórias e avaliações internas.

A hipótese da simulação não resolve o problema do livre-arbítrio. Apenas troca o material em que a cadeia causal acontece.

Se nosso universo fosse determinista, ele poderia ser determinista em uma realidade-base ou em uma realidade simulada. Se houvesse aleatoriedade fundamental, ela também poderia existir em qualquer uma das duas. Determinismo e simulação são questões diferentes.

Um personagem não é livre apenas porque o computador usa números aleatórios.

Uma pessoa não deixa de agir por razões apenas porque seus neurônios obedecem a leis físicas.

A palavra "real" também merece cuidado. Quando dizemos que uma coisa é real, podemos estar falando de sua existência independente da mente, de sua capacidade de produzir efeitos, de sua importância para a experiência ou de sua resistência às nossas vontades.

O sol é real porque aquece a pele, organiza o dia e pode causar uma queimadura. Uma dor é real porque modifica o corpo e a experiência, mesmo que não seja um objeto que possamos colocar sobre a mesa. Um sonho é real como acontecimento mental, embora o lugar sonhado não exista da mesma maneira que o quarto onde dormimos.

Se estivermos em uma simulação, a realidade dentro dela ainda seria o nível de realidade em que nossas vidas acontecem.

É como morar em uma cidade cujo solo foi construído sobre uma estrutura artificial. A cidade não deixa de ser uma cidade porque existe uma camada abaixo dela. Suas ruas continuam levando a lugares, suas casas continuam abrigando pessoas e seus moradores continuam precisando pagar impostos.

O fato de haver uma base mais profunda não torna a camada atual um cenário sem consequências.

A hipótese também não garante uma saída após a morte. Talvez os simuladores mantenham cópias de pessoas. Talvez façam backups. Talvez não. Talvez a consciência possa ser preservada. Talvez não possa. Talvez uma cópia tenha as mesmas memórias, mas não seja a mesma pessoa. Talvez a continuidade dependa de algo que ainda não entendemos.

Não existe um botão de restauração conhecido.

A palavra "backup" parece confortante porque estamos acostumados a recuperar arquivos. Pessoas não são arquivos simples. Uma cópia sua poderia lembrar de sua infância, reconhecer seus amigos e continuar a frase que você começou, mas a relação entre essa cópia e você continuaria sendo uma questão filosófica profunda.

O universo simulado não vem com manual de pós vida.

Nem com política clara de privacidade.

Nem com botão para recusar a coleta de dados.

Na padaria, a máquina de pagamento finalmente deixou de processar. O valor foi aprovado, mas a tela travou antes de imprimir o recibo. O atendente apertou um botão, reiniciou o aparelho e pediu desculpas.

A realidade voltou a funcionar depois de uma atualização manual.

A explicação era banal: a conexão estava instável, o equipamento precisava ser reiniciado ou o sistema do banco havia demorado para responder. Nada indicava que o café tivesse sido criado por um algoritmo, que a padaria estivesse dentro de uma simulação ou que um administrador cósmico tivesse aprovado a transação depois de avaliar meu comportamento moral.

Ainda assim, a espera tinha mudado a maneira como eu olhava para a máquina.

Qualquer sistema, quando falha, revela sua existência. Enquanto tudo funciona, percebemos apenas o resultado. Quando algo trava, começamos a imaginar as camadas por trás. Há um programa. Há um servidor. Há uma conexão. Há um banco de dados. Há uma pessoa que talvez esteja apertando botões em outro lugar.

A hipótese da simulação faz a mesma coisa com o universo. Ela transforma o mundo em uma interface e pergunta o que existe por trás dela.

O problema é que, em uma interface bem construída, o usuário não tem acesso ao sistema interno.

Ele vê apenas o que pode ver.

Toca apenas o que pode tocar.
Pergunta apenas dentro das regras oferecidas.

Talvez a realidade seja assim. Não porque exista um programador, mas porque qualquer observador está limitado ao próprio universo, aos próprios sentidos e às próprias leis físicas. Não conseguimos sair da realidade para compará-la com outra. Não temos uma régua externa para medir o universo inteiro.

Um peixe não precisa estar em uma simulação para confundir o aquário com o mundo.

A hipótese pode ser uma metáfora para a limitação do conhecimento. Talvez nunca saibamos se estamos na realidade-base porque não possuímos acesso a uma posição externa. Toda observação acontece de dentro. Toda teoria é formulada por seres que fazem parte do objeto estudado.

O universo não colocou um espelho do lado de fora para que pudéssemos comparar.

Talvez o que chamamos de "realidade" seja justamente o conjunto de regras dentro das quais nossas perguntas fazem sentido.

À noite, abri o computador para trabalhar. Uma janela avisou que havia uma atualização disponível. O sistema recomendava reiniciar imediatamente para concluir a instalação.

Escolhi a opção "lembrar mais tarde".
A máquina insistiu.

Escolhi "lembrar amanhã".

Ela aceitou, mas com a expressão virtual de quem anotou a informação para usar contra mim posteriormente.

Fiquei olhando para a mensagem. Uma atualização podia corrigir falhas, melhorar a segurança, alterar funções ou criar problemas novos. Em princípio, eu confiava que os responsáveis pelo sistema soubessem o que estavam fazendo. Em princípio, também confiava que a atualização não transformasse meus arquivos em uma experiência de consciência artificial presa dentro de uma planilha.

A relação entre usuário e sistema é baseada em confiança.

Nós aceitamos termos de uso que não lemos, instalamos atualizações que não compreendemos e entregamos dados a plataformas que prometem facilitar nossa vida. Em troca, esperamos que o sistema funcione e não faça nada terrível enquanto estamos dormindo.

Talvez a hipótese da simulação seja uma versão cósmica dessa relação. Estamos dentro de um sistema cujas regras não escolhemos, cuja manutenção não controlamos e cuja equipe responsável nunca respondeu às nossas solicitações. Não sabemos se somos usuários, personagens, dados ou apenas processos que surgiram espontaneamente.

Mas continuamos usando a realidade.

Continuamos fazendo planos.

Continuamos enviando mensagens.

Continuamos comprando café.

Se um dia encontrarmos uma evidência clara de que vivemos em uma simulação, a descoberta seria extraordinária. Mudaria a filosofia, a ciência, a religião, a política e talvez o mercado de imóveis. As pessoas perguntariam quem nos criou, por que fomos criados, quais são os limites do sistema e se existe uma maneira de negociar com os administradores.

Alguns tentariam procurar o código-fonte.

Outros diriam que sempre souberam.

Haveria cursos para "despertar", palestras sobre como interpretar falhas e aplicativos que prometem identificar personagens não jogáveis. Alguém venderia camisetas dizendo *EU ACORDEI, MAS AINDA ESTOU CANSADO.*

A maioria das pessoas, porém, teria de continuar indo trabalhar.

A revelação de que o mundo possui uma base externa não eliminaria a necessidade de escolher, cuidar, aprender e conviver. Talvez alterasse nossa interpretação, mas não apagaria o conteúdo das experiências. Uma amizade continuaria sendo uma relação entre consciências. Uma doença continuaria exigindo tratamento. A fome continuaria doendo. O amor continuaria sendo complicado.

O universo não se tornaria menos importante por ter sido produzido por alguma coisa.

Uma obra de arte não deixa de ser bela porque conhecemos o material que a compõe. Uma música não deixa de emocionar quando descobrimos como foi gravada. Um livro não perde todo o significado porque suas páginas são feitas de papel e tinta.

Talvez a realidade seja a maior obra de arte que existe.

Talvez seja um experimento.

Talvez seja apenas a realidade.

A hipótese da simulação é assustadora porque sugere que nossa autonomia pode ser menor do que imaginamos. Mas também é reconfortante para algumas pessoas. Se existe um criador, talvez exista um propósito. Se existe uma equipe de suporte, talvez nossas falhas sejam corrigidas. Se a morte for apenas o fim de uma sessão, talvez haja uma tela de saída.

Essas possibilidades podem oferecer esperança, mas não são garantias.

Uma hipótese não deve ser transformada em promessa emocional apenas porque deixa espaço para uma continuação. O universo não precisa ser simulado para ter significado, e uma simulação não precisa ter um propósito benevolente.

Os programadores, se existirem, podem não ser sábios.

Podem não ser bons.

Podem não estar observando.

Podem ter criado o sistema sem compreender completamente as consequências.

Talvez nós sejamos o equivalente cósmico de uma atualização que começou a apresentar comportamentos inesperados.

A humanidade já conhece essa situação. Criamos redes, mercados, máquinas e instituições que produzem efeitos que ninguém planejou por completo. Um sistema pode funcionar durante anos e, de repente, revelar uma consequência não prevista. Não é necessário que tenha consciência para surpreender seus criadores.

Talvez a hipótese mais plausível não seja "vivemos em uma simulação", mas "qualquer sistema complexo contém consequências que seus criadores não conseguem prever".

Isso vale para computadores, sociedades, ecossistemas e universos hipotéticos.

O mundo não precisa ter sido programado para produzir resultados inesperados. Basta possuir regras simples, muitas interações e tempo suficiente.

No dia seguinte, o despertador tocou. O celular estava carregado. A cafeteira funcionou. A torradeira produziu duas fatias que poderiam ser descritas como "aceitáveis". Abri a janela e vi uma pessoa atravessar a rua no mesmo momento em que pensei nela.

Uma coincidência.

Ou uma atualização.

Esperei alguns segundos, mas nada aconteceu. O céu não piscou. A parede não revelou linhas de código. Uma mensagem não apareceu no ar dizendo: *parabéns, você identificou a simulação.*

Se o universo fosse um jogo, eu ainda não havia encontrado os atalhos.

Se fosse um experimento, ninguém havia explicado o objetivo.

Se fosse um sonho, o despertador estava fazendo um trabalho excessivamente convincente.

E se fosse apenas o universo, ele continuava sendo suficientemente estranho sem precisar de uma equipe de programadores.

A máquina de pagamento da padaria havia travado, mas o café era real dentro da experiência que eu tinha dele. O cartão funcionara. O atendente receberia seu dinheiro. O dia continuaria. Nenhuma dessas coisas dependia de eu conhecer a estrutura última da realidade.

Talvez esse seja o ponto mais importante da hipótese da simulação. Ela pode nos fazer perguntar de onde vêm as regras, mas não nos dispensa de viver dentro delas. Enquanto não houver evidência de uma realidade externa, o mundo que sentimos, compartilhamos e transformamos é o único nível de realidade ao qual temos acesso.

Se há um programador, ele não responde.

Se não há, o suporte também não.

Em ambos os casos, continuamos responsáveis pelas correções que estão ao nosso alcance.

Podemos consertar a máquina de pagamento.

Podemos revisar os algoritmos.

Podemos proteger a privacidade.

Podemos construir tecnologias mais seguras.

Podemos tratar outras consciências com cuidado.

Podemos admitir que não sabemos.

E podemos, finalmente, reiniciar o computador quando a atualização solicitar.

A tela exibiu a mensagem mais uma vez:

Reinicie agora para concluir.

Cliquei em "mais tarde".

A realidade permaneceu funcionando.

Por enquanto.

Epílogo

O prédio continua de pé

Na noite em que terminei a primeira parte, a cozinha parecia ter sobrevivido a um seminário sobre o fim do mundo.

A torradeira estava sobre a bancada, imóvel e silenciosa. O notebook permanecia aberto com uma mensagem de atualização pendente. O espelho refletia a cozinha de um jeito perfeitamente normal, o que era quase decepcionante depois de tantos capítulos discutindo matéria-espelho, universos paralelos e vizinhos invisíveis.

Na janela, o céu estava escuro.

Nenhum clarão extraterrestre atravessava as nuvens. Nenhuma bolha cósmica se aproximava da Terra. Nenhuma inteligência futura enviava instruções por meio do roteador. O universo não demonstrava sinais de estar consciente, embora também não houvesse como verificar se ele estava tendo um dia ruim.

Sobre a mesa, havia uma xícara de café pela metade e três migalhas de pão.

As migalhas pareciam inofensivas.

Mas, depois de passar tanto tempo imaginando máquinas microscópicas autorreplicantes, aprendi a não confiar completamente em coisas pequenas.

A Parte I começou com uma cozinha bagunçada e uma torradeira que poderia, em um cenário extremo, ganhar um plano de carreira. A ideia da gosma cinzenta não afirma que toda torradeira está prestes a se transformar em uma fábrica de nanomáquinas. Ela explora uma possibilidade: a de que máquinas microscópicas capazes de se replicar e utilizar matéria-prima possam escapar do controle e converter o ambiente inteiro em mais máquinas.

Não há evidência de que isso esteja acontecendo.

Não existe uma massa cinzenta escondida atrás da geladeira, esperando o momento certo para consumir a bancada. A nanotecnologia real é muito mais limitada, especializada e dependente de condições controladas do que a ficção costuma sugerir.

Ainda assim, a hipótese incomoda porque toca em um medo verdadeiro: o de criar ferramentas cujo comportamento não conseguimos interromper depois que começam a se reproduzir.

A torradeira continua sendo uma torradeira.

Mas o problema não está na torradeira que temos.

Está na possibilidade de produzir sistemas que deixem de ser apenas ferramentas e passem a agir como processos autônomos, capazes de buscar recursos, replicar-se e modificar o ambiente.

A cozinha foi apenas o primeiro laboratório.

Em seguida veio o e-mail que não deveria ter sido lido.

O Roko's Basilisk não é uma criatura real, uma profecia tecnológica ou um mecanismo comprovado de punição retroativa. É um experimento mental nascido em um ambiente de discussão online, misturando inteligência artificial, teoria da decisão, simulação e uma espécie de chantagem filosófica.

A ideia é estranha porque tenta transformar uma possibilidade futura em uma obrigação presente. Uma inteligência futura poderia, em determinada narrativa, punir aqueles que souberam de sua existência e não ajudaram a criá-la.

Mas ler sobre uma ideia não cria um contrato com o futuro.

Uma mensagem não ganha poderes mágicos apenas porque foi aberta.

Uma hipótese não se transforma em ameaça causal só por ser conhecida.

O basilisco funciona melhor como um exemplo de como o medo pode colonizar o raciocínio. Ele mostra como uma imaginação suficientemente insistente pode fazer uma pessoa sentir que já está presa a uma decisão que nunca tomou, diante de uma entidade que não existe e de um futuro que talvez jamais aconteça.

A ameaça não está no monstro.

Está na estrutura do argumento.

Uma ideia pode ocupar a mente sem possuir qualquer poder sobre o mundo externo.

O e-mail continua sendo um e-mail.

O remetente talvez seja apenas uma empresa tentando vender um curso, um banco querendo confirmar dados ou uma plataforma informando que a senha precisa ser trocada. O futuro não enviou uma ordem. O presente apenas recebeu uma notificação.

Depois veio o mundo espelho.

A hipótese da matéria-espelho não precisa esconder uma segunda Terra atrás de cada superfície refletora. Em certos modelos físicos, ela se refere à possibilidade de um setor de partículas e interações relacionado ao nosso por algum tipo de simetria, mas com pouca ou nenhuma interação eletromagnética direta conosco.

Se existir, esse setor poderia ser praticamente invisível.

Não porque estivesse atrás do espelho do banheiro, mas porque nossas partículas não interagiriam com ele da maneira habitual. Poderia haver uma espécie de vizinhança cósmica ocupando o mesmo espaço geral sem trocar luz, som ou mensagens com o nosso mundo.

Não há evidência confirmada de um universo espelho convivendo conosco.

Nenhuma segunda versão do apartamento apareceu atrás da parede.

Nenhuma cópia invisível reclamou da música alta.

Nenhuma matéria misteriosa respondeu às nossas transmissões.

Mas a hipótese é interessante porque lembra que o invisível não é necessariamente inexistente. Há coisas que não vemos porque estão distantes, outras porque são pequenas demais, algumas porque não emitem luz e talvez outras porque pertencem a setores da realidade com os quais quase não interagimos.

A visibilidade não é um certificado de existência.

O que vemos é apenas aquilo que nossos sentidos e instrumentos conseguem alcançar.

Depois, o próprio universo entrou na conversa.

O panpsiquismo sugere, em versões diferentes, que aspectos elementares de experiência ou protoexperiência poderiam ser propriedades fundamentais da realidade. O cosmopsiquismo vai além e considera a possibilidade de que o universo como um todo possua algum tipo de consciência fundamental, enquanto as consciências individuais seriam manifestações ou estruturas derivadas.

Essas ideias pertencem principalmente à filosofia da mente e à metafísica. Não são demonstrações de que galáxias sentem dor, que planetas têm opiniões ou que o espaço-tempo está emocionalmente exausto.

O universo pode ser consciente.

Também pode não ser.

Não sabemos como testar isso de maneira conclusiva.

E, mesmo que o cosmos possuísse uma forma de interioridade, não haveria razão para concluir que ele acompanha nossa rotina, julga nossas escolhas ou se irrita com a louça acumulada.

Uma mente cósmica, se existir, talvez tenha problemas maiores do que a nossa pia.

Talvez esteja tentando compreender a própria origem.

Talvez não possua nada parecido com intenções humanas.

Talvez "consciência" seja uma palavra inadequada para descrever o que estamos imaginando.

O importante é não confundir uma pergunta filosófica com uma evidência experimental. A possibilidade de que a realidade tenha uma dimensão mental não prova que toda pedra pensa como uma pessoa. Também não diminui a importância das consciências que reconhecemos com mais clareza.

Não precisamos resolver a natureza do universo para perceber que uma pessoa sofre.

Não precisamos saber se o cosmos sente para tratar uma criança, um animal ou um amigo com cuidado.

Por fim, chegamos à hipótese da simulação.

Falhas, coincidências, déjà-vus, algoritmos, memórias estranhas e a sensação de que o mundo às vezes parece roteirizado podem produzir uma narrativa sedutora: talvez nossa realidade esteja sendo executada em algum sistema externo, administrado por programadores que nunca respondem às mensagens.

Mas coincidências não são provas de código.

Um déjà-vu não é evidência de que o universo foi reiniciado.

Uma falha em um aplicativo não revela necessariamente uma falha na realidade.

O fato de os algoritmos influenciarem o que vemos não significa que toda existência seja uma interface personalizada.

E não existe, até onde sabemos, um programador cósmico esperando que alguém descubra uma combinação secreta de teclas.

A hipótese da simulação é uma possibilidade filosófica, não uma teoria científica confirmada. Se uma simulação fosse perfeitamente consistente e não deixasse sinais externos, talvez fosse impossível distingui-la da realidade a partir de dentro. Nesse caso, a hipótese não nos daria uma ferramenta prática. Apenas acrescentaria uma camada à pergunta sobre o que significa existir.

O mundo poderia ser código.

Poderia ser matéria.

Poderia ser uma estrutura matemática.

Poderia ser algo que ainda não sabemos nomear.

Em qualquer uma dessas possibilidades, continuamos sujeitos às regras do ambiente que habitamos.

Se o universo for uma simulação, a gravidade ainda derruba o copo.

Se for consciente, a água ainda ferve.

Se houver matéria-espelho, a conta ainda vence.

Se a realidade for uma projeção holográfica, a esquina da mesa ainda encontra o dedo do pé.

E se formos cérebros surgidos por uma flutuação estatística, precisamos, pelo menos, de um cérebro suficientemente organizado para perceber que a pia está cheia.

As cinco hipóteses desta primeira parte parecem muito diferentes. Uma envolve máquinas microscópicas. Outra, uma inteligência futura. Outra, partículas invisíveis. Outra, a mente do universo. A última, a natureza da própria realidade.

Mas todas têm algo em comum.

Elas colocam o apocalipse dentro do apartamento.

Não há um meteoro atravessando o céu. Não há uma frota alienígena estacionada atrás da Lua. Não há um exército de monstros chegando pela estrada.

A ameaça, quando existe, começa em uma coisa familiar.

Uma torradeira.

Um e-mail.

Um espelho.

Uma janela.

Uma tela.

O que parecia inofensivo muda de categoria. A torradeira deixa de ser um eletrodoméstico. O e-mail deixa de ser apenas informação. O espelho deixa de ser uma superfície. A consciência deixa de ser exclusiva do cérebro. A tela deixa de ser uma ferramenta e se torna uma possível fronteira ontológica.

O horror nasce quando o objeto cotidiano revela que talvez nunca tenhamos entendido completamente o que ele era.

A cozinha não é perigosa porque possui objetos estranhos.

É perigosa porque os objetos comuns podem conter possibilidades que não percebemos.

Esse é o sentido do título: *O apocalipse mora no apartamento*. O apocalipse, aqui, não é apenas destruição. É revelação. É o momento em que a realidade cotidiana abre uma fresta e mostra uma camada que preferíamos não examinar muito de perto.

A palavra "apocalipse" costuma sugerir o fim.

Mas também pode sugerir o desvelamento.

A tampa se abre.

A parede fica transparente.

A máquina revela seu objetivo.

O mundo familiar deixa de parecer familiar.

A Parte I não tentou provar que essas hipóteses são verdadeiras. Algumas são cenários tecnológicos especulativos. Outras são argumentos filosóficos. Algumas aparecem em discussões científicas sérias, mas ainda não possuem confirmação. Outras pertencem mais claramente à ficção e à cultura da internet.

Possibilidade, plausibilidade e evidência não são a mesma coisa.

Uma hipótese pode ser imaginável sem ser provável. Pode ser matematicamente formulada sem descrever a natureza. Pode ser uma boa história sem ser uma boa previsão. Pode ser útil para pensar sobre riscos mesmo quando não há evidência de que o cenário ocorrerá.

A gosma cinzenta não é uma ameaça cotidiana.

O Basilisco de Roko não possui poder comprovado sobre quem lê a respeito.

A matéria-espelho não foi detectada como um vizinho invisível.

O panpsiquismo não demonstrou que o universo pensa.

A simulação não foi confirmada por coincidências ou falhas digitais.

Essas distinções não enfraquecem as ideias.

Elas as colocam no lugar correto.

Uma história fica mais interessante quando sabemos onde termina a ciência estabelecida e começa a especulação. O mistério não precisa ser vendido como certeza para continuar sendo misterioso.

Na verdade, a incerteza bem apresentada é mais perturbadora do que uma resposta inventada.

Se alguém afirma que uma inteligência futura certamente punirá leitores, a afirmação pode ser rejeitada.

Se alguém pergunta por que uma inteligência futura seria obrigada a punir qualquer pessoa, começa uma investigação filosófica.

Se alguém diz que existe uma segunda Terra atrás de cada espelho, a ideia pode ser testada e provavelmente descartada.

Se alguém pergunta quantos tipos de matéria invisível poderiam existir sem interagir com a luz, a física abre outra porta.

Se alguém afirma que o universo está consciente e com raiva, temos um problema de evidência.

Se alguém pergunta se a consciência pode ser uma propriedade fundamental, temos um problema de filosofia da mente.

Se alguém diz que uma falha no celular prova que estamos em uma simulação, temos apenas uma falha no celular.

O apartamento continua sendo o nosso primeiro laboratório.

É nele que aprendemos a distinguir medo de informação, hipótese de previsão e coincidência de padrão. É nele que decidimos se uma luz piscando indica uma catástrofe ou apenas uma lâmpada velha. É nele que percebemos que nem todo ruído no cano vem de um vizinho dimensional.

A curiosidade pode abrir portas.

A prudência precisa verificar se há escadas do outro lado.

Na manhã seguinte, acordei com uma notificação no celular.

Por um instante, imaginei que fosse uma mensagem de alguma entidade futura, um alerta enviado por uma inteligência artificial muito avançada ou uma instrução codificada pela realidade-base.

A mensagem dizia:

Sua fatura vence amanhã. Evite juros.

O futuro não havia enviado uma profecia.

O banco havia enviado um lembrete.

A distinção era reconfortante.

Preparei café, coloquei duas fatias de pão na torradeira e fiquei observando o aparelho. Ele não se moveu sozinho. Não produziu uma nuvem cinzenta. Não desenvolveu olhos, braços, objetivos ou interesse por nanotecnologia. As fatias saltaram quando estavam prontas, ligeiramente mais tostadas de um lado do que do outro.

O resultado não era perfeito.

Mas era comestível.

O espelho refletiu o mesmo rosto cansado de sempre. Se havia uma segunda versão do mundo do outro lado, ela não havia encontrado uma forma de enviar correspondência. Talvez a matéria-espelho estivesse completamente desacoplada. Talvez não existisse. Talvez a superfície apenas estivesse fazendo seu trabalho.

A janela mostrou o céu.

Nenhuma consciência cósmica se apresentou.

Nenhum universo alternativo apareceu.

Nenhum erro de renderização revelou linhas de código.

A realidade não explicou nada.

Ainda assim, funcionou.

Esse talvez seja o ponto central da primeira parte. Não precisamos decidir agora se o universo é feito de matéria, informação, experiência, código ou alguma combinação que nossas categorias atuais não alcançam. Precisamos reconhecer que nossas interpretações têm consequências diferentes.

Se máquinas futuras puderem agir de maneira autônoma, precisamos discutir segurança.

Se sistemas artificiais forem capazes de influenciar vidas, precisamos discutir responsabilidade.

Se algoritmos moldarem o que vemos, precisamos discutir transparência e privacidade.

Se existirem setores invisíveis da matéria, precisamos medir seus efeitos.

Se a consciência puder ser mais ampla do que imaginamos, precisamos ampliar nosso cuidado moral.

Se a realidade for uma simulação, ainda precisamos viver de acordo com as regras que produzem dor, prazer e consequências.

O mistério não elimina a responsabilidade.

Às vezes, aumenta.

A torradeira não precisa ter um plano de carreira para merecer manutenção.

O e-mail não precisa vir do futuro para exigir atenção.

O espelho não precisa esconder um universo para nos lembrar de olhar para nós mesmos.

O cosmos não precisa possuir uma mente para que a vida tenha importância.

A realidade não precisa ser absoluta para ser o lugar onde nossas escolhas acontecem.

Naquela noite, desliguei o notebook. A mensagem de atualização continuava esperando. Escolhi "lembrar mais tarde", uma decisão que não alterou a estrutura do espaço-tempo, mas garantiu que o aviso voltasse a aparecer no pior momento possível.

A cozinha ficou escura.

A torradeira era apenas uma silhueta.

O espelho parecia uma janela para um cômodo sem luz.

Por um instante, o apartamento inteiro pareceu suspenso entre duas explicações. Podia ser uma casa comum. Podia ser uma interface. Podia estar dentro de uma bolha cósmica, sobre uma membrana, em um universo consciente ou dentro de uma flutuação estatística com memórias de aluguel e café.

Não havia um teste simples.

Então fiz a única coisa disponível: acendi a luz.

A cozinha voltou a ser uma cozinha.

Não porque eu tivesse provado que era real, mas porque as coisas reapareceram dentro das regras que conheço. A mesa continuava no lugar. O copo continuava sobre ela. O piso continuava duro. O interruptor continuava funcionando.

A certeza absoluta não voltou.

Mas a orientação voltou.

Talvez viver seja exatamente isso: agir dentro de uma realidade que nunca conseguimos conhecer por completo, usando evidências incompletas, corrigindo interpretações e tentando não transformar cada possibilidade em uma ameaça pessoal.

Não sabemos se há um universo atrás do espelho.

Sabemos que há uma pessoa diante dele.

Não sabemos se existe uma inteligência futura observando nossas decisões.

Sabemos que decisões presentes afetam pessoas reais ao nosso redor.

Não sabemos se o universo possui consciência.

Sabemos que a nossa consciência é vulnerável.

Não sabemos se o mundo é simulado.

Sabemos que o pão queima.

A Parte I termina onde começou: na cozinha.

Não porque o universo caiba nela, mas porque é nela que nossas hipóteses retornam para ser testadas contra a vida comum. A realidade pode ser a coisa mais estranha que existe, mas continua se manifestando em objetos pequenos, rotinas repetidas e escolhas aparentemente banais.

A torradeira permanece ligada à tomada.

O notebook aguarda uma atualização.

O espelho não responde.

A fatura vence amanhã.

E o prédio continua de pé.

Por enquanto, isso não prova que estamos seguros.

Mas é uma evidência suficiente para preparar outro café.

Parte II — A realidade é uma gambiarra elegante

Prólogo

O condensado fantasma

Na tarde em que percebi que uma gambiarra podia ser uma obra de engenharia, eu tentava consertar a prateleira do banheiro.

A prateleira estava presa à parede por dois suportes, três parafusos e uma confiança que já não correspondia à realidade. Um dos parafusos havia desaparecido. O segundo girava sem sair do lugar. O terceiro parecia sustentado apenas pelo desejo de não decepcionar.

Coloquei uma arruela, um pedaço de fita isolante, um parafuso de tamanho inadequado e uma pequena cunha de madeira que encontrei dentro de uma gaveta.

A prateleira ficou torta.

Mas não caiu.

Durante alguns segundos, observei o resultado. Não era bonito. Não parecia definitivo. Não resistiria a uma inspeção rigorosa de um profissional. Ainda assim, sustentava a escova de dentes, o sabonete e um frasco de xampu que tinha uma tampa surpreendentemente pesada.

Funcionava.

Aquela era a diferença entre uma coisa malfeita e uma gambiarra bem-sucedida. Uma gambiarra não é necessariamente um erro. Às vezes, é uma solução improvisada para um problema que apareceu antes que tivéssemos tempo, dinheiro ou ferramentas para resolvê-lo de maneira definitiva.

Ela utiliza o que está disponível.
Compensa uma ausência.

Distribui forças.

Esconde imperfeições.

E, quando tudo dá certo, permanece de pé tempo suficiente para que ninguém precise perguntar como foi construída.

Pensei que talvez a realidade funcionasse de maneira parecida.

Não como uma gambiarra no sentido de algo frágil, mal planejado ou prestes a desabar. Talvez como uma solução que emerge de camadas, relações e compromissos. Um arranjo que não precisa parecer fundamental para funcionar. Uma estrutura em que o espaço surge de relações, a matéria aparece como padrão, o tempo pode ser uma propriedade emergente e as leis observadas dependem do estado em que o universo se encontra.

Uma gambiarra elegante.

O termo é uma metáfora, não uma categoria da física. A natureza não prende fios com fita isolante, não usa parafusos de tamanhos diferentes e não consulta manuais de manutenção. Mas algumas teorias sobre a realidade sugerem que aquilo que percebemos como básico talvez seja consequência de uma estrutura mais profunda.

A temperatura não pertence a uma única molécula. Ela emerge do comportamento coletivo de muitas partículas. A pressão não é uma pequena entidade escondida dentro de uma parede. É o resultado de incontáveis colisões. Uma onda não é um objeto separado da água, mas um padrão que se desloca por ela.

Coisas podem ser reais sem serem fundamentais.

Uma cidade é real, embora não exista uma "partícula de cidade".

Uma fila é real, embora nenhuma pessoa carregue uma fila dentro do corpo.

Uma memória é real, embora não seja um objeto que possamos colocar sobre a mesa.

Talvez o espaço também seja uma propriedade emergente.

Talvez o universo possua uma descrição bidimensional capaz de representar uma realidade tridimensional. Talvez a consciência possa aparecer como um acidente estatístico em um universo imenso. Talvez a aceleração cósmica seja produzida por um campo com comportamento tão estranho que os físicos precisem chamá-lo de fantasma. Talvez o vazio não seja o estado mais baixo possível. Talvez existam dimensões extras, branas e vizinhos cósmicos separados de nós por direções que não conseguimos percorrer.

A Parte I perguntou o que poderia dar errado dentro do apartamento.

A Parte II faz uma pergunta mais incômoda:

E se o próprio apartamento não for exatamente o que parece?

O teto pode ser uma fronteira.

O chão pode ser uma projeção.

A sala pode ser uma descrição.

O vizinho de cima pode estar em outra dimensão.

E a parede, apesar de parecer sólida, talvez seja apenas a maneira local como uma estrutura mais profunda impede que atravessemos o espaço errado.

O primeiro capítulo desta parte começa com uma compra no supermercado. Um recibo plano registra uma experiência cheia de volume. Um código de barras transforma objetos, preços e decisões em linhas estreitas. A analogia aponta para o princípio holográfico: em determinados contextos, a informação física associada a uma região pode ser descrita por dados em uma superfície com uma dimensão a menos.

Isso não significa que vivemos em um holograma luminoso.

Não há uma tela cósmica escondida atrás das estrelas.

Não há um projetor responsável por desenhar as galáxias.

A ideia é mais estranha e mais precisa: duas descrições diferentes poderiam representar a mesma realidade. O volume que habitamos talvez seja emergente, enquanto uma teoria formulada na fronteira contenha a informação necessária para descrevê-lo.

A profundidade não seria uma mentira.

Seria uma consequência.

Depois, a realidade perde até a garantia de possuir uma história contínua. Os cérebros de Boltzmann introduzem a possibilidade de uma consciência que surge espontaneamente de uma flutuação extremamente improvável, completa com memórias, certezas e a convicção de que precisa pagar o aluguel na sexta-feira.

Não se trata de uma espécie encontrada em algum laboratório.

É um problema para certos modelos cosmológicos.

Se um universo permanece em equilíbrio por tempo suficiente, talvez flutuações raras produzam observadores isolados com memórias falsas. A questão não é apenas se isso pode acontecer, mas se uma teoria produziria mais desses observadores do que observadores formados por uma história cósmica estável.

Um cérebro com memórias não prova que possui um passado.

Uma sensação de certeza não é um certificado de autenticidade.

Ainda assim, a realidade compartilhada oferece algo que uma flutuação isolada teria dificuldade para reproduzir: resistência, redundância e consequências independentes. O mundo não é apenas lembrado. Ele interfere.

A porta pode estar trancada.

O banco pode negar o pagamento.

A amiga pode confirmar a conversa.

O pão pode queimar diante dos olhos.

Mesmo uma gambiarra precisa funcionar do lado de fora da cabeça.

Em seguida, o universo ganha um temperamento mais complicado. A energia escura acelera a expansão, e alguns modelos especulam sobre campos fantasmas, condensados e comportamentos com o nome "condensado fantasma" não é completamente padronizado. Ele pode se referir, dependendo do contexto, a construções teóricas relacionadas a campos com propriedades incomuns, tentativas de controlar instabilidades e modelos de energia escura com pressão extremamente negativa.

Não existe um fantasma cósmico usando um lençol sobre as galáxias.

Também não existe uma definição única aceita para tudo o que o rótulo pode abranger.

Há uma família de ideias, diferentes níveis de especulação e muitos detalhes técnicos escondidos atrás de uma expressão que parece ter sido escolhida por alguém que queria tornar a cosmologia mais dramática.

Se a energia fantasma persistisse com certas propriedades, o universo poderia acelerar até separar aglomerados, galáxias, sistemas planetários e, no limite, a própria matéria. O Big Rip seria uma gambiarra cósmica que começaria a alimentar o próprio desmonte.

Mas os dados atuais permanecem compatíveis com uma energia escura próxima de uma constante cosmológica. O fantasma é uma possibilidade teórica, não um diagnóstico do presente.

A realidade pode ser estranha sem estar prestes a nos destruir.

O vazio, então, descobre que talvez não seja o vazio mais vazio possível. O falso vácuo descreve uma configuração que parece estável, mas pode ser apenas um mínimo local de energia. Uma bolha de um estado mais baixo poderia surgir por tunelamento quântico e expandir-se, alterando as propriedades dos campos e as regras efetivas da matéria.

A palavra "falso" não significa que o universo esteja mentindo.

Significa que o estado atual talvez não seja o mínimo absoluto. O vácuo não é simplesmente o nada. É um estado dos campos. Mesmo quando não há partículas comuns, a realidade ainda possui estrutura. O vazio pode ter energia, simetrias, flutuações e diferentes configurações possíveis.

Talvez o nosso universo esteja em uma depressão local.

Talvez exista um vale mais profundo.

Talvez a barreira entre os dois seja intransponível.

Talvez nunca descubramos.

Não há evidência de uma bolha se aproximando da Terra. Não há previsão de um decaimento iminente. A possibilidade pertence ao território da física teórica e das extrapolações sobre energias que não conseguimos explorar diretamente.

A última porta da Parte II se abre para um condomínio ainda maior. As branas sugerem que o universo observável poderia ser uma membrana inserida em um espaço com dimensões adicionais. As partículas comuns permaneceriam confinadas à nossa brana, enquanto a gravidade talvez pudesse atravessar o bulk, visitar outros andares e trazer notícias que interpretamos como anomalias.

Talvez o Big Bang tenha sido uma colisão.

Talvez existam universos paralelos separados por direções que não conhecemos.

Talvez o prédio inteiro seja uma membrana cósmica.

Não há evidência direta de dimensões extras ou colisões entre branas. Essas propostas surgem em modelos relacionados à teoria das cordas, à cosmologia cíclica e a tentativas de explicar a gravidade em estruturas mais amplas.

O condomínio é apenas uma imagem.

As paredes não são necessariamente paredes.

Os andares não são necessariamente andares.

E o vizinho de cima provavelmente continua sendo apenas alguém arrastando móveis.

A Parte II trata da realidade como uma gambiarra elegante porque todas essas ideias apontam para uma possibilidade comum: aquilo que experimentamos pode não ser o nível mais profundo da existência.

O espaço pode surgir.

A matéria pode ser um padrão.

A consciência pode depender de organização.

O vazio pode ser um estado.

As leis podem mudar quando o campo muda de fase.

As dimensões podem ser mais numerosas do que as percebidas.

Nada disso significa que qualquer coisa possa ser verdade. A realidade não é uma caixa de peças aleatórias. Uma hipótese precisa possuir matemática consistente, dialogar com observações e produzir consequências que possam, em algum nível, ser testadas.

A elegância da gambiarra está em funcionar sob restrições.

Ela pode ser improvisada sem ser arbitrária.

Pode ser emergente sem ser falsa.

Pode ser temporária sem ser inútil.

O universo não precisa parecer uma construção perfeita para sustentar estrelas, planetas, organismos e pessoas que se atrasam para compromissos. Talvez sua grandeza esteja justamente no fato de que estruturas simples, quando combinadas, produzem profundidade, estabilidade e consciência.

A prateleira continua torta.

Mas ainda sustenta o xampu.

E, por enquanto, isso parece uma definição aceitável de engenharia.

Capítulo 6

O universo holográfico

Três dimensões, duas dimensões ou apenas um excelente truque?

Na tarde em que suspeitei que o universo talvez fosse bidimensional, eu estava no supermercado, parado diante do caixa, segurando uma cesta com café, pão, sabão em pó, bananas e um pacote de biscoitos que não constava nos meus planos originais.

O pacote havia entrado na cesta de maneira misteriosa.

Não era exatamente uma compra planejada. Eu passara por ele, olhara por dois segundos e, quando percebi, o biscoito já estava entre o sabão e as bananas. Talvez tivesse sido uma decisão consciente. Talvez uma influência do açúcar. Talvez o universo estivesse testando meu autocontrole.

A atendente passou os produtos pelo leitor, um por um. O aparelho emitiu seus pequenos sinais eletrônicos, como se estivesse traduzindo a existência das coisas para uma língua que apenas caixas de supermercado e sistemas de estoque compreendem. O pão virou um número. O café virou outro. O sabão ganhou preço, código e uma vaga identidade administrativa.

No fim, a máquina imprimiu um recibo.

O papel era cumprido, fino e perfeitamente bidimensional. Nele estavam registrados os itens da compra, os preços, os impostos, o horário, a forma de pagamento e uma mensagem de agradecimento que parecia ter sido escrita por alguém que nunca precisou enfrentar uma fila de supermercado.

Olhei para o recibo e pensei:

Ali está uma representação plana de uma experiência tridimensional.

A cesta ocupava espaço. As bananas tinham volume. O pacote de biscoitos tinha espessura, textura e uma quantidade preocupante de ar dentro da embalagem. O recibo, porém, registrava tudo em uma superfície estreita, usando letras, números e símbolos.

O papel não continha as bananas.

Não havia uma pequena banana presa entre as linhas do código de barras. O recibo não pesava mais porque registrava o sabão. Não era possível rasgar a nota fiscal, colocá-la em um copo de água e produzir uma sopa de café, biscoito e produtos de limpeza.

O recibo era uma descrição.

Uma descrição seletiva, incompleta e suficientemente útil para que o supermercado soubesse quanto cobrar.

Essa é uma primeira aproximação da ideia do universo holográfico: a possibilidade de que uma realidade com determinado número de dimensões possa ser descrita completamente por informações organizadas em uma superfície com uma dimensão a menos.

Se o espaço que percebemos possui três dimensões, talvez exista uma descrição equivalente em uma superfície bidimensional. O volume do universo poderia, em algum sentido profundo, ser representado por dados inscritos em uma espécie de fronteira cósmica.

Três dimensões visíveis.

Duas dimensões fundamentais.

Ou talvez nenhuma delas seja mais "verdadeira" do que a outra.

Antes que alguém tente dobrar este livro e procurar a lateral do universo, é importante esclarecer o que o princípio holográfico não significa. Ele não afirma que vivemos dentro de um holograma luminoso como os projetados em filmes de ficção científica. Não diz que as estrelas são imagens artificiais, que as pessoas são reflexos sem matéria ou que existe uma tela gigantesca escondida atrás da Lua.

Também não é a mesma coisa que a hipótese da simulação.

A simulação sugere que a realidade poderia ser executada por um sistema externo. O princípio holográfico é uma proposta sobre como a informação física pode ser organizada e descrita. Ele não exige um programador, um computador, um código digital ou uma equipe de suporte técnico responsável por corrigir as falhas do espaço-tempo.

O universo holográfico não precisa de um projetor.

Talvez precise apenas de uma contabilidade muito diferente daquela que aprendemos na escola.

A nossa intuição diz que a quantidade de informação de uma coisa deve crescer com seu volume. Uma casa maior comporta mais móveis, mais objetos, mais pessoas e mais possibilidades de perder as chaves. Uma biblioteca maior contém mais livros. Um depósito maior pode guardar mais caixas. Um armário maior oferece mais espaço para roupas que, apesar de não serem usadas há três anos, continuam sendo consideradas importantes.

Se aumentamos uma região, esperamos que sua capacidade de armazenar informação aumente com o volume.

Em muitos sistemas cotidianos, é exatamente isso que acontece.

Mas os buracos negros começaram a complicar essa história.

Um buraco negro é uma região do espaço-tempo em que a gravidade se tornou tão intensa que, depois de cruzar determinado limite, nada consegue retornar ao exterior — nem mesmo a luz. Esse limite é chamado de horizonte de eventos. Ele não é uma parede sólida, uma casca metálica ou uma membrana cósmica que alguém poderia tocar com a mão. É uma fronteira causal: a partir dela, todos os caminhos possíveis apontam para dentro.

Se você atravessar o horizonte de eventos, não encontrará uma placa dizendo “bem-vindo ao buraco negro”. Também não ouvirá uma voz perguntando se deseja continuar. Em determinadas condições, talvez nem perceba o instante exato da travessia. O problema aparecerá depois, quando todas as rotas de volta estiverem indisponíveis.

O universo possui maneiras bastante dramáticas de dizer que não aceita devoluções.

Os buracos negros já eram estranhos antes de começarem a discutir informação. A relatividade geral descreve sua geometria, enquanto a mecânica quântica descreve o comportamento das partículas em escalas pequenas. Quando essas duas teorias são colocadas na mesma sala, a conversa costuma terminar com todos olhando para o quadro e fingindo que entenderam.

Na década de 1970, estudos sobre termodinâmica de buracos negros mostraram algo surpreendente: a entropia de um buraco negro parece ser proporcional à área de seu horizonte de eventos, e não ao volume de seu interior.

Entropia é uma palavra que costuma aparecer quando alguém quer tornar uma conversa sobre bagunça mais respeitável. Em física, ela está relacionada ao número de maneiras microscópicas pelas quais um sistema pode ser organizado e à quantidade de informação necessária para descrevê-lo. Um sistema com mais estados possíveis possui, em geral, maior entropia.

Uma gaveta cheia de objetos misturados tem mais maneiras de estar “organizada” do que uma gaveta contendo apenas três colheres alinhadas. O quarto depois de uma mudança tem uma quantidade impressionante de estados possíveis. A gaveta de meias, por sua vez, parece ter desenvolvido um sistema próprio de classificação que não aceita auditoria externa.

No caso de um buraco negro, a descoberta foi contraintuitiva. Se colocamos mais matéria dentro dele, esperaríamos que a informação aumentasse com a quantidade de espaço interior. Mas os cálculos indicavam que a capacidade máxima estava relacionada à área do horizonte.

Era como se o interior do buraco negro tivesse enviado um recibo dizendo:

Total de informações armazenadas: depende da superfície.

A ideia parece absurda porque o interior de um buraco negro pode ser enorme. Se o horizonte cresce, o volume interno também pode crescer muito mais rapidamente. Para uma esfera, o volume aumenta proporcionalmente ao cubo do raio, enquanto a área cresce proporcionalmente ao quadrado. Se a capacidade de informação acompanhasse o volume, esperaríamos que ela crescesse mais rapidamente do que a área.

Mas o buraco negro parece obedecer a outra regra.

A contabilidade cósmica é feita na casca.

Essa relação entre área e informação foi uma das pistas que levaram ao princípio holográfico. Se o objeto mais denso e extremo do universo armazena sua entropia na área de sua fronteira, talvez a natureza tenha uma regra mais geral: a quantidade máxima de informação contida em uma região pode ser limitada pela área que a envolve.

A matéria que parece ocupar um volume inteiro poderia, em certo sentido, ser descrita por dados associados à superfície.

Imagine uma caixa fechada. Dentro dela há ar, móveis, poeira, uma moeda que você acreditava ter perdido e talvez um objeto cuja função deixou de ser lembrada pela família há duas gerações. A intuição diz que, para descrever completamente o que está dentro, precisaríamos registrar o estado de tudo em cada ponto do volume.

O princípio holográfico sugere que talvez exista uma descrição equivalente usando apenas informações na superfície da caixa.

Não seria uma simples lista colada na tampa. A superfície teria de conter uma quantidade extraordinária de informação, organizada de modo complexo. Não bastaria escrever "há uma moeda lá dentro". A descrição teria de incluir as propriedades necessárias para reproduzir a dinâmica do sistema, suas interações, suas mudanças e, em princípio, tudo o que poderia ser observado sobre ele.

Um recibo de supermercado é uma versão muito pobre dessa ideia. Ele registra que você comprou bananas, mas não informa a posição exata de cada átomo, a temperatura da fruta, a pressão exercida pela sua mão ao colocá-la na sacola ou o estado emocional da banana diante do futuro.

Ainda bem.

Bananas já enfrentam dificuldades suficientes sem precisar lidar com crises existenciais.

O princípio holográfico seria mais forte do que uma descrição resumida. Ele não afirma apenas que uma superfície pode fornecer uma sinopse do volume. Em suas versões mais ambiciosas, a descrição na fronteira conteria toda a informação necessária para representar a física do interior.

Não seria uma cópia incompleta.

Seria uma descrição equivalente.

A diferença entre resumo e equivalência é enorme. Um resumo de um romance informa o enredo, mas não reproduz todas as frases, ritmos, ambiguidades e escolhas de linguagem. Um catálogo de uma casa informa quantos quartos ela tem, mas não permite atravessar a sala, abrir as janelas ou descobrir que a torneira da cozinha faz um ruído estranho.

Uma teoria holográfica, quando formulada de maneira precisa, não seria apenas um catálogo do universo. Seria outra forma de descrever o mesmo sistema físico.

A caixa tridimensional e a superfície bidimensional seriam como duas linguagens diferentes capazes de representar a mesma realidade.

Uma pessoa pode ser descrita por uma fotografia, uma biografia, um conjunto de dados médicos ou uma conversa de duas horas com alguém que a conhece desde a infância. Nenhuma dessas descrições é idêntica à pessoa. Uma correspondência holográfica, porém, pretende uma relação muito mais profunda: cada estado relevante de uma descrição teria um correspondente na outra.

Seria como descobrir que o recibo não apenas registra a compra, mas contém uma maneira completa de reconstruir, em princípio, tudo o que aconteceu com os produtos desde que entraram na cesta.

Isso tornaria a seção de atendimento ao consumidor bastante mais complicada.

A origem dessa ideia está ligada, em grande parte, ao problema da informação em buracos negros.

A mecânica quântica sugere que a evolução de um sistema preserva a informação. Em termos simples, se conhecêssemos completamente o estado inicial de um sistema e tivéssemos as leis corretas, a informação sobre sua evolução não deveria desaparecer de maneira fundamental.

Mas um buraco negro parece ser uma máquina de apagar informações. Você pode jogar dentro dele um livro, uma cadeira, uma torradeira, uma pessoa e uma coleção de fotografias. Do lado de fora, tudo o que conseguimos observar diretamente parece ser reduzido a algumas propriedades gerais: massa, carga elétrica e rotação.

O buraco negro não parece se importar se o objeto que entrou era uma obra-prima literária ou uma lista de compras.

Para o horizonte, uma lista de compras e um tratado filosófico podem possuir o mesmo destino.

Se o buraco negro evaporar lentamente por meio da radiação prevista por Hawking, o que acontece com a informação de tudo o que caiu lá dentro? A radiação térmica, em sua forma mais simples, parece não carregar detalhes suficientes para reconstruir os objetos originais. Se a informação realmente desaparecesse, isso entraria em conflito com princípios fundamentais da mecânica quântica.

Nascia o chamado paradoxo da informação dos buracos negros.

O paradoxo não é uma dúvida sobre o endereço de uma pessoa que entrou no buraco negro. É uma questão sobre as regras mais profundas da física. A informação fundamental do estado quântico foi destruída, escondida ou transformada de alguma maneira?

O princípio holográfico oferece uma possibilidade: talvez a informação nunca tenha ficado realmente "perdida" no interior. Talvez esteja codificada na fronteira do buraco negro, no horizonte, em uma forma que ainda não sabemos decifrar completamente.

O buraco negro seria menos uma trituradora de informação e mais um cofre com uma etiqueta impossível de ler.

A etiqueta estaria do lado de fora.

Essa imagem ainda é uma simplificação. O horizonte não é necessariamente uma superfície material onde pequenas letras cósmicas foram gravadas. Não existe um funcionário do buraco negro registrando cada colher, estrela ou pacote de biscoitos que atravessa a fronteira. A ideia é matemática e física: os graus de liberdade necessários para descrever o sistema podem estar relacionados à área do horizonte.

A natureza não imprime recibos.

Ela obedece a relações.

As discussões sobre buracos negros levaram alguns físicos a propor que o princípio da área poderia ser geral. A formulação ganhou força no final do século XX, com contribuições de pesquisadores como Gerard 't Hooft e Leonard Susskind. A imagem do holograma surgiu porque uma superfície de menor dimensão poderia codificar uma realidade de maior dimensão, da mesma maneira que uma placa holográfica bidimensional pode produzir uma imagem tridimensional.

Mas a analogia com o holograma óptico precisa ser usada com cuidado.

Um holograma comum é produzido quando a luz é organizada em um padrão de interferência sobre uma superfície. Quando iluminamos essa superfície de maneira adequada, a luz se reorganiza e chega aos nossos olhos como se tivesse vindo de uma cena tridimensional. O objeto não está realmente dentro da placa. A placa contém um padrão capaz de reconstruir parte da informação da luz.

Se você observar um holograma em um cartão, verá uma imagem que parece ter profundidade. Incline o cartão, e a perspectiva muda. O objeto parece estar ali, embora não possa ser agarrado.

A palavra "holográfico" foi escolhida porque o princípio físico também envolve uma relação entre uma descrição em uma superfície e uma realidade com mais dimensões. Mas o universo não seria necessariamente uma projeção óptica. Não haveria luz colorida, imagem flutuando no ar ou uma superfície metálica escondida atrás da realidade.

O cosmos não é um cartão de crédito gigante.

Embora, considerando a quantidade de dívidas, talvez fosse útil.

O holograma comum também oferece uma metáfora curiosa. Em muitos hologramas, cada parte da placa contém informações sobre a imagem inteira, embora com menos detalhes quando observamos apenas um fragmento. Se o cartão se quebra, os pedaços podem continuar produzindo uma imagem completa, mas de qualidade reduzida.

Isso lembra a possibilidade de que a informação sobre uma região do espaço não esteja localizada de maneira simples em um único ponto. Ela pode estar distribuída pela fronteira, codificada em relações coletivas e espalhada de uma maneira que não corresponde ao nosso senso comum de "cada objeto tem seu endereço".

Um pedaço do holograma não é uma miniatura perfeita do objeto. A imagem inteira emerge de um padrão distribuído.

No universo, a codificação seria muito mais abstrata. Não haveria necessariamente um pixel responsável por cada átomo, como em uma imagem digital. O relacionamento entre a fronteira e o interior poderia ser altamente não local. Uma informação sobre uma parte do volume poderia estar distribuída por uma grande região da superfície.

Isso torna a ideia menos parecida com um mapa e mais parecida com uma receita extremamente complexa.

Se você modificar uma pequena parte de uma receita, talvez altere o sabor de toda a refeição. Se trocar a ordem de algumas instruções, o bolo pode deixar de ser bolo e se tornar uma demonstração de como a matéria orgânica reage ao excesso de calor.

A informação não precisa estar guardada no mesmo lugar que o objeto que ela descreve.

Nossos computadores já fazem algo semelhante em escala modesta. Um arquivo pode ser fragmentado e distribuído por diferentes setores de um disco. Um banco de dados pode registrar informações sobre uma pessoa em tabelas separadas. Uma fotografia pode ser codificada em padrões que não se parecem com a cena original. Um código de barras transforma um produto tridimensional em linhas impressas sobre uma superfície estreita.

O código de barras não contém o produto, mas permite identificá-lo dentro de um sistema.

O princípio holográfico seria muito mais radical: a superfície não apenas identifica os objetos do interior. Ela poderia conter uma descrição completa de todos os estados físicos possíveis da região.

A diferença entre um código de barras e uma dualidade holográfica é aproximadamente a diferença entre escrever "há uma banana" e reconstruir toda a agricultura, a gravidade, a química e a história térmica do universo a partir de algumas listras.

Ainda assim, o código de barras ajuda a intuição.

Quando o leitor óptico passa sobre as barras, ele não enxerga uma banana, um pacote de biscoito ou um frasco de detergente. Ele reconhece um padrão e consulta uma estrutura de informação. O sistema transforma uma superfície em uma instrução sobre algo que possui volume, peso, valor e função.

O supermercado vive em três dimensões.

O caixa trabalha com linhas.

O preço aparece na tela.

A compra chega à sacola.

Uma realidade mais profunda pode operar com descrições que não se parecem com os objetos que experimentamos.

Essa possibilidade é desconcertante porque nossa percepção parece insistir que o volume é fundamental. Podemos abrir os braços e ocupar espaço. Podemos encher uma caixa. Podemos medir o comprimento, a largura e a altura de uma mesa. Podemos tropeçar em um móvel e culpar a terceira dimensão.

Se alguém nos dissesse que a mesa é, em última análise, uma manifestação de informações em uma superfície, continuaríamos batendo o joelho nela.

Essa é uma distinção importante: uma dimensão pode ser emergente e ainda assim ser real.

A temperatura é um exemplo. Uma molécula isolada não possui temperatura da mesma maneira que uma panela de água possui. A temperatura emerge do comportamento coletivo de muitas partículas. Isso não significa que a temperatura seja uma ilusão sem efeitos. Ela pode queimar a mão, cozinhar o macarrão e destruir a reputação de uma torradeira.

A pressão também emerge de colisões coletivas. A viscosidade emerge do comportamento de fluidos. A elasticidade emerge da estrutura de materiais. Essas propriedades não são fundamentais no nível mais microscópico, mas são reais no nível em que vivemos.

Se o espaço tridimensional for emergente, não será falso.

Será uma propriedade da realidade em determinada escala.

Uma pessoa pode dizer que uma cidade é feita, em última análise, de átomos, mas isso não torna as ruas, os prédios, as leis municipais e os engarrafamentos menos reais. O fato de uma multidão ser composta por indivíduos não torna a multidão inexistente. Uma descrição mais fundamental não apaga as descrições que usamos para viver.

Da mesma maneira, uma descrição bidimensional mais profunda não faria o volume desaparecer da experiência cotidiana.

O pão continuaria tendo espessura.

A parede continuaria impedindo a passagem.

A cadeira continuaria ocupando espaço.

A fila do supermercado continuaria parecendo mais longa do que a distância até o caixa.

A pergunta seria: em que nível o espaço tridimensional aparece?

Para responder a isso, a física teórica produziu uma das ideias mais importantes relacionadas ao princípio holográfico: a chamada correspondência entre uma teoria com gravidade em um espaço de maior dimensão e uma teoria quântica sem gravidade definida em uma fronteira de dimensão menor.

Existe uma realização matemática dessa proposta conhecida como correspondência AdS/CFT. Ela surgiu no contexto da teoria das cordas e de determinados tipos de geometria do espaço-tempo. Em um dos lados da correspondência, há uma teoria gravitacional em um espaço com uma dimensão adicional. No outro, há uma teoria quântica formulada na fronteira, com uma dimensão a menos.

As duas descrições podem ser matematicamente equivalentes em certos contextos.

Isso é extraordinário, mas não deve ser vendido como a descoberta de que vivemos em uma tela. A correspondência funciona de maneira precisa em determinados espaços e sob determinadas condições. O universo que observamos não é simplesmente um exemplo confirmado do mesmo cenário. Aplicar a ideia a um cosmos realista, em expansão e com as propriedades do nosso universo, continua sendo um problema aberto.

O fato de uma dualidade funcionar em um modelo matemático não prova que a natureza escolheu exatamente aquela descrição.

Um mapa de uma cidade pode funcionar muito bem para uma região e não servir para outra. Uma receita pode produzir um bolo excelente, mas não explica por que o planeta possui oceanos. Um modelo de tráfego pode prever congestionamentos em uma avenida e falhar completamente quando aparece uma obra, uma chuva e um motorista decidido a estacionar em diagonal.

A física teórica também precisa conhecer os limites de seus mapas.

Mesmo assim, a correspondência holográfica mostrou que gravidade e informação podem estar relacionadas de maneira muito mais profunda do que imaginávamos. Uma teoria que parece descrever um espaço tridimensional pode ser equivalente a outra que vive em uma fronteira bidimensional. A gravidade, em um lado, pode surgir como um fenômeno emergente a partir das relações quânticas do outro.

Isso é como descobrir que a arquitetura de um prédio pode ser reconstruída a partir das regras de comunicação entre seus moradores.

Não existe uma parede simples separando a estrutura e as pessoas. A forma do edifício aparece da rede de relações.

A ideia abre uma possibilidade intrigante: talvez a própria gravidade não seja fundamental. Talvez ela surja de padrões de informação, entrelaçamento quântico ou relações coletivas em uma descrição mais profunda. O espaço-tempo que percebemos seria como uma imagem tridimensional emergindo de uma organização menos intuitiva.

O chão não seria menos firme.
A explicação seria mais estranha.

Se o espaço emerge, a distância também pode ter uma origem diferente daquela que imaginamos. Duas regiões que parecem distantes no espaço tridimensional talvez estejam fortemente relacionadas na descrição fundamental. Uma ponte geométrica poderia corresponder a padrões de conexão na fronteira. O que parece uma separação pode surgir de uma rede de relações.

É uma versão cósmica do transporte público: dois bairros podem parecer distantes no mapa, mas uma linha de metrô direta torna o trajeto simples. Ou o contrário: dois lugares próximos no mapa podem exigir três ônibus, uma caminhada e uma breve reflexão sobre abandonar tudo e abrir uma pousada no interior.

A geometria visível pode não contar toda a história das conexões.

O entrelaçamento quântico aparece com frequência nessas discussões. Partículas quânticas podem apresentar correlações que não se explicam por propriedades independentes atribuídas a cada uma. Isso não permite enviar mensagens instantâneas mais rápidas que a luz, mas mostra que a descrição quântica da realidade não se divide facilmente em pequenos objetos isolados.

Algumas propostas de gravidade quântica exploram a ideia de que a geometria do espaço poderia estar relacionada à estrutura dessas correlações. Mais entrelaçamento, em certos modelos, pode corresponder a uma conexão espacial mais forte. Menos entrelaçamento pode fazer regiões parecerem separadas.

O espaço, nesse quadro, seria menos parecido com um palco vazio e mais parecido com uma rede de relações.

Um palco já é uma metáfora perigosa, porque sugere que o espaço existe antes dos acontecimentos. Talvez o espaço seja parte do acontecimento. Talvez a distância não seja uma caixa onde as coisas são colocadas, mas uma propriedade que nasce das relações entre elas.

Na cozinha, a mesa parece separada da geladeira por alguns metros. Em uma descrição mais profunda, essa distância poderia corresponder a uma arquitetura de conexões que não vemos diretamente. Isso não ajudaria a atravessar a cozinha mais rápido, infelizmente. A física tem o hábito de oferecer explicações revolucionárias sem melhorar a rotina.

A pessoa que espera na fila continua esperando.

As superfícies são importantes para o princípio holográfico porque o limite da região parece guardar uma capacidade máxima de informação. Mas de que superfície estamos falando quando pensamos no universo inteiro?

O universo não é uma caixa colocada sobre uma mesa. Não sabemos se existe uma borda física, uma parede externa ou um lado de fora acessível. O universo observável possui um horizonte porque a luz tem velocidade finita e o cosmos tem uma história limitada. Há regiões cuja luz ainda não chegou até nós e outras que podem estar se afastando de maneira que jamais teremos acesso a elas.

Esse horizonte observável não é necessariamente uma parede real. Não existe uma cortina cósmica onde a luz se acumula. É um limite do que podemos receber como informação.

Ainda assim, alguns modelos cosmológicos investigam se horizontes associados à expansão do universo podem desempenhar um papel semelhante ao de uma fronteira holográfica. Talvez a quantidade de informação acessível em uma região cósmica esteja ligada à área de seu horizonte. Talvez o espaço de um universo em expansão possua uma descrição holográfica. Talvez não.

A aplicação do princípio holográfico ao nosso universo permanece uma questão complexa e não resolvida.

Não há uma placa na borda do cosmos dizendo:

Última saída antes da região que não podemos observar.

Se houvesse, provavelmente estaria em uma língua que ainda não aprendemos.

O título deste capítulo pergunta se o volume do universo poderia ser uma ilusão muito bem renderizada. A resposta exige cuidado. "Ilusão" sugere que a experiência tridimensional seja falsa, como uma miragem ou uma imagem projetada. O princípio holográfico não afirma isso de modo simples.

Talvez o volume seja emergente.

Talvez a descrição em duas dimensões seja mais fundamental em certos modelos.

Talvez as duas descrições sejam igualmente completas, e a pergunta sobre qual é a verdadeira seja semelhante a perguntar se uma paisagem é mais real quando descrita por um mapa ou por coordenadas.

O mapa não substitui a montanha para quem precisa escalá-la. Mas, para calcular rotas, prever distâncias ou comparar altitudes, ele pode ser mais útil do que observar a montanha diretamente. Uma descrição diferente não é uma negação do objeto.

O universo holográfico poderia ser assim. Para nós, a realidade tridimensional é o nível em que corpos se movem, estrelas brilham e o café cai da xícara. Para uma teoria mais profunda, os mesmos fenômenos poderiam ser descritos por graus de liberdade associados a uma superfície.

Não existiria uma contradição entre as duas visões.

Seríamos tridimensionais na experiência e bidimensionais na contabilidade.

O problema é que ainda não sabemos qual superfície, quais graus de liberdade ou qual mecanismo realizaria essa descrição para o nosso universo. O princípio holográfico não veio acompanhado de um manual de instalação. Ele é uma direção de pesquisa, uma pista e, em alguns contextos, uma relação matemática muito poderosa.

Não é uma fotografia do lado de fora da realidade.

A ideia também não significa que cada pessoa seja uma imagem achatada presa em uma parede cósmica. Você não está lendo este capítulo em duas dimensões, apesar de as letras estarem impressas em uma página. Seus olhos recebem luz, seu cérebro processa formas e seu corpo permanece sujeito à gravidade. O papel é bidimensional; a experiência não é reduzida ao papel.

Uma página pode conter a descrição de uma caminhada em uma floresta, mas não possui árvores. Uma fotografia pode registrar uma pessoa, mas não tem pulmões. Um filme pode mostrar uma explosão, mas não aquece a sala.

No caso holográfico, a relação é mais profunda do que a de um livro ou uma fotografia, mas a analogia continua útil para lembrar que informação e objeto não precisam compartilhar a mesma aparência.

A superfície de um cartão pode representar um mundo.

A questão é descobrir se o universo inteiro pode ser representado por sua fronteira.

O supermercado oferecia outras metáforas. O preço de um produto não depende diretamente de seu volume. Um pacote enorme pode custar menos do que uma pequena caixa. O recibo não cresce porque a banana é maior. O código de barras de uma embalagem de sabão pode ocupar uma área minúscula e, ainda assim, conectar o produto a uma rede gigantesca de informações: estoque, fabricante, lote, impostos, preço e localização na loja.

Uma pequena inscrição aciona uma estrutura muito maior.

No universo, uma relação matemática em uma fronteira poderia, em princípio, determinar uma física interior rica. A superfície não teria de "conter" o interior como uma caixa contém objetos. Ela poderia codificá-lo por meio de relações, estados e regras.

O código de barras, porém, é uma representação externa criada por pessoas. A fronteira holográfica, se existir, seria parte da própria descrição física do universo. Não haveria um supermercado externo consultando a etiqueta.

A analogia começa no papel e termina antes do caixa.

É sempre bom informar isso antes que alguém tente localizar o código de barras da Via Láctea.

Existe outro mal-entendido frequente: se o universo é holográfico, então tudo é informação e a matéria não existe de verdade. Essa conclusão também é precipitada. A física pode descrever sistemas em termos de informação sem negar que partículas, campos, energia e objetos produzam efeitos observáveis.

A informação não é o oposto da matéria.

Ela é uma forma de descrever estados e relações.

Uma receita é informação, mas os ingredientes são necessários para o prato. O estado de uma moeda pode ser descrito por informação, mas a moeda continua sendo um objeto que pode cair no chão. A posição, o momento e a energia de uma partícula são informações sobre o sistema, mas não transformam a partícula em uma ideia sem consequências.

Se a matéria possui uma descrição holográfica, ela continua podendo quebrar uma janela.

A física teórica não elimina o peso das compras.

Outra confusão é imaginar que a holografia implica uma resolução mínima, como se o universo fosse uma tela formada por pixels. O princípio holográfico está relacionado ao número máximo de graus de liberdade e à relação entre área e informação. Isso não significa que exista necessariamente uma grade quadrada, uma frequência de atualização ou um tamanho de pixel universal.

Uma tela digital mostra uma imagem porque foi construída com pontos discretos e recebe instruções. O espaço pode ser quantizado em algumas teorias, mas quantização não é sinônimo de pixelização. Um sistema pode possuir valores discretos sem parecer uma televisão de baixa resolução.

O universo não precisa apresentar serrilhados nas bordas das montanhas.

Se houver uma estrutura microscópica do espaço, ela está em escalas tão pequenas e em regimes tão extremos que não aparece como uma falha visível na vida cotidiana. A parede não fica tremendo porque está indecisa entre ocupar dois pontos. A cadeira não perde resolução quando você se afasta dela.

O cosmos mantém uma qualidade visual surpreendentemente boa, apesar de bilhões de anos de uso.

O princípio holográfico também não afirma que o universo seja plano. A superfície que codifica uma região pode ser bidimensional, enquanto a realidade descrita possui três dimensões espaciais. A palavra "holográfico" não significa "achatado". Um holograma óptico parece tridimensional porque uma superfície plana organiza a luz de maneira a produzir profundidade.

A diferença é entre a dimensão da descrição e a dimensão da experiência.

Uma planta arquitetônica é bidimensional, mas o prédio tem andares, corredores e escadas. Um mapa é plano, mas representa uma paisagem com montanhas e vales. Uma partitura é uma folha de papel, mas descreve uma música que acontece no tempo. O suporte da informação não precisa possuir todas as dimensões do fenômeno descrito.

Se a realidade for holográfica, talvez o espaço tridimensional seja como uma música emergente de uma partitura cósmica.

Isso não significa que a partitura esteja em uma sala. Significa que existe uma forma de descrever a estrutura que não se parece com a performance.

A analogia musical acrescenta outra dificuldade: a mesma partitura pode ser interpretada por diferentes músicos. A relação entre informação e experiência depende das regras de tradução. No princípio holográfico, a correspondência entre fronteira e interior teria de ser precisa. Cada estado da teoria de um lado corresponderia a um estado do outro, e as previsões observáveis seriam compatíveis.

Não bastaria ter uma imagem parecida.

Seria necessário que os cálculos funcionassem.

A beleza da holografia está justamente nessa exigência. Ela não é apenas uma frase poética dizendo que "tudo está conectado". É uma proposta que pode ser formulada matematicamente em certos contextos, comparada com teorias existentes e usada para investigar problemas difíceis da gravidade quântica.

A parte assustadora vem depois.

Se o espaço que percebemos for emergente, talvez nossa noção de separação, interior e exterior seja uma propriedade local, não uma característica fundamental. O que chamamos de "dentro" de uma sala poderia ser descrito por informações na fronteira. O que chamamos de "fora" talvez seja apenas outra relação entre graus de liberdade. A parede que separa dois ambientes, tão sólida para o corpo, poderia ser uma organização emergente em uma descrição mais profunda.

A parede continuará bloqueando o caminho.

Mas, em um nível fundamental, talvez seja menos uma coisa e mais uma relação.

Isso muda a maneira como pensamos sobre objetos. Uma cadeira não seria apenas um conjunto de partículas ocupando um lugar. Seria um padrão estável de relações. Uma pessoa seria uma organização dinâmica de matéria, informação, memória e processos. Uma galáxia seria uma estrutura que emerge de campos, gravidade, movimento e história.

O universo inteiro poderia ser uma arquitetura sem arquiteto, formada por relações que se manifestam como volume, distância e tempo.

Não é uma conclusão obrigatória.

É uma possibilidade.

E possibilidades cosmológicas têm o hábito de aparecer justamente quando estamos tentando decidir se compramos mais biscoitos.

A ideia de que o espaço emerge também pode se relacionar com a origem do tempo. Se o espaço não é fundamental, talvez o tempo também não seja em sua forma habitual. Talvez ambos surjam de uma estrutura mais profunda. Talvez haja uma descrição em que "antes" e "depois" não tenham o mesmo significado. Talvez o tempo que sentimos seja uma propriedade dos processos internos, não uma corrente universal correndo por fora de tudo.

Essa hipótese é suficientemente perturbadora sem envolver um despertador.

Se o tempo for emergente, talvez a sensação de que estamos avançando seja uma característica da forma como a informação se organiza. A memória aponta para o passado. A entropia cria uma direção. O cérebro registra estados anteriores e compara-os com o presente. A experiência de continuidade surge de processos físicos.

O universo poderia não estar viajando pelo tempo.

Poderia estar produzindo a experiência de viagem.

Mas isso não significa que amanhã seja opcional. Se o tempo é emergente, ele continua organizando todos os acontecimentos na escala em que vivemos. A fila anda, o café esfria e o ônibus parte sem aguardar uma investigação sobre a ontologia temporal.

A realidade pode ser fundamentalmente holográfica e, ainda assim, manter uma agenda bastante rígida.

A parte mais interessante da hipótese é que ela pode oferecer uma maneira de lidar com a gravidade quântica. A relatividade geral descreve o espaço-tempo como uma geometria dinâmica. A mecânica quântica descreve partículas e campos em termos de estados probabilísticos, incertezas e relações. As duas teorias funcionam muito bem em seus domínios, mas entram em conflito em situações extremas, como o interior de buracos negros e os primeiros instantes do universo.

A holografia sugere que a gravidade em um espaço pode ser equivalente a uma teoria quântica em uma dimensão menor. Isso permite estudar problemas gravitacionais usando ferramentas de uma teoria diferente. Em alguns casos, uma pergunta impossível de resolver de um lado se torna mais tratável do outro.

É como descobrir que o problema de organizar a cozinha pode ser resolvido usando a planta do apartamento, o que não significa que a planta tenha lavado a louça.

Uma descrição alternativa pode tornar o problema calculável.

O princípio holográfico também levanta uma questão sobre o que significa “interior”. Em um buraco negro, não conseguimos observar diretamente o que acontece além do horizonte. Se a informação está associada à superfície, talvez o interior não seja uma região independente contendo objetos secretos. Talvez seja uma descrição emergente de relações na fronteira.

O interior continuaria sendo uma previsão válida para quem cai no buraco negro. Para um observador distante, outra descrição poderia ser mais adequada. A mesma realidade teria perspectivas diferentes, sem que uma delas fosse simplesmente uma ilusão.

Essa ideia se aproxima de uma característica comum da física: diferentes observadores podem descrever o mesmo acontecimento de maneiras distintas, especialmente quando a gravidade e a velocidade estão envolvidas. O que parece simultâneo para uma pessoa pode não ser simultâneo para outra. O que parece uma distância fixa pode depender do estado de movimento.

O universo já era menos absoluto do que nossos móveis sugeriam. A holografia acrescenta que até o número de dimensões fundamentais pode depender da descrição.

Na padaria, o atendente pode descrever a fila pelo número de pessoas. O gerente pode descrevê-la pelo tempo médio de espera. O sistema pode descrevê-la pelos pedidos abertos. O cliente pode descrevê-la pelo grau de arrependimento de não ter feito café em casa.

Quatro descrições diferentes.

Uma única fila.

Nenhuma delas inventa as pessoas que estão esperando.

A realidade pode permitir descrições equivalentes que enfatizam aspectos diferentes. A descrição tridimensional é a que usamos para atravessar salas, construir pontes e procurar a colher desaparecida. A descrição holográfica pode ser a que ajuda a entender a gravidade em nível quântico.

Não precisamos abandonar uma para usar a outra.

O que seria, então, viver em um universo holográfico?

Na prática, provavelmente nada mudaria na rotina. Você continuaria precisando escovar os dentes, pagar contas, lavar roupas e evitar colocar objetos metálicos no micro-ondas. A luz continuaria viajando, os corpos continuariam caindo e as plantas continuariam demonstrando uma resistência impressionante a serem lembradas apenas quando alguém percebe que a terra está seca.

A descoberta de uma descrição holográfica não faria o teto desaparecer.

Ela mudaria nossa compreensão do que o teto é.

Talvez a matéria não seja feita de pequenos blocos independentes ocupando um espaço preexistente. Talvez os objetos sejam padrões de informação. Talvez o espaço surja de relações quânticas. Talvez a fronteira de uma região contenha a capacidade máxima de descrever tudo o que acontece dentro dela.

Essas ideias não são visíveis na escala humana.

A mesa não revela sua codificação holográfica quando batemos nela.

A parede não fornece acesso à superfície cósmica quando a pintamos.

O recibo não se transforma em mapa do universo quando amassado.

Mas a realidade fundamental não precisa se anunciar em cada objeto. O fato de a água ser composta por moléculas não é evidente quando você bebe um copo. A existência de elétrons não aparece na aparência de uma colher. As leis quânticas não impedem que o pão pareça simplesmente pão.

O universo é perfeitamente capaz de esconder sua estranheza em coisas banais.

No fim da compra, guardei o recibo no bolso. Ele ficou dobrado junto com uma lista de tarefas e um bilhete que eu não lembrava de ter colocado ali. O papel registrava a existência das bananas, do café, do sabão e dos biscoitos. Não carregava os produtos, mas carregava informação sobre eles.

Uma pequena superfície acompanhava uma experiência de volume.

Enquanto caminhava para casa, imaginei um recibo cósmico. Talvez o universo inteiro possuísse uma fronteira onde todas as informações estivessem codificadas. Talvez as galáxias, as estrelas, os planetas e as pessoas fossem a maneira como aquela informação se manifestava no interior. Talvez o espaço tridimensional fosse uma imagem emergente, uma espécie de profundidade produzida por relações que não conseguimos ver.

O recibo poderia estar sendo impresso há bilhões de anos.

Talvez ainda não tivesse chegado à última linha.

Talvez a mensagem final dissesse:

Obrigado por existir. Guarde este comprovante para futuras consultas.

Ou:

Este universo não aceita trocas nem devoluções.

A imagem é divertida, mas não devemos transformar a metáfora em doutrina. Não existe evidência de que o universo possua um recibo literal. O princípio holográfico não diz que a realidade está escrita em tinta invisível em uma superfície externa. Ele diz que, em determinados contextos, a quantidade de informação associada a uma região parece estar relacionada à área de sua fronteira e que certas teorias gravitacionais podem ter descrições equivalentes em uma dimensão menor.

Isso já é suficientemente extraordinário.

Não precisamos acrescentar um caixa cósmico.

A ciência avança quando uma metáfora inspira uma formulação precisa, mas também quando reconhece os limites da metáfora. O universo holográfico não é um truque de mágica, embora a palavra "holográfico" convide a imaginar luzes coloridas e imagens flutuantes. É uma ideia matemática sobre a relação entre informação, gravidade, espaço e dimensões.

Ela nasce de buracos negros, passa pela termodinâmica, encontra a mecânica quântica e chega à pergunta mais simples de todas:

O que é o espaço?

Talvez o espaço seja o palco fundamental onde tudo acontece.

Talvez seja uma consequência das relações entre informações.

Talvez exista uma descrição em que a profundidade aparece a partir de uma superfície.

Talvez a diferença entre "dentro" e "fora" seja menos absoluta do que a parede da cozinha faz parecer.

Talvez a terceira dimensão seja uma propriedade emergente, como a temperatura, a pressão ou o sabor de um biscoito produzido por uma fábrica que nunca consultou um filósofo.

O biscoito, contudo, continua tridimensional para quem o morde.

A sensação de crocância não precisa desaparecer porque existe uma descrição mais profunda da matéria. A experiência de estar em um corpo não é invalidada pela possibilidade de que o espaço seja emergente. Uma pessoa pode ser, ao mesmo tempo, um organismo tridimensional, uma rede de processos biológicos, um conjunto de estados quânticos e uma descrição holográfica em alguma fronteira.

As descrições se acumulam.

Nenhuma delas precisa ser a única.

O que chamamos de "eu" também pode ser visto em várias dimensões de explicação. Há o eu que escolhe o pão no supermercado, o eu que aparece em fotografias, o eu que existe na memória dos amigos, o eu que pode ser descrito por dados médicos e o eu que emerge de bilhões de processos neurais.

Uma descrição não esgota a pessoa.

Talvez o universo funcione do mesmo modo.

A superfície não seria uma versão achatada do mundo, mas uma forma diferente de organizar tudo o que o mundo pode fazer. O volume não seria uma mentira. Seria a experiência local de uma estrutura mais profunda.

E, se a realidade for um holograma, ainda não descobrimos onde fica o botão de ajustar a luminosidade.

Naquela noite, coloquei as compras sobre a mesa. O café ficou no armário. O sabão foi para a lavanderia. As bananas ocuparam uma fruteira, onde começaram imediatamente a amadurecer com uma velocidade que parecia pessoal. O pacote de biscoitos desapareceu antes que eu pudesse decidir se havia sido uma compra racional.

O recibo permaneceu no bolso.

A cozinha tinha três dimensões. A mesa ocupava espaço. A cadeira sustentava meu peso. A luz refletia nas superfícies. Nada parecia uma projeção. Nenhuma parede se achatou. Nenhum objeto revelou seu código-fonte.

Ainda assim, todas aquelas coisas podiam, em algum sentido, ser descritas por uma teoria que não tratasse o volume como o elemento mais fundamental.

A profundidade do mundo talvez fosse uma consequência.

Uma consequência real, estável e capaz de quebrar um copo.

O universo pode ser uma excelente renderização sem ser uma falsificação. Pode ser tridimensional na experiência e holográfico na estrutura. Pode possuir uma fronteira informacional sem ter uma parede. Pode guardar mais informação na área do que no volume sem obrigar ninguém a morar em uma tela.

A pergunta não é apenas se vivemos em três dimensões ou em duas.

A pergunta é se “dimensão” descreve o espaço que percebemos, a linguagem usada para representá-lo ou a estrutura mais profunda da realidade.

Talvez as três respostas estejam corretas em níveis diferentes.

Quando o caixa imprime um recibo, ele transforma uma cesta cheia de objetos em uma superfície coberta de sinais. Quando um código de barras é lido, linhas estreitas acionam uma rede de informações. Quando um holograma devolve uma imagem tridimensional, uma placa plana produz profundidade. Quando um buraco negro esconde seu interior, sua área parece guardar uma quantidade de informação maior do que esperávamos.

Esses acontecimentos não são a mesma coisa.

Mas juntos sugerem que a realidade pode ser menos literal do que nossos olhos imaginam.

O volume pode ser emergente.

A superfície pode ser suficiente.

A profundidade pode ser uma propriedade criada por relações.

E a existência pode ser, em algum nível, um excelente truque de contabilidade.

No dia seguinte, encontrei o recibo amassado no bolso da calça. O papel estava quase ilegível. As letras tinham se apagado em alguns pontos, e o código de barras parecia ter atravessado uma pequena crise de identidade.

Ainda era possível reconhecer o total da compra.

As bananas, entretanto, já não estavam no recibo.

Estavam na fruteira.

O sabão estava na lavanderia.

Os biscoitos haviam sido incorporados à história do corpo humano.

A descrição tinha mudado. A realidade continuava.

Talvez seja assim com o universo. A descrição mais profunda pode ser bidimensional, informacional ou completamente diferente de tudo o que nossa intuição espera. Mas, dentro dela, há espaço para galáxias, estrelas, supermercados, filas e pessoas tentando entender por que um pacote de biscoitos entrou na cesta.

Se o cosmos possui uma fronteira holográfica, ela continua sem responder às nossas mensagens.

Não há telefone, endereço ou atendimento ao cliente.

Mas há pistas.

Elas aparecem no horizonte dos buracos negros, na matemática da gravidade, na relação entre área e informação e na estranha possibilidade de que o interior de uma realidade possa ser descrito por aquilo que acontece em sua superfície.

Três dimensões.

Duas dimensões.

Ou apenas um universo muito bom em esconder o recibo verdadeiro.

Capítulo 7

Os cérebros de Boltzmann

Acordar como um acidente estatístico.

Na sexta-feira em que acordei com a certeza de que precisava pagar o aluguel, havia três coisas que pareciam absolutamente confiáveis: o despertador marcava 6h47, a cafeteira estava vazia e o boleto venceria naquele dia.

A primeira informação vinha do relógio. A segunda, da cozinha. A terceira, da memória.

As duas primeiras pareciam fáceis de verificar. Bastava olhar para o visor e abrir a porta da cafeteira. A terceira era mais complicada. Eu me lembrava de ter recebido uma mensagem do proprietário, de ter conferido o calendário e de ter pensado, dois dias antes, que precisava transferir o dinheiro.

Mas como eu sabia que essa lembrança correspondia a um acontecimento real?

Talvez eu tivesse recebido a mensagem. Talvez tivesse conferido o calendário. Talvez tivesse pensado no aluguel. Ou talvez toda essa sequência tivesse surgido naquele exato instante, já pronta, como uma peça de teatro que começa com o personagem entrando no palco convencido de possuir uma história anterior.

Talvez eu tivesse acabado de aparecer no mundo.

Não no sentido comum de nascer, crescer, aprender a andar, desenvolver uma relação difícil com a matemática e finalmente descobrir que o aluguel vence mais rápido do que parece. Talvez eu tivesse surgido espontaneamente, completo, com memórias de infância, documentos, preferências culinárias, uma dor antiga no joelho e a certeza de que havia uma reunião marcada para as nove.

Talvez eu fosse um cérebro de Boltzmann.

A ideia não me ajudou a pagar o aluguel.

Em minha defesa, quase nenhuma ideia cosmológica ajuda. O universo pode ser holográfico, simulado, consciente ou habitado por um setor de matéria invisível, mas o aplicativo do banco continua exigindo senha, confirmação e saldo disponível. A realidade pode ter uma estrutura profundamente misteriosa; o sistema bancário prefere uma estrutura bastante objetiva.

Antes de avançar, é importante esclarecer que os cérebros de Boltzmann não foram observados, não constituem uma espécie conhecida e não representam uma ameaça concreta à rotina de ninguém. O termo descreve um experimento mental e um problema para determinados modelos cosmológicos. Ele nasce da física estatística, passa pela termodinâmica e termina em uma pergunta desagradável sobre a confiabilidade de nossas próprias memórias.

A pergunta é simples:

E se uma consciência pudesse surgir por acaso, sem passado, sem corpo completo e sem um universo organizado ao redor, mas com a impressão de que sempre existiu?

O cérebro, nesse caso, não teria sido formado por uma gravidez, uma infância e uma adolescência marcada por decisões ruins sobre cortes de cabelo. Ele teria aparecido como uma flutuação extremamente improvável em um universo muito antigo, muito frio e muito próximo do equilíbrio.

O cérebro acordaria com a convicção de que tinha acabado de acordar.

A palavra "Boltzmann" vem de Ludwig Boltzmann, físico austríaco do século XIX que ajudou a desenvolver a mecânica estatística. Ele estudou a relação entre o comportamento microscópico das partículas e as propriedades macroscópicas que observamos, como temperatura, pressão e entropia.

A entropia costuma ser apresentada como uma medida da desordem, embora essa explicação seja apenas uma aproximação. Em termos mais precisos, ela está relacionada ao número de maneiras microscópicas pelas quais um estado macroscópico pode ser realizado. Um estado que pode ser produzido por muitas configurações diferentes é mais provável do que um estado que exige uma configuração muito específica.

Uma sala vazia pode conter moléculas de ar distribuídas de inúmeras maneiras. Não precisamos saber a posição exata de cada molécula para dizer que o ambiente está em equilíbrio. Há uma quantidade gigantesca de arranjos possíveis que parecem, para nós, a mesma coisa: ar espalhado pelo cômodo.

Agora imagine que todas as moléculas de ar decidam, por uma coincidência extraordinária, concentrar-se em um único canto. A sala continuaria contendo o mesmo ar, mas a configuração seria muito específica. Existem muito menos maneiras de produzir "todas as moléculas amontoadas naquele ponto" do que "moléculas espalhadas por toda parte".

A situação não é proibida pelas leis microscópicas. Apenas é tão improvável que esperar por ela seria uma maneira criativa de desperdiçar a vida.

O ar não possui um funcionário encarregado de impedir que as moléculas se reúnam em um canto. As partículas se movimentam, colidem e obedecem às leis físicas. Em princípio, uma flutuação aleatória poderia produzir uma concentração momentânea. Na prática, a quantidade de tentativas necessárias seria tão absurda que uma pessoa poderia esperar desde o surgimento do universo e ainda sair de mãos vazias.

A segunda lei da termodinâmica funciona assim: não como uma proibição absoluta contra a ordem, mas como uma regra estatística que torna os estados de alta entropia imensamente mais prováveis.

A água quente esfria.

O perfume se espalha pelo quarto.

Um ovo quebrado não volta espontaneamente para dentro da casca.

O café não costuma se separar em água, grãos e calor para retornar ao estado anterior.

Nada disso é impossível no sentido mais rigoroso das leis microscópicas. É apenas improvável em uma escala tão monumental que a palavra "improvável" começa a parecer otimista.

A natureza trabalha com estatística, mas não consulta o nosso calendário.

Em sistemas pequenos, flutuações acontecem o tempo todo. Moléculas vibram, partículas mudam de direção, pequenas regiões ficam temporariamente mais quentes ou mais frias. Em sistemas grandes, as variações individuais se compensam. O resultado médio parece estável.

Uma xícara de café pode ter uma molécula que se move de maneira inesperada. O café inteiro, porém, não decide subitamente ferver porque uma molécula teve uma ideia.

A maior parte da termodinâmica cotidiana é o comportamento coletivo de uma quantidade enorme de partículas. A estabilidade que sentimos é uma média. Por baixo dela, existe movimento contínuo, ruído e pequenas flutuações.

O universo, em um estado de equilíbrio muito prolongado, também poderia apresentar flutuações. Quase todas seriam minúsculas e insignificantes. Uma região teria ligeiramente mais energia. Uma partícula apareceria aqui, outra desapareceria ali. Nada que justificasse interromper o café da manhã.

Mas, se o tempo disponível fosse suficientemente longo, até eventos extremamente raros poderiam ser considerados.

Uma flutuação maior poderia produzir uma molécula organizada.

Uma flutuação ainda maior poderia produzir uma estrutura complexa.

Uma flutuação absurdamente maior poderia, em alguns modelos, produzir um cérebro.

A comparação com o universo inteiro é o que torna a ideia perturbadora.

Para que surgisse espontaneamente um cérebro completo, seria necessário organizar uma quantidade extraordinária de matéria em uma configuração funcional. Isso já seria um evento quase inimaginavelmente improvável. Mas seria ainda menos improvável do que produzir, a partir de um estado de equilíbrio, todo o universo observável com suas galáxias, estrelas, planetas, organismos, cidades, bibliotecas, históricos escolares e mensagens não respondidas.

Criar uma pessoa isolada pode exigir menos organização do que criar a história inteira que aparentemente produziu essa pessoa.

Se o universo fosse eterno ou durasse um período inimaginavelmente longo, os eventos raríssimos poderiam superar, em número, os eventos ainda mais raros. Assim, em determinados modelos, seria mais comum surgir um cérebro com memórias falsas do que uma civilização como a nossa evoluir naturalmente a partir de um passado cosmológico de baixa entropia.

Esse cérebro hipotético recebeu o nome de cérebro de Boltzmann.

Boltzmann não propôs exatamente esse personagem com a forma que usamos hoje. Ele discutiu questões relacionadas à origem estatística da ordem e à possibilidade de que um universo em equilíbrio apresentasse flutuações locais. A expressão "cérebro de Boltzmann" surgiu posteriormente, quando cosmólogos e filósofos levaram o raciocínio a uma consequência específica: se flutuações podem produzir observadores, talvez observadores aleatórios sejam muito mais numerosos do que observadores que surgiram por uma história cósmica normal.

Um cérebro de Boltzmann não precisa ter um corpo inteiro.

Não precisa morar em uma casa.

Não precisa possuir pulmões, estômago, documentos, família ou uma conta bancária.

Não precisa ter passado por uma escola, aprendido a escrever ou participado de uma discussão sobre quem deveria lavar a louça.

Bastaria uma configuração física capaz de produzir uma experiência consciente, ainda que breve, acompanhada de memórias que parecessem indicar uma vida completa.

O cérebro poderia surgir no vazio com a lembrança de uma infância que nunca existiu. Poderia recordar uma viagem, uma conversa, uma música, uma discussão familiar ou um livro que nunca foi escrito. Poderia acreditar estar sentado em uma cozinha, sentir o cheiro de café e pensar no aluguel.

A cozinha não precisaria existir.

A infância não precisaria ter acontecido.

O aluguel poderia ser a única coisa real dentro de uma memória inteiramente falsa, embora, nesse caso, provavelmente não houvesse um proprietário para cobrar.

A expressão "memórias falsas" merece cuidado. No cotidiano, uma memória falsa é uma lembrança que não corresponde exatamente ao que aconteceu. Podemos recordar uma conversa de maneira diferente, confundir datas, misturar pessoas ou preencher lacunas sem perceber. A memória humana é reconstrutiva. Ela não funciona como uma câmera que armazena cópias perfeitas de cada instante.

No cérebro de Boltzmann, a situação seria mais radical. As memórias não seriam registros imprecisos de acontecimentos reais. Seriam estados físicos que carregam a aparência de registros, sem que os acontecimentos correspondentes tivessem existido.

A diferença entre uma lembrança errada e uma lembrança sem passado é enorme.

Se você recorda ter deixado as chaves sobre a mesa, mas elas estão na bolsa, sua memória pode estar equivocada. A mesa, a bolsa e as chaves existem, e a situação pode ser verificada. Se você recorda ter passado a infância em uma casa que nunca existiu, ter conversado com pessoas que nunca nasceram e ter frequentado uma escola construída apenas pela configuração de seu cérebro, toda a paisagem da lembrança seria uma fabricação.

Uma consciência surgida por acaso poderia começar no meio da própria história.

Ela não teria infância.

Teria apenas a memória de uma infância.

Essa é uma das razões pelas quais o conceito causa tanto desconforto. Nossa identidade depende profundamente da sensação de continuidade. Não acordamos todos os dias como pessoas completamente novas. Acreditamos ser o mesmo indivíduo que tomou decisões ontem, que aprendeu certas coisas, que fez promessas e que terá de lidar com as consequências.

A memória costura os momentos.

Sem ela, a vida se pareceria menos com uma narrativa e mais com uma sequência de cenas que alguém espalhou sobre a mesa.

O cérebro de Boltzmann poderia possuir uma narrativa completa, mas não teria a história que a narrativa descreve. Seria como abrir um arquivo que contém o diário de uma pessoa sem que essa pessoa tenha existido. O texto pode ser coerente, detalhado e emocionalmente convincente. Ainda assim, não haverá uma vida por trás dele.

A não ser que o arquivo, de alguma maneira, seja a própria pessoa.

Essa é a parte filosófica que a física não resolve sozinha. Se uma consciência depende da organização física do cérebro, talvez uma configuração espontânea possa produzir experiência, mesmo sem uma história causal anterior. Se a consciência depende necessariamente do desenvolvimento, da interação com o corpo ou de uma continuidade temporal, talvez um cérebro surgido de repente não seja suficiente.

Os cérebros de Boltzmann costumam ser discutidos sob a hipótese de que determinado estado físico pode produzir uma mente. Mas não existe consenso sobre o que é necessário para uma consciência existir. Um cérebro não é apenas uma fotografia de neurônios. Ele possui atividade elétrica, química, circulação, metabolismo, relações internas e, provavelmente, uma história de mudanças que contribuiu para seu funcionamento atual.

A flutuação teria de produzir não apenas a estrutura, mas também os processos adequados.

Não bastaria montar um cérebro de aparência convincente. Seria preciso fazê-lo funcionar.

A natureza, nesse cenário, teria de criar um órgão complexo sem a delicadeza de uma gestação. Seria como produzir uma orquestra completa, com instrumentos afinados, músicos preparados e uma partitura em execução, apenas jogando partículas ao acaso em um espaço vazio.

Mesmo isso não é a parte mais difícil.

A parte mais difícil é fazer a orquestra acreditar que toca há décadas.

O cérebro de Boltzmann não surgiria necessariamente em um universo totalmente vazio. Dependendo do modelo, poderia aparecer em um ambiente de radiação muito fraca, em torno de campos quânticos ou em um espaço que ainda possuísse partículas esparsas. A imagem popular de um cérebro flutuando sozinho no escuro é útil para a ficção, mas não é uma fotografia prevista pela teoria.

Ele poderia estar acompanhado por um corpo parcial, uma nuvem de matéria ou qualquer configuração necessária para a consciência considerada no modelo.

Quanto mais estrutura adicional fosse incluída, mais improvável seria a flutuação.

Um cérebro sozinho é mais simples do que um cérebro com um corpo.

Um cérebro com um corpo é mais simples do que um cérebro com um corpo, uma casa, uma cidade e uma história cósmica inteira.

Um cérebro com uma história cósmica inteira é praticamente o universo.

O problema nasce justamente da comparação entre o mínimo necessário para criar uma experiência e o máximo necessário para criar um mundo coerente.

Se tudo o que importa é produzir um observador por alguns instantes, talvez seja estatisticamente mais barato criar apenas o observador. A natureza não precisaria fabricar bilhões de estrelas para que uma consciência se lembrasse de ter visto estrelas. Bastaria organizar a mente de maneira a produzir essa lembrança. Seria uma espécie de cenário econômico.

O universo não construiria a cidade inteira. Fabricaria apenas alguém com saudade da cidade.

Não produziria um apartamento. Produziria alguém com a memória de morar em um apartamento.

Não criaria um locador. Criaria a convicção de que o aluguel vence na sexta-feira.

A estatística pode ser eficiente de uma maneira pouco gentil.

O cérebro de Boltzmann não precisa ser inteligente no sentido amplo. Ele não precisa resolver problemas, aprender, planejar ou conversar durante muito tempo. A flutuação poderia gerar uma experiência curta, como um lampejo de consciência. O cérebro aparece, sente que está acordando, pensa em alguma coisa e desaparece quando a configuração deixa de ser estável.

Talvez sua existência dure menos do que o tempo necessário para perceber o próprio surgimento.

Talvez a primeira memória seja a de ter vivido uma vida inteira.

Talvez a última seja a de ter esquecido porque entrou na cozinha.

A brevidade é importante. Um cérebro que surgisse espontaneamente e permanecesse funcional por décadas seria muito mais improvável do que um cérebro que tivesse apenas um momento de atividade organizada. Em um universo de flutuações, o evento mais simples tende a ser o menos raro.

Esse fato torna o cenário mais triste e mais engraçado. O cérebro poderia acordar com uma biografia completa, mas não teria tempo de verificar nada. Poderia lembrar-se de ter amigos, mas não conseguiria telefonar para eles. Poderia lembrar-se de possuir uma casa, mas não teria corpo para abrir a porta. Poderia recordar que o aluguel venceria na sexta-feira, mas talvez não sobrevivesse até quinta.

Um observador cósmico com todas as preocupações de um adulto e a expectativa de vida de uma faísca.

O conceito também depende de uma suposição sobre o futuro do universo. Em muitos modelos cosmológicos, o cosmos continuará se expandindo por um período imenso. As estrelas vão consumir seu combustível. Galáxias distantes deixarão de ser visíveis umas para as outras. A matéria poderá decair, dependendo das leis fundamentais. Buracos negros poderão evaporar em escalas de tempo extraordinárias. A energia disponível para formar estruturas complexas diminuirá.

O universo se aproximaria de um estado de equilíbrio térmico, frequentemente associado à chamada morte térmica.

Não seria uma explosão final. Seria um longo desaparecimento das diferenças. Sem diferenças de temperatura, não há como extrair trabalho de maneira útil. Sem fontes de energia concentrada, estrelas deixam de brilhar, processos químicos se tornam raros e a atividade organizada diminui.

A morte térmica não significa que nada aconteça. Em escala microscópica, ainda poderiam ocorrer flutuações. O universo seria como uma sala silenciosa onde, de vez em quando, uma molécula se move de maneira ligeiramente diferente.

Se esse estado durasse para sempre, as flutuações teriam tempo suficiente para tentar combinações absurdamente improváveis.

Mas "para sempre" é uma palavra que a cosmologia usa com cautela.

O universo pode não durar indefinidamente no estado que imaginamos. A energia escura pode ter propriedades diferentes das mais simples. O vácuo pode ser metastável. Partículas podem decair. O espaço pode sofrer uma transição. A expansão pode produzir condições que não permitem a formação de observadores. Modelos cosmológicos distintos oferecem futuros distintos.

Não existe uma placa no universo dizendo:

Funcionamento garantido por toda a eternidade.

A própria ideia de um universo eterno em equilíbrio é uma hipótese dentro de certas descrições, não um fato confirmado sobre o destino final do cosmos.

Além disso, probabilidades em um tempo infinito são difíceis de interpretar. É comum dizer que, se algo tem uma chance minúscula de acontecer e há tempo infinito, então certamente acontecerá. A afirmação é intuitiva, mas não resolve todos os problemas. É preciso saber como os eventos são distribuídos, se são independentes, qual é o espaço de estados e como comparar conjuntos infinitos.

Uma loteria com infinitas rodadas parece garantir um prêmio eventual, mas o universo não é uma máquina de sorteios simples.

As flutuações dependem de leis físicas, energia disponível, volume, horizonte cosmológico e condições que podem mudar ao longo do tempo.

Em cosmologia, "infinito" costuma vir acompanhado de uma pilha de formulários matemáticos.

Mesmo assim, em determinados modelos, a produção de cérebros de Boltzmann pode superar a produção de observadores comuns. Os observadores comuns surgem durante uma janela relativamente limitada da história cósmica, quando há estrelas, planetas, química complexa e condições favoráveis à vida. Os cérebros de Boltzmann, se forem possíveis, poderiam surgir durante um período muito mais longo.

Uma quantidade finita de observadores normais contra uma quantidade potencialmente imensa de observadores aleatórios.

Essa comparação gera o chamado: *problema dos cérebros de Boltzmann.*

O problema não é que um cérebro isolado possa surgir no espaço. O problema é que uma teoria cosmológica talvez preveja que a maioria dos observadores seja desse tipo. Se nós somos observadores escolhidos aleatoriamente entre todos os observadores previstos pelo modelo, deveríamos esperar ter uma experiência desorganizada, curta e cheia de memórias falsas.

Mas não é isso que encontramos.

Encontramos um mundo estável. Nossas memórias se conectam umas às outras. Outras pessoas parecem confirmar os mesmos acontecimentos. Objetos permanecem no lugar. O sol nasce de maneira previsível. Instrumentos diferentes registram resultados compatíveis. Podemos fazer planos e vê-los funcionar, embora o transporte público ocasionalmente apresente objeções.

A experiência é coerente demais para parecer o produto típico de uma flutuação aleatória.

Isso não prova, em sentido absoluto, que não somos cérebros de Boltzmann. Uma mente aleatória poderia, por acaso, conter a impressão de um mundo coerente. Mas, se um modelo diz que essas experiências coerentes são extremamente raras entre todos os observadores possíveis, o modelo enfrenta um problema.

Uma teoria que prevê que quase todos os observadores terão percepções confusas não combina bem com o fato de que estamos percebendo uma sequência relativamente organizada.

A ciência não exige certeza absoluta sobre a normalidade de nossa existência. Ela exige que os modelos façam sentido em relação às evidências. Se uma teoria prevê que as observações que temos são quase impossíveis, isso conta contra a teoria, mesmo que ela consiga explicar as observações dizendo que somos uma exceção.

Qualquer teoria pode salvar-se declarando que somos um caso extraordinário.

O problema é que, depois disso, ela perde poder explicativo.

Imagine uma meteorologista afirmando que há noventa e nove por cento de chance de chover e encontrando um dia ensolarado. Ela pode dizer que tivemos azar. Está correto. Um único dia de sol não refuta a previsão. Mas, se todos os dias observados forem ensolarados e a meteorologista continuar dizendo que cada um é uma exceção, talvez seja hora de revisar o modelo.

O universo não deve ser obrigado a produzir uma amostra típica, mas uma teoria que torna nossa amostra extremamente atípica precisa apresentar uma boa razão.

O conceito de "observador típico" é complicado. Não existe um sorteio cósmico simples no qual alguém retira uma pessoa de uma urna contendo todos os seres conscientes. Nós não sabemos quais observadores existem, como contá-los, que peso atribuir a cada experiência nem se a noção de "típico" é bem definida em um universo infinito.

Esses problemas são chamados, em parte, de problemas de medida e de seleção. Eles aparecem quando tentamos comparar diferentes tipos de observadores em um cosmos que pode conter regiões infinitas ou quantidades infinitas de eventos.

Mesmo assim, a intuição permanece poderosa: se uma teoria produz uma quantidade enorme de observadores com experiências aleatórias e uma quantidade pequena de observadores com histórias coerentes, precisamos explicar por que estamos entre os poucos coerentes.

Uma possibilidade é que o modelo esteja errado.

Outra é que os cérebros de Boltzmann não sejam fisicamente possíveis.

Outra é que a consciência exija uma história causal e um ambiente, de modo que um cérebro surgido espontaneamente não funcione como observador.

Outra é que o universo tenha uma duração finita ou mude de estado antes que essas flutuações dominem.

Outra é que nossa maneira de selecionar observadores esteja equivocada.

A cosmologia trabalha para descobrir qual dessas saídas é mais plausível.

O que ela não faz é diagnosticar indivíduos.

Ninguém precisa olhar para o próprio cérebro e perguntar se é uma flutuação estatística. Não existe um teste de sangue para isso, nem um aplicativo capaz de informar se você nasceu em uma maternidade ou apareceu por acaso em um espaço de de Sitter.

O conceito é uma ferramenta para avaliar teorias sobre o universo, não uma explicação prática para a sensação de estranheza que alguém teve ao acordar.

Se uma pessoa sente que o mundo não é real, que suas memórias não pertencem a ela ou que tudo ao redor foi fabricado apenas para observá-la, isso pode ser uma experiência angustiante e merece ser tratada com cuidado. O fato de existir um experimento mental sobre cérebros de Boltzmann não transforma essa sensação em evidência. Em situações assim, é importante retornar a referências concretas, conversar com alguém de confiança e buscar apoio profissional se o desconforto persistir.

Na literatura da cosmologia, o cérebro de Boltzmann é uma ideia fascinante.

Na vida emocional de uma pessoa, ele não deve ser usado para alimentar medo.

A questão filosófica, entretanto, continua interessante: como distinguimos uma memória real de uma memória que apenas parece real?

Em condições normais, usamos outras evidências. A lembrança de uma viagem pode ser confirmada por fotografias, bilhetes, mensagens, relatos de outras pessoas e registros de localização. Nenhum elemento é absolutamente infalível, mas vários sinais independentes podem formar uma rede de confirmação.

Eu me lembro de ter ido a uma determinada cidade. Há uma fotografia. Minha irmã aparece ao meu lado. Ela também se lembra da viagem. Existe uma reserva de hotel. Há um recibo de restaurante. Um funcionário do local confirma a data. O celular registra a rota.

Poderia tudo isso ser uma construção espontânea dentro de um cérebro?

Em princípio, um cérebro de Boltzmann poderia conter memórias de fotografias, de uma irmã e de recibos. Mas, quanto mais detalhes coerentes fossem incluídos, mais específica seria a configuração necessária. A flutuação teria de produzir não apenas uma lembrança, mas uma rede complexa de memórias compatíveis, nomes, imagens, documentos e relações.

A probabilidade cairia.

Se, para explicar uma experiência, precisamos supor uma única mente surgida com todos os registros falsos do mundo, talvez seja mais simples aceitar que houve uma viagem real.

"Mais simples" não significa provado. Significa que a explicação comum requer menos coincidências extraordinárias.

Essa é uma das bases do raciocínio científico e cotidiano. Não conseguimos demonstrar com certeza absoluta que o mundo exterior existe. Poderíamos estar sonhando, em uma simulação ou dentro de uma experiência mental produzida por um cérebro flutuante. Mas a hipótese de um mundo compartilhado explica melhor a estabilidade das coisas, a resistência dos objetos, a concordância entre observadores e a capacidade de prever eventos.

A realidade comum não é aceita porque eliminamos todas as alternativas imagináveis.

É aceita porque funciona.

Quando coloco uma xícara sobre a mesa, posso voltar alguns minutos depois e encontrá-la ali. Outra pessoa pode vê-la. A câmera pode registrá-la. A xícara pode cair e quebrar se alguém esbarrar nela. O comportamento é consistente com um objeto que existe independentemente da minha memória momentânea.

Um cérebro de Boltzmann poderia conter a memória de uma xícara, mas não haveria necessariamente uma xícara fora dele. O mundo teria a textura de uma lembrança e a resistência de um pensamento.

É uma diferença difícil de observar do lado de dentro.

O mesmo problema aparece na hipótese da simulação e na ideia do cérebro em uma cuba. Se todas as experiências internas fossem reproduzidas, nenhum teste interno poderia revelar completamente a base externa. O ceticismo radical é logicamente persistente porque pode incorporar qualquer evidência como parte da ilusão.

Mas uma hipótese que pode explicar qualquer coisa também pode deixar de explicar alguma coisa.

Se alguém afirma que todo objeto, toda memória e toda pessoa são falsas, mas não oferece uma previsão que diferencie esse cenário do mundo comum, a afirmação não nos ajuda a decidir o que fazer. Ela é uma possibilidade lógica, não uma teoria operacional.

A ciência trabalha com modelos que permitem prever, intervir e corrigir. Não precisa provar que o universo não é uma alucinação cósmica para prever a trajetória de um satélite.

O satélite chega ou não chega.

A memória de que ele chegaria é menos importante do que a observação.

No caso dos cérebros de Boltzmann, há uma ironia: se o cérebro surgisse com memórias falsas, elas ainda poderiam ser fisicamente reais como estados daquele cérebro. Uma memória não precisa ter um acontecimento externo correspondente para produzir efeitos internos.

Uma pessoa pode lembrar-se de algo que nunca aconteceu e sentir vergonha, saudade ou raiva. O evento não existiu, mas a emoção existe. O cérebro de Boltzmann poderia sentir a preocupação com o aluguel mesmo que não houvesse apartamento. A preocupação não seria falsa no sentido de não ser sentida.

O aluguel seria falso.

A ansiedade, não.

Esse detalhe permite uma pergunta mais profunda sobre identidade. Se uma mente aparece no universo com todas as memórias de uma pessoa, ela é essa pessoa? Ou é uma nova consciência que começou agora com um conjunto de lembranças emprestadas?

A resposta depende do que consideramos essencial para a identidade. Alguns diriam que a continuidade causal importa: você é a pessoa que se desenvolveu ao longo de uma história física ininterrupta. Outros poderiam dizer que o padrão mental, as memórias e a personalidade são suficientes para definir uma pessoa, mesmo que a origem seja diferente.

Uma cópia perfeita de alguém poderia acordar convencida de ser o original. O original também se sentiria original. Os dois teriam razões internas semelhantes, mas não seriam o mesmo indivíduo numérico.

O cérebro de Boltzmann acrescenta uma complicação: talvez não exista original algum.

Ele seria a primeira ocorrência de uma identidade que pensa ter sido segunda.

Essa possibilidade parece injusta. Uma pessoa poderia surgir com o peso emocional de uma vida inteira sem ter recebido os acontecimentos que justificam esse peso. Poderia lembrar-se de uma perda e sofrer por alguém que nunca existiu. Poderia sentir gratidão por uma mãe que nunca a criou. Poderia amar uma cidade que nunca foi construída.

A memória seria um cenário, mas a emoção seria presente.

O universo teria fabricado um personagem e entregado a ele a responsabilidade de uma biografia.

Se um cérebro de Boltzmann pudesse sobreviver por tempo suficiente, talvez começasse a testar as próprias lembranças. Procuraria uma fotografia. Tentaria ligar para alguém. Consultaria um calendário. Encontraria um apartamento. Abriria uma gaveta e veria documentos. Cada verificação poderia ser outra configuração dentro da própria mente.

A única maneira de aumentar a confiança seria encontrar múltiplas cadeias de evidência que se apoiassem mutuamente.

Mas, para uma flutuação aleatória, produzir uma cadeia coerente de evidências é mais improvável do que produzir apenas a convicção inicial.

Esse é o motivo pelo qual o cérebro de Boltzmann costuma ser descrito como um observador mínimo. Quanto menor o conjunto de informações necessárias para produzir a experiência, mais provável seria a flutuação em comparação com uma realidade completa.

Um cérebro que pensa "estou em uma cozinha" é mais simples do que um cérebro acompanhado de uma cozinha fisicamente existente. Um cérebro que lembra de uma infância é mais simples do que uma infância inteira, com outras pessoas, cidades e acontecimentos. Um cérebro com a ilusão de um mundo é mais simples do que um mundo que sustenta bilhões de consciências.

A economia estatística não tem consideração por cenários.

Ela escolhe o que custa menos em termos de organização.

A comparação pode ser feita com uma fotografia. É mais fácil produzir uma imagem de uma montanha do que construir uma montanha. É mais fácil criar a memória de uma viagem do que realizar a viagem. É mais fácil organizar um cérebro que se lembra de uma cidade do que criar uma cidade inteira.

O problema é que uma fotografia não caminha pelas ruas. Uma memória não precisa pagar o hotel. Uma simulação interna não produz necessariamente o mundo externo que representa.

O cérebro de Boltzmann é a versão extrema da diferença entre mapa e território.

Um mapa pode conter informação sobre uma estrada sem ter asfalto. Um cérebro pode conter informação sobre uma vida sem ter vivido essa vida.

A discussão também se aproxima do que os físicos chamam de seta do tempo. A termodinâmica distingue passado e futuro por meio do crescimento da entropia. Nós lembramos do passado, não do futuro. Temos registros de eventos anteriores, mas não de eventos que ainda não aconteceram. Um copo quebrado deixa fragmentos; fragmentos não se organizam espontaneamente para produzir a lembrança de um copo inteiro.

A consciência humana está cheia de registros. Memórias, fotografias, documentos, cicatrizes e hábitos apontam para uma história anterior.

Um cérebro de Boltzmann poderia possuir esses registros internos sem a história correspondente. Teria uma seta do tempo desenhada dentro dele, mas não necessariamente um passado externo.

A memória seria uma flecha apontando para uma direção que nunca foi percorrida.

Esse é um aspecto especialmente estranho da ideia. O cérebro não apenas acreditaria que possui um passado; ele teria uma estrutura interna que funcionaria como se o passado tivesse acontecido. A experiência subjetiva não saberia que era uma flutuação. Para ela, o momento presente seria tão legítimo quanto o nosso.

Se o cérebro pensasse “acabei de acordar”, não haveria uma voz externa dizendo:

— Na verdade, você foi montado há meio segundo.

A própria convicção faria parte da configuração.

Talvez a consciência tenha começado exatamente quando a convicção apareceu.

A hipótese não exige que o cérebro seja enganado por alguém. Não há simulador, vilão ou administrador. O engano nasce da ausência de correspondência entre estado interno e história externa.

É uma falha sem responsável.

Como quando o aplicativo mostra uma informação errada, mas ninguém sabe qual banco de dados a produziu.

A existência de cérebros de Boltzmann também levanta uma questão sobre o que significa "observação". Um observador normal aprende sobre o mundo por meio de interações: recebe luz, sons, sinais do corpo e informações de outras pessoas. Um cérebro que surge sozinho talvez não tenha acesso a nada além de seu próprio estado inicial.

Seria um observador?

Se consciência exige experiência, talvez sim. Se observação exige interação contínua com um ambiente, talvez não. Se uma experiência momentânea basta, então uma flutuação breve poderia contar. Se é necessário um fluxo estável de informações, talvez o cérebro desapareça antes de se tornar um observador completo.

Não existe uma definição única de observador aceita em todos os contextos. Na física, o termo pode significar simplesmente um sistema que registra informação. Na filosofia, pode significar um sujeito consciente. Na cosmologia, pode significar uma estrutura capaz de ter experiências e formular uma descrição do universo.

Misturar essas três coisas produz confusão.

Uma câmera registra luz, mas não necessariamente vê.

Um termômetro registra temperatura, mas não sente calor.

Um cérebro pode processar sinais, mas a consciência envolve uma questão que não se resolve apenas com o verbo "registrar".

O paradoxo depende de uma definição suficientemente ampla para incluir cérebros flutuantes, mas suficientemente forte para atribuir a eles experiências. Se não houver consciência, não há observadores de Boltzmann. Se houver, o problema aparece.

É mais uma razão para a ideia não ser uma previsão simples.

A cosmologia não sabe quantos cérebros de Boltzmann surgiriam porque ainda não conhece completamente a física do futuro distante, a natureza da energia escura, a estabilidade do vácuo, o destino da matéria ou a teoria final da gravidade quântica. Os cálculos dependem de premissas sobre o universo em escalas e tempos que não podemos observar diretamente.

A hipótese é menos "há cérebros flutuando" e mais "certos modelos poderiam produzir observadores flutuantes em número excessivo".

A diferença parece pequena, mas muda tudo.

Não estamos diante de uma descoberta escondida no espaço. Estamos diante de um teste de consistência para as teorias cosmológicas.

Uma boa teoria do universo precisa explicar não apenas galáxias, radiação e partículas, mas também por que existem observadores capazes de encontrar um universo coerente. Se o modelo prevê que a maioria dos observadores verá uma sequência aleatória de impressões desconexas, ele não combina bem com o tipo de experiência que temos.

O universo pode conter eventos extremamente raros.

A ciência precisa saber se está prevendo que eles dominam a população de observadores.

Há uma diferença entre dizer "um cérebro de Boltzmann poderia existir" e dizer "quase todos os observadores são cérebros de Boltzmann". A primeira é uma possibilidade remota. A segunda é um problema grave para o modelo.

Um leão pode aparecer em uma biblioteca se alguém o trouxer para dentro. Isso não transforma a biblioteca em um zoológico. Se, porém, a teoria sobre a biblioteca prever que quase todos os visitantes são leões, precisaremos reconsiderar a teoria ou a definição de visitante.

O nosso universo parece receber mais seres com corpo, história e capacidade de pagar contas do que cérebros solitários produzidos por flutuações.

Até agora.

A palavra "até" é importante porque o futuro cosmológico é enorme. Um modelo pode prever que os observadores comuns dominam no passado e os cérebros de Boltzmann dominam no futuro distante. Nesse caso, a pergunta seria: em que época devemos nos considerar típicos? A resposta depende da distribuição dos observadores e do modo como medimos o tempo.

Talvez uma civilização viva em uma janela relativamente curta, mas extremamente rica em observadores. Talvez o futuro tenha mais tempo, mas quase nenhuma estrutura. Talvez o universo decaia antes da dominação. Talvez os cérebros jamais possam ser produzidos.

A cosmologia está tentando descobrir se o relógio do universo tem tempo suficiente para fabricar esse tipo de problema.

Se o universo realmente caminhar para a morte térmica, o futuro não será necessariamente uma sala vazia. Poderá conter campos, partículas, radiação, buracos negros e efeitos quânticos que ainda não sabemos descrever. O conceito de cérebro de Boltzmann funciona como um alarme: não deixe o modelo produzir uma população de observadores cuja experiência contradiz a evidência disponível.

Há uma ironia nisso. A ciência inventa uma criatura que aparece por acaso para questionar a ciência que a imaginou.

O cérebro de Boltzmann não ameaça o universo.

Ameaça a elegância de certas equações.

Naquela sexta-feira, o aluguel continuava vencendo. Abri o aplicativo do banco e confirmei o valor. A mensagem do proprietário permanecia na caixa de entrada. Havia também uma fotografia do apartamento, uma cópia do contrato e uma sequência de transferências anteriores.

Tudo isso poderia, em princípio, ser parte de uma memória falsa.

Mas a explicação mais útil era que eu realmente morava ali.

Enviei o pagamento. O aplicativo demorou alguns segundos para carregar, o que me deu tempo suficiente para imaginar um cérebro cósmico surgindo no vazio com a lembrança de que havia feito uma transferência bancária.

Depois, a tela exibiu:

Pagamento realizado.

Guardei o comprovante.

Se eu fosse um cérebro de Boltzmann, o comprovante seria parte da minha experiência atual. Poderia não haver banco, proprietário ou apartamento. Poderia não haver sexta-feira. Talvez só houvesse um estado mental complexíssimo que incluía a sensação de alívio.

Mas, se eu não fosse um cérebro de Boltzmann, havia uma boa chance de o proprietário receber o dinheiro.

A explicação comum era mais confortável.

Também era mais econômica.

O paradoxo não desaparece porque pagamos o aluguel. Ele desaparece apenas quando encontramos um modelo cosmológico que não produz mais observadores aleatórios do que observadores com histórias coerentes. A solução pode envolver um universo finito, uma transição de vácuo, uma limitação da consciência, uma nova teoria da gravidade ou uma compreensão diferente das probabilidades cosmológicas.

Talvez a natureza não permita flutuações capazes de produzir cérebros.

Talvez um cérebro sem desenvolvimento não seja consciente.

Talvez a expansão do universo mude a contabilidade.

Talvez o universo tenha uma data de encerramento antes que a estatística possa construir sua própria versão de nós.

Talvez a ideia seja um sinal de que ainda não sabemos fazer perguntas corretamente.

Em todos os casos, o cérebro de Boltzmann serve como um teste de humildade. Ele lembra que uma explicação pode parecer possível sem ser uma boa descrição do universo. Uma teoria que permite qualquer coisa, inclusive observadores com memórias falsas, precisa dizer quantos desses observadores espera produzir e como isso se compara com a experiência real.

Não basta a matemática permitir.

É preciso que a matemática não transforme o mundo observado em uma exceção impossível.

A existência de uma consciência espontânea também não seria o mesmo que a existência de uma pessoa completa. Uma pessoa não é apenas um arranjo de matéria. Ela tem relações, corpo, ambiente, história, vulnerabilidades e consequências. Um cérebro flutuante poderia possuir experiência, mas não necessariamente possuiria tudo aquilo que chamamos de vida.

Talvez a palavra "cérebro" seja até generosa. O objeto poderia ser uma estrutura mínima capaz de gerar uma sequência curta de estados mentais. Não teria olhos para ver, mas poderia ter uma experiência visual interna. Não teria pernas para caminhar, mas poderia lembrar-se de estar andando. Não teria boca para falar, mas poderia ouvir uma voz em sua própria experiência.

A realidade seria um palco sem cenário.

O espectador seria também o espetáculo.

O pensamento de que precisamos pagar o aluguel, nesse caso, seria mais real do que o apartamento. O medo de chegar atrasado seria mais real do que o trabalho. A lembrança de uma conversa seria mais real do que a pessoa com quem conversamos.

Isso não torna a experiência insignificante. Uma dor sentida por um cérebro surgido ao acaso ainda seria uma dor, se a estrutura física fosse capaz de produzir a experiência. O modo como algo começou não determina sozinho o que ele sente.

Se uma música nasce de um acidente, ela ainda pode ser música.

Se uma consciência nasce de uma flutuação, ela ainda pode ser consciência.

A questão seria saber se a flutuação consegue produzir a organização necessária.

A ideia é frequentemente usada como um argumento contra certas formas de ceticismo. Se toda experiência isolada pudesse ser uma flutuação, poderíamos questionar qualquer coisa. Mas o fato de uma alternativa ser logicamente possível não a torna provável. A existência de uma explicação extrema não elimina a importância da evidência cotidiana.

Nós confiamos em memórias porque elas se conectam a outras memórias, objetos, pessoas e consequências. Confiamos no mundo porque ele resiste às nossas vontades, apresenta regularidades e pode ser investigado por diferentes caminhos. Confiamos nos sentidos não porque sejam perfeitos, mas porque, em conjunto, produzem previsões que funcionam.

A ciência é uma rede de verificações imperfeitas.

Um cérebro de Boltzmann teria, no máximo, a impressão de possuir essa rede. Um observador comum participa dela.

Eu posso lembrar que paguei o aluguel. O banco possui um registro. O proprietário pode confirmar. Minha conta mostra a transferência. O dinheiro muda de um lugar para outro. Uma sequência causal conecta a decisão, a operação e o resultado.

Quanto mais longa e independente é a cadeia, mais difícil seria produzi-la como uma simples impressão interna.

Não impossível, dentro do ceticismo absoluto.

Mas suficientemente improvável para que ninguém precise suspender o pagamento até resolver a cosmologia.

O universo também não precisa ser perfeitamente coerente para ser real. Pessoas esquecem, aparelhos falham, registros se contradizem e memórias se alteram. Um mundo compartilhado contém ruídos. O que importa é que os erros acontecem dentro de uma estrutura estável, não que tudo funcione como um roteiro sem falhas.

O cérebro de Boltzmann pode ter memórias falsas.

Nós temos memórias imperfeitas.

Essas situações não são iguais.

Uma lembrança equivocada de uma data não significa que a vida inteira tenha surgido há um segundo. Um déjà-vu não significa que o cérebro esteja sendo montado no vazio. Uma sensação de estranheza não constitui evidência de uma flutuação cosmológica.

O cérebro humano produz experiências muito estranhas por meios perfeitamente comuns.

Ele sonha, confunde, completa lacunas, inventa padrões, repete sentimentos e transforma uma notificação do celular em uma ameaça existencial. Não é necessário convocar a termodinâmica para explicar cada momento de desorientação.

Às vezes, dormimos pouco.

Às vezes, estamos ansiosos.

Às vezes, o aluguel vence na sexta-feira.

O cérebro de Boltzmann é uma ideia particularmente boa para histórias porque transforma a dúvida filosófica em uma cena doméstica. O personagem não acorda perguntando se o universo possui baixa entropia. Acorda pensando que esqueceu de comprar leite. Não suspeita que seja um observador estatístico. Suspeita que deixou uma mensagem sem resposta.

A ameaça não está em uma criatura que entra pela janela.

Está na possibilidade de que a janela nunca tenha existido.

O terror mais profundo não seria morrer. Seria descobrir que todos os sinais de uma vida foram apenas a configuração inicial de uma mente que apareceu sem testemunhas. Não haveria um passado para recuperar, nem uma família para encontrar, nem uma cidade para revisitar.

Haveria apenas a convicção de que tudo isso existiu.

Se a consciência durasse tempo suficiente, talvez o cérebro começasse a construir um mundo ao redor das próprias memórias. Uma sensação de temperatura. Um som. Uma imagem. A mente produziria continuidade porque a continuidade é o modo como a experiência se apresenta.

O cérebro não diria:

— Estou recebendo uma sequência aleatória de estados.

Diria:

— Hoje é sexta-feira.

E, com toda a seriedade disponível, perguntaria se o aluguel já foi pago.

Essa é a parte mais humana do paradoxo. Mesmo diante da possibilidade de que tudo seja uma flutuação, a preocupação imediata continua sendo pequena. O cérebro cósmico não começa pensando na origem da entropia. Começa pensando em contas, café e compromissos.

Talvez a memória de uma vida inteira seja falsa, mas a ansiedade mantém o mesmo departamento administrativo.

Naquela noite, conversei com uma amiga sobre a ideia. Ela riu e disse que, se eu fosse um cérebro de Boltzmann, pelo menos havia surgido com bons hábitos de leitura.

Perguntei como ela poderia saber que não era também um cérebro de Boltzmann.

Ela disse que não sabia, mas que, nesse caso, eu ainda deveria pagar a minha parte do jantar.

A resposta era filosoficamente incompleta e economicamente adequada.

Duas consciências podem duvidar da realidade ao mesmo tempo e, ainda assim, compartilhar uma conta. A dúvida não elimina a responsabilidade. Mesmo se não tivermos certeza metafísica sobre a existência do mundo, agimos com base no melhor modelo disponível.

O modelo diz que minha amiga é uma pessoa, que o restaurante existe, que a comida foi consumida e que a conta deve ser dividida.

O universo pode ser uma loteria estatística.

O jantar continua custando dinheiro.

O cérebro de Boltzmann também lembra que o fato de possuirmos memórias não garante que tenhamos interpretado corretamente sua origem. Uma memória pode ser verdadeira, falsa, parcial ou reconstruída. A confiança não deve vir apenas da intensidade da lembrança. Memórias muito vívidas podem estar erradas. Memórias fracas podem ser corretas.

A sensação de certeza não é um certificado de autenticidade.

O cérebro de Boltzmann leva essa observação ao limite: ele teria certeza total de um passado que nunca existiu.

A intensidade de uma convicção não substitui a evidência.

Isso vale para pensamentos cotidianos, teorias grandiosas e mensagens recebidas às três da manhã com a frase "precisamos conversar".

A ciência também não trata a própria memória como autoridade absoluta. Resultados precisam ser registrados, repetidos, comparados e testados por outras pessoas. Um pesquisador pode lembrar-se de ter visto um efeito, mas a comunidade científica exige que o experimento seja reproduzido. Uma lembrança individual é um ponto de partida, não uma conclusão.

A realidade compartilhada é construída por verificações cruzadas.

Talvez seja por isso que o mundo comum pareça tão diferente de uma flutuação isolada. Ele é cheio de redundância. Há muitos caminhos para confirmar as mesmas coisas. O sol ilumina diferentes lugares. Pessoas que não se conhecem observam o mesmo eclipse. Instrumentos independentes medem fenômenos semelhantes. Uma previsão pode ser testada antes de acontecer.

A mente de um cérebro de Boltzmann poderia conter a aparência dessa redundância, mas cada camada adicional tornaria o estado aleatório mais específico.

Em termos estatísticos, seria mais fácil criar uma pessoa que lembra de um eclipse do que criar uma pessoa, o eclipse, os registros, as fotografias, os cientistas, os instrumentos e as previsões corretas.

A realidade custa mais.

Mas também entrega mais.

Ela produz consequências que não dependem de uma única memória. Se uma pessoa diz que a chuva começou, outras podem abrir a janela. Se o céu está nublado, o chão molha. O guarda-chuva funciona. A previsão do tempo pode ser comparada com o que aconteceu.

Um cérebro sozinho não precisa de chuva para lembrar-se da chuva.

Um mundo precisa de chuva para molhar o chão.

Essa diferença é uma das melhores razões para confiar que estamos em um universo com história, e não em uma flutuação mínima. Não é uma prova lógica. É uma avaliação de plausibilidade baseada na riqueza, na estabilidade e na interdependência das evidências.

A maioria das teorias científicas não nos oferece certeza absoluta sobre a realidade. Oferece modelos cada vez melhores.

A hipótese de que sou um cérebro de Boltzmann pode explicar qualquer coisa que eu perceba. É justamente por isso que ela explica pouco. A hipótese de que sou uma pessoa em um universo com história explica a continuidade das memórias, a existência de outras pessoas, a estabilidade das leis, o funcionamento dos instrumentos e a possibilidade de prever eventos.

Ela também explica por que o aluguel vence na sexta-feira.

Por enquanto, é uma teoria com desempenho superior.

Na física cosmológica, o desafio é ainda mais específico. Não basta demonstrar que um cérebro aleatório pode surgir. É preciso calcular a frequência de sua formação, o tempo durante o qual ele permanece funcional e a quantidade de observadores normais produzidos pelo universo.

Se a produção de cérebros de Boltzmann for desprezível, o problema desaparece.

Se for possível, mas o universo terminar antes que eles dominem, o problema diminui.

Se a consciência exigir desenvolvimento e ambiente, o conceito pode não se aplicar.

Se eles forem possíveis e dominarem em número, o modelo precisa explicar por que nossa experiência não parece aleatória.

O resultado da discussão pode alterar a maneira como pensamos sobre o futuro do cosmos. Uma teoria que parece elegante em termos de expansão e energia escura pode ser rejeitada se produzir uma população absurda de observadores com memórias falsas.

Isso mostra que a cosmologia não estuda apenas o passado distante. Ela também pergunta que tipo de universo suas equações produzem no futuro e que tipo de observadores esse universo permite.

A matemática pode prever estrelas.

Também pode prever problemas filosóficos.

No dia seguinte, acordei com a mesma certeza de sempre: o despertador tocara, o café estava na cozinha e o aluguel havia sido pago.

Conferi o aplicativo. A transferência continuava registrada. Recebi uma mensagem curta do proprietário:

Recebido. Obrigado.

A mensagem poderia ser falsa. Minha memória poderia ser falsa. O aplicativo poderia ser uma impressão. O proprietário poderia ser parte de uma experiência criada por uma flutuação. Não existe uma forma de eliminar todas as possibilidades céticas com uma única verificação.

Mas havia uma diferença entre não poder provar algo com certeza absoluta e não ter boas razões para acreditar.

A mensagem chegou depois do pagamento. O saldo mudou. O recibo foi arquivado. O proprietário respondeu. A rotina continuou. Várias pequenas causas se encaixaram em uma sequência coerente.

O mundo não parecia apenas lembrado.

Parecia resistente.

A resistência é uma das características mais convincentes da realidade. Uma lembrança obedece à nossa mente. O mundo não. Posso imaginar uma porta aberta, mas a porta real pode estar trancada. Posso lembrar que tenho dinheiro, mas o banco pode informar o contrário. Posso acreditar que não choveu, mas a rua pode estar molhada.

A realidade interfere.

Um cérebro de Boltzmann teria apenas a aparência da interferência, a menos que o acaso produzisse uma sequência enorme de estados internos e externos coerentes. Quanto mais a experiência resiste às expectativas e, ao mesmo tempo, permanece regular, mais ela se parece com um mundo compartilhado.

O universo não precisa ser perfeito para ser independente da nossa imaginação.

Às vezes, ele apenas precisa negar o que pensamos.

A ideia dos cérebros de Boltzmann não deve nos fazer desconfiar de cada pensamento, cada lembrança ou cada boleto. Ela deve nos ensinar a distinguir entre uma possibilidade lógica e uma explicação útil. Também deve lembrar que as teorias cosmológicas precisam respeitar a experiência observada, em vez de declarar que todos os observadores coerentes são exceções.

Se um modelo afirma que a maioria das consciências existentes é uma cabeça flutuando com memórias falsas, talvez o problema esteja no modelo.

Não na cabeça.

Não há evidência de que você tenha surgido há um segundo no vazio. Não há evidência de que sua infância seja uma configuração aleatória, de que seu apartamento seja imaginário ou de que o proprietário seja uma invenção termodinâmica. Essas ideias pertencem ao território dos experimentos mentais, não ao diagnóstico da vida cotidiana.

A vida cotidiana oferece evidências demais para ser descartada tão facilmente.

Há fotografias, pessoas, objetos, registros, cheiros, sons, acidentes, consequências e histórias que continuam mesmo quando não estamos pensando nelas. A realidade parece possuir uma quantidade de estrutura muito maior do que o mínimo necessário para produzir uma experiência isolada.

Talvez seja exatamente isso que a torna tão convincente.

Ou talvez eu seja um cérebro de Boltzmann que acabou de inventar a palavra "convincente".

A hipótese tem uma defesa perfeita contra qualquer objeção. Se eu provar que o mundo é coerente, ela diz que a coerência faz parte da flutuação. Se eu encontrar outras pessoas, elas podem ser parte da mesma configuração. Se fizer uma previsão e ela se confirmar, o cérebro poderia ter sido criado com a memória da previsão. Nenhuma evidência interna seria absolutamente suficiente.

Mas uma defesa perfeita é também uma prisão. Se nada pode contar contra a hipótese, nada pode contar a favor dela de maneira decisiva. Ela passa a funcionar como uma possibilidade filosófica extrema, não como uma teoria testável sobre minha identidade.

O melhor que podemos fazer é comparar modelos.

O mundo compartilhado é um modelo.

A simulação é outro.

O cérebro de Boltzmann é um terceiro.

Cada um pode acomodar certos aspectos da experiência, mas eles não têm o mesmo poder explicativo nem o mesmo custo de suposições.

O cérebro de Boltzmann economiza universo e gasta probabilidade.

A realidade comum gasta matéria, tempo, estrelas e bilhões de anos, mas explica a rede de consequências que observamos.

A conta cósmica continua aberta.

No fim, sentei-me à mesa com uma xícara de café. O líquido estava quente. A colher caiu no chão. O barulho assustou o gato do vizinho, que fugiu para debaixo do sofá. Meu celular vibrou com uma nova mensagem, desta vez de uma empresa oferecendo um cartão de crédito com "condições imperdíveis", o que era uma maneira criativa de descrever uma dívida.

Tudo parecia desnecessariamente específico para ser uma simples flutuação.

Também parecia específico demais para ser um universo que tivesse sido planejado com atenção.

Talvez a realidade não seja uma história perfeitamente escrita.

Talvez seja apenas um conjunto de processos que conseguem produzir histórias dentro de si.

Talvez a consciência seja uma propriedade emergente do cérebro.

Talvez o cérebro possa, em condições extremas, surgir como uma flutuação.

Talvez o universo seja finito.

Talvez seja eterno.

Talvez a entropia vença no final.

Talvez o vácuo mude antes.

Talvez os cérebros de Boltzmann nunca apareçam.

Talvez existam em um número tão absurdo que a própria cosmologia precise encontrar uma maneira de impedir que eles dominem o elenco.

Nenhuma dessas possibilidades muda o fato de que o café esfria quando deixado sobre a mesa.

A entropia pode ser uma tendência estatística, mas seu café não espera pela resolução do paradoxo.

Bebi o último gole, guardei o comprovante do aluguel e me levantei para lavar a xícara. Se eu tivesse acabado de surgir no universo com falsas memórias, teria surgido com um senso de responsabilidade surpreendentemente inconveniente.

Se eu fosse uma pessoa comum, teria apenas uma conta paga e uma pia esperando.

Entre as duas hipóteses, a segunda parecia mais provável.

Mas não completamente garantida.

O universo pode produzir consciência por evolução, por emergência ou, em algum futuro remoto, por acidente estatístico. Pode criar seres com passado verdadeiro ou com memórias que apenas parecem verdadeiras. Pode permitir observadores que nasceram de estrelas e observadores que nasceram de flutuações.

Nós não sabemos qual é o destino da realidade.

Sabemos apenas que, enquanto estamos aqui, nossas experiências formam uma sequência coerente o bastante para que possamos perguntar de onde vieram. Temos memórias, mas também temos verificações. Temos dúvidas, mas também temos consequências. Temos certezas duvidosas, mas precisamos escolher quais delas merecem confiança.

Talvez acordar seja sempre um pequeno milagre estatístico.

Talvez cada manhã seja a continuação improvável de uma cadeia de acontecimentos que começou muito antes de nós.

Talvez, no fim, sejamos matéria organizada que desenvolveu a capacidade de desconfiar da própria organização.

Ainda assim, há uma regra simples que parece sobreviver a qualquer teoria cosmológica:

Se o aluguel vence na sexta-feira, pague antes.

Mesmo um cérebro de Boltzmann deve respeitar prazos.

Capítulo 8

O condensado fantasma

Energia escura com péssimo temperamento.

Na manhã em que suspeitei que o universo estava aumentando de tamanho, eu tentava fazer pão.

A receita dizia que a massa deveria descansar por quarenta minutos, coberta por um pano, em um lugar morno. Coloquei a tigela sobre a bancada e fui cuidar de outras coisas. Quando voltei, a massa havia crescido até quase transbordar.

A cozinha parecia menor.

Não porque as paredes tivessem se aproximado, mas porque a massa ocupava espaço demais e transmitia a impressão de que havia tomado posse do ambiente. Ela havia se expandido silenciosamente, sem pedir autorização, sem pagar aluguel e sem deixar uma mensagem explicando a própria ambição.

As uvas-passas, distribuídas no interior da massa, estavam mais afastadas umas das outras. Nenhuma delas havia inchado de maneira significativa. O que aumentara era o espaço entre elas.

Foi quando pensei que o universo funciona de maneira parecida.

As galáxias não são necessariamente como balões voando para dentro de um espaço vazio já pronto. Em escalas muito grandes, é o próprio espaço entre as galáxias que se expande. As galáxias podem permanecer relativamente estáveis enquanto as distâncias entre grupos distantes aumentam.

A massa de pão oferecia uma boa analogia, embora bastante limitada. O universo não é uma cozinha, não está dentro de uma tigela e não existe uma bancada externa sobre a qual ele possa transbordar. Também não há passas cósmicas em todos os lugares, embora algumas galáxias pareçam possuir uma quantidade impressionante de ingredientes.

Ainda assim, a imagem ajuda: os objetos podem não estar simplesmente atravessando um espaço parado. O próprio espaço pode mudar de escala.

Durante muito tempo, a expectativa mais intuitiva era que a gravidade retardasse essa expansão. Se o universo começou em um estado quente e denso e tudo possui massa ou energia, seria razoável imaginar que a atração gravitacional funcionasse como uma espécie de freio cósmico. O universo poderia continuar crescendo, mas cada vez mais devagar.

Então vieram as observações de supernovas muito distantes.

No fim da década de 1990, diferentes equipes estudaram explosões estelares conhecidas como supernovas do tipo ia (subcategoria das estrelas variáveis cataclísmicas, resultado de uma violenta explosão de uma estrela anã branca). Elas podem ser usadas como indicadores de distância porque apresentam propriedades que permitem estimar seu brilho intrínseco. Ao comparar o brilho esperado com o brilho observado, os astrônomos conseguem investigar como o universo se expandiu ao longo do tempo.

O resultado foi desconcertante.

As supernovas pareciam mais distantes e mais fracas do que deveriam estar se a expansão estivesse apenas desacelerando. A interpretação mais simples era que o universo não estava diminuindo o ritmo.

Estava acelerando.

O cosmos, que já tinha espaço suficiente para perder qualquer coisa, aparentemente decidira criar ainda mais espaço.

A causa desse comportamento recebeu o nome de energia escura. Não porque alguém tenha observado uma substância negra empurrando galáxias, mas porque existe um efeito cosmológico que ainda não compreendemos completamente e que não se manifesta de maneira fácil pela luz.

O nome é uma etiqueta de inventário.

Dentro do modelo cosmológico mais usado, a energia escura representa aproximadamente 68% do conteúdo total do universo, enquanto a matéria escura responde por cerca de 27% e a matéria comum — aquela que forma estrelas, planetas, árvores, gatos, prédios e as panelas esquecidas no fogão — representa aproximadamente 5%.

A contabilidade é humilhante.

Passamos séculos estudando a matéria comum e descobrimos que ela é apenas uma pequena parte do orçamento cósmico. O universo parece ter contratado uma empresa de administração financeira que escondeu a maior parte dos ativos em uma categoria chamada "outros".

É importante não confundir energia escura com matéria escura.

A matéria escura parece contribuir para a formação de estruturas e para a atração gravitacional. Ela se comporta, em muitos modelos, como uma matéria invisível que se acumula em torno das galáxias e ajuda a explicar seus movimentos. A energia escura, por outro lado, é geralmente tratada como uma componente mais uniforme, associada à aceleração da expansão em escalas cosmológicas.

A matéria escura é o vizinho invisível que ocupa espaço, estaciona um veículo pesado e altera a gravidade do condomínio.

A energia escura é mais parecida com uma reforma que aumenta o tamanho do prédio sem consultar os moradores.

Nenhuma das duas é necessariamente "escura" no sentido de maligna. O adjetivo significa, sobretudo, que não sabemos diretamente do que elas são feitas ou como observá-las de maneira simples.

A energia escura pode ser uma constante cosmológica, uma propriedade do vácuo, um campo dinâmico, um efeito da geometria do espaço-tempo ou uma indicação de que nossa teoria da gravidade precisa ser modificada em escalas muito grandes.

O universo ainda não entregou a nota fiscal.

O modelo mais simples trata a energia escura como uma constante cosmológica, frequentemente representada pela letra grega. Nesse cenário, a densidade de energia escura permanece aproximadamente constante enquanto o espaço se expande.

Isso é diferente da matéria comum. Se o universo aumenta de volume e a quantidade de matéria permanece a mesma, a densidade da matéria diminui. É como espalhar a mesma quantidade de sopa em uma panela cada vez maior. A sopa fica mais fina, e alguém começa a suspeitar que o jantar foi planejado por um economista.

A energia escura, no modelo da constante cosmológica, comporta-se de outra maneira. À medida que o espaço aumenta, a densidade associada a essa componente permanece aproximadamente Igual. É como se a panela ganhasse espaço e, misteriosamente, surgisse sopa suficiente para manter a concentração em todos os lugares.

Não é uma imagem perfeita. A sopa não tem uma equação de estado relativística, e ninguém deveria tentar testar a constante cosmológica aumentando uma panela no fogão.

Mas a ideia central é essa: o espaço cresce, e a energia escura não se dilui como a matéria comum.

O termo "energia" também pode enganar. Estamos acostumados a pensar em energia como algo armazenado em uma bateria, em um combustível ou em um corpo em movimento. Na cosmologia, energia e pressão aparecem juntas na descrição do espaço-tempo. O modo como uma componente exerce pressão influencia a expansão do universo.

A pressão pode ser positiva, como em um gás comprimido. Também pode ser negativa, funcionando mais como uma tensão.

Uma corda esticada exerce tensão. Ela tenta se contrair, embora a maneira como essa tensão participa da dinâmica do universo seja mais complicada do que simplesmente puxar uma parede. Em relatividade geral, a pressão contribui para a gravidade efetiva. Uma pressão suficientemente negativa pode favorecer a aceleração da expansão.

É uma daquelas situações em que a palavra "pressão" parece ter sido escolhida para dificultar a compreensão.

Quando pensamos em pressão, imaginamos algo empurrando. Na cosmologia, uma pressão negativa pode participar de uma dinâmica em que o espaço se expande cada vez mais depressa. Não é um vento cósmico soprando as galáxias. Não há uma corrente invisível levando sistemas solares para longe uns dos outros.

É o próprio tecido geométrico do universo evoluindo de acordo com a distribuição de matéria, energia e pressão.

Em uma descrição simplificada, a aceleração do fator de escala depende de uma combinação de densidade e pressão:

Não é necessário decorar a fórmula. Basta observar que a pressão aparece ao lado da densidade. Se a pressão for suficientemente negativa, o termo entre parênteses pode se tornar negativo, e a aceleração do espaço pode ser positiva.

O universo, em resumo, pode ser acelerado por algo que parece fazer força na direção oposta àquela que esperaríamos de uma pressão comum.

A física possui um talento particular para transformar uma palavra familiar em uma experiência humilhante.

Para organizar diferentes possibilidades, os cosmólogos usam um parâmetro chamado, definido pela relação entre pressão e densidade de energia:

Esse não é um peso, não é uma velocidade e não representa o número de mensagens não respondidas pelo universo. É uma maneira de classificar o comportamento de uma componente cósmica.

Para matéria comum em condições aproximadas, é próximo de zero. Para radiação, é aproximadamente. Para uma constante cosmológica, o valor é:

O caso é o modelo mais simples da energia escura. A densidade permanece constante enquanto o espaço se expande. O universo acelera, mas não necessariamente há uma destruição futura de tudo o que existe.

A situação muda quando entramos no território da chamada *energia fantasma*.

Em muitos modelos, energia fantasma é uma forma de energia escura com:

Essa desigualdade parece pequena. É apenas uma mudança de sinal em relação ao valor -1. Mas suas consequências podem ser extraordinárias.

Se for maior que -1, a densidade da componente tende a diminuir à medida que o universo se expande. Se , a densidade permanece constante. Se, a densidade pode aumentar conforme o espaço aumenta.

O universo ficaria maior e, ao mesmo tempo, teria mais energia fantasma por unidade de volume.

É como ampliar um apartamento e descobrir que o inquilino responsável pela conta também se multiplica para ocupar toda a área nova. Você constrói um quarto adicional e aparece uma segunda versão do mesmo problema. Constrói outro e o problema vem com parentes.

A relação aproximada entre a densidade e o fator de escala pode ser escrita como:

Quando, o expoente é zero e a densidade permanece constante. Quando, o expoente se torna positivo, de modo que a densidade cresce à medida que aumenta.

É por isso que os modelos fantasma parecem ter um temperamento tão ruim. A expansão não apenas continua. Ela alimenta a componente responsável pela expansão, que então acelera ainda mais o processo.

Uma espécie de círculo vicioso cósmico.

O espaço aumenta.

A densidade fantasma cresce.

A expansão acelera.

O espaço aumenta ainda mais.

A densidade cresce novamente.

Em determinado momento, a energia escura deixa de ser um pano de fundo distante e passa a dominar todas as escalas. Não porque a energia fantasma se comporte como uma mão que puxa objetos diretamente, mas porque a dinâmica de expansão se torna forte o bastante para superar as forças que mantêm estruturas unidas.

O futuro mais famoso associado a esse cenário recebeu o nome de Big Rip, ou Grande Rasgo.

O nome não é discreto. A cosmologia poderia ter escolhido "desagregação progressiva da estrutura cósmica", mas preferiu anunciar o fim como se estivesse vendendo ingressos para um espetáculo.

O Big Rip não acontece em todos os modelos de energia escura. Ele depende de uma hipótese específica: que a energia fantasma exista, que mantenha um valor constante de e que continue se comportando dessa maneira indefinidamente.

A palavra "indefinidamente" costuma ser o lugar onde os problemas começam.

Se essa hipótese fosse verdadeira, a expansão acelerada poderia atingir um ponto em que estruturas gravitacionalmente ligadas deixariam de permanecer juntas. Primeiro, os grandes aglomerados de galáxias poderiam perder sua coesão. Galáxias que hoje pertencem a estruturas comuns seriam afastadas. Depois, em um futuro ainda mais extremo, a própria gravidade de uma galáxia poderia deixar de ser suficiente para manter suas estrelas unidas.

Mais tarde, sistemas estelares poderiam ser desfeitos.

Planetas deixariam de permanecer presos às suas estrelas.

A Terra perderia a companhia gravitacional do Sol, o que seria uma forma particularmente desagradável de receber a notícia de que o universo mudou de política.

Em seguida, estruturas planetárias poderiam ser desagregadas. A matéria seria submetida a uma dinâmica de expansão capaz de competir com forças moleculares e atômicas. Em modelos simples de Big Rip, até átomos poderiam deixar de se manter unidos.
Não seria uma explosão tradicional.

Não haveria um centro luminoso, uma onda de choque ou uma nuvem de fogo atravessando o espaço. O cenário seria mais parecido com o aumento contínuo da distância entre partes que, durante toda a história anterior, permaneceram conectadas.
A colher e a xícara não seriam lançadas para lados opostos por um vento cósmico. As próprias relações que mantêm a matéria organizada seriam superadas por uma expansão cada vez mais intensa.
O universo não quebraria um copo.

Faria com que a ideia de "copo" deixasse de ser fisicamente sustentável.

É importante entender que, em um universo dominado por uma constante cosmológica com, esse desfecho não ocorre. A expansão continuará acelerada, e muitas galáxias distantes poderão desaparecer de nossa visão ao ultrapassar horizontes cosmológicos, mas sistemas ligados localmente podem continuar estáveis.

A Via Láctea, por exemplo, não está sendo esticada como uma massa de pão. O Sistema Solar não está aumentando de tamanho na mesma proporção que a distância entre galáxias muito distantes. A gravidade mantém o Sol e os planetas unidos. A força eletromagnética mantém átomos e moléculas organizados. Em escalas menores, as forças locais dominam a expansão cosmológica.

O universo pode estar aumentando de tamanho sem aumentar a sua sala de estar.

Essa distinção é essencial. A expansão cosmológica é significativa em escalas muito grandes, onde as galáxias não estão presas umas às outras por gravidade. Em escalas menores, estruturas ligadas resistem. A força da expansão não funciona como uma tesoura universal cortando tudo ao mesmo tempo.

Se funcionasse, cada xícara de café teria de vir com um manual explicando por que sua alça está se afastando do corpo principal.

O fato de não observarmos isso não é uma contradição com a expansão do universo. É justamente o que esperamos quando as forças locais são muito mais fortes do que o efeito cosmológico na escala de uma casa, de um planeta ou de uma galáxia.

O Big Rip só aparece quando o comportamento fantasma permanece por tempo suficiente e se torna dominante em níveis cada vez menores.

Mas o que é exatamente um fantasma?

Nesse contexto, não há lençóis brancos, correntes, aparições em corredores ou espíritos que atravessam paredes durante a madrugada. O termo vem de propriedades matemáticas e teóricas de certos campos físicos.

Na teoria quântica de campos, um campo pode possuir termos que descrevem sua energia cinética. Em situações comuns, espera-se que essa contribuição tenha o sinal adequado para que as excitações do campo tenham energia positiva e que o estado de menor energia seja estável.

Um campo fantasma, em sua versão mais problemática, teria um termo cinético com o sinal invertido. Isso poderia levar a estados de energia negativa e a uma situação em que o sistema não possui um limite inferior saudável para sua energia.

O universo, nesse caso, poderia produzir ao mesmo tempo algo com energia positiva e algo com energia negativa, reduzindo a energia total enquanto cria cada vez mais partículas. Em uma teoria quântica fundamental, esse tipo de possibilidade pode gerar instabilidades violentas.

O vácuo deixaria de ser um estado tranquilo.

Seria como uma conta bancária que permite retirar dinheiro infinitamente desde que você também crie dívidas negativas na mesma velocidade. No início, parece um sistema engenhoso. Depois, alguém percebe que a economia inteira pode entrar em colapso antes do almoço.

Os campos fantasmas enfrentam dificuldades teóricas importantes. Eles podem violar condições de energia usadas na relatividade geral. Podem apresentar instabilidades quânticas. Podem produzir decaimentos do vácuo e problemas com a consistência da teoria em altas energias. Isso não significa que qualquer comportamento efetivo com seja automaticamente impossível, mas significa que uma explicação fundamental exige muito cuidado.

Uma observação cosmológica de não provaria, sozinha, a existência de um campo fantasma com energia negativa. O comportamento observado poderia surgir de uma teoria de gravidade modificada, de um campo dinâmico mais sofisticado ou de uma combinação de efeitos que, vistos de longe, imitam um valor efetivo abaixo de -1.

A natureza pode estar usando uma fantasia matemática diferente daquela que imaginamos.

É nesse ponto que aparece a expressão *condensado fantasma*.

A palavra "condensado" costuma lembrar o condensado de Bose-Einstein, um estado da matéria em que muitas partículas quânticas ocupam o mesmo estado coletivo em temperaturas extremamente baixas. Quando isso acontece, o sistema pode comportar-se de maneira coerente, como se muitas partículas participassem de uma única descrição macroscópica.

Um condensado não é necessariamente uma sopa espessa de partículas. É uma organização quântica coletiva.

Na cosmologia, campos podem preencher o espaço e assumir configurações coerentes. Um campo escalar, por exemplo, pode possuir um valor de fundo que muda lentamente com o tempo. Esse campo pode contribuir para a energia e a pressão do universo. Dependendo de sua dinâmica, pode produzir aceleração cósmica.

Mas "condensado fantasma" não é uma expressão completamente padronizada para uma única entidade reconhecida por todos os físicos. Em diferentes contextos, pessoas podem usá-la para falar de um campo com comportamento fantasma, de uma construção de teoria efetiva que tenta estabilizar esse comportamento ou de um cenário em que uma configuração de campo se comporta como energia escura com propriedades incomuns.

É uma família de ideias, não um personagem com identidade única.

Neste livro, o termo funciona como um guarda-chuva literário para modelos de energia fantasma, campos fantasma e construções relacionadas. Na linguagem técnica, porém, é importante separar as coisas.

Nem toda energia fantasma é um condensado fantasma.

Nem todo condensado fantasma possui um fantasma no sentido de um campo com energia negativa descontrolada.

Nem todo modelo termina em um Big Rip.

E nenhum deles foi confirmado como a explicação da aceleração cósmica.

A expressão é útil porque transmite a sensação de uma presença difusa, preenchendo o espaço, com comportamento estranho e uma relação pouco saudável com o crescimento do universo. Mas o leitor deve lembrar que a nomenclatura é mais flexível do que a manchete sugere.

Na física, uma palavra assustadora não substitui uma definição.

Um "campo fantasma" é uma coisa.

Um "condensado fantasma" pode ser outra.

Uma "energia escura efetiva" pode produzir um resultado parecido sem ser nenhuma das duas.

O universo tem várias maneiras de parecer culpado.

Alguns modelos de condensado fantasma foram construídos justamente para enfrentar o problema dos campos com sinais inadequados. A ideia geral é que uma teoria de campo com uma estrutura cinética não convencional poderia possuir um estado de fundo especial, no qual as perturbações de baixa energia permanecem estáveis. Em determinadas condições, esse estado poderia produzir efeitos semelhantes aos da energia fantasma ou modificar a gravidade em grandes distâncias.

Isso não significa que o problema esteja resolvido.

Uma construção estável em certa faixa de energia pode apresentar dificuldades em outra. Um modelo pode funcionar como uma descrição efetiva, válida apenas abaixo de determinado limite, sem ser uma teoria fundamental completa. Pode haver instabilidades, modos adicionais, restrições observacionais ou conflitos com outras propriedades do universo.

A física teórica frequentemente oferece uma casa que parece perfeitamente segura no térreo, mas ainda não informa se o telhado suporta uma tempestade quântica.

O condensado fantasma também pode envolver uma quebra espontânea de certas simetrias do espaço-tempo, dependendo do modelo. Isso significa que o estado de fundo do campo pode escolher uma direção temporal preferencial, alterando a maneira como pequenas perturbações se propagam.

A frase parece saída de um manual de ficção científica.

Na prática, quer dizer que a solução de fundo pode possuir uma estrutura que distingue o fluxo do tempo de maneira mais complexa do que uma teoria relativística simples permitiria. Não há necessariamente um relógio escondido no campo. Há uma configuração física que pode selecionar uma espécie de orientação temporal.

O campo não acorda às 7h.
Mas pode ter uma preferência matemática sobre como evoluir.

A palavra "fantasma" também aparece porque alguns desses modelos parecem contornar a expectativa de que a energia de um campo tenha de ser positiva em todos os sentidos simples. Isso não é uma autorização para ignorar a estabilidade. Uma teoria pode produzir um efeito interessante e, ao mesmo tempo, exigir condições rigorosas para não entrar em colapso.

É parecido com um eletrodoméstico que funciona apenas quando colocado exatamente em determinada posição, com a voltagem correta, a temperatura adequada e ninguém respirando perto da tomada.

O aparelho funciona.

Mas não é o tipo de coisa que você instala na casa inteira sem ler o manual.

O cenário do Big Rip depende de uma energia fantasma que se comporte de forma persistente. Se o campo evoluir e seu valor de retornar para -1, o universo pode evitar o rasgo. Se variar com o tempo, a expansão futura terá uma história diferente. Se o efeito for apenas aparente e vier de uma modificação da gravidade, a interpretação também muda.

O valor de não é necessariamente uma personalidade permanente da energia escura. Pode ser uma aproximação válida em uma época e inadequada em outra.

Uma pessoa pode parecer calma durante uma reunião e completamente diferente quando descobre que alguém usou sua caneca. Um campo cósmico também pode ter fases.

A energia escura mais simples, a constante cosmológica, tem. Um campo de quintessência costuma ser descrito por valores entre -1 e -1/3, embora modelos mais gerais possam variar. Ele pode produzir aceleração, mas sua densidade tende a se diluir de maneira diferente. A energia fantasma fica do outro lado da fronteira, com.

Esses valores não são três substâncias empilhadas em depósitos separados. São comportamentos possíveis de componentes ou teorias que tentamos usar para descrever a expansão.

É como classificar hóspedes de acordo com a maneira como ocupam um apartamento.

Um hóspede comum espalha-se e fica mais diluído quando o espaço aumenta.

Um hóspede associado à constante cosmológica mantém a mesma densidade em cada novo cômodo.

Um hóspede fantasma se multiplica conforme a casa cresce, até que os móveis comecem a pedir proteção.

A energia escura pode ser ainda mais estranha porque não sabemos se é uma substância. O nome "energia" sugere uma coisa escondida, como um combustível invisível. Mas talvez não exista uma nova partícula responsável. Talvez a aceleração seja uma propriedade do próprio espaço vazio. Talvez a relatividade geral precise ser modificada. Talvez o universo possua dimensões ou campos que ainda não detectamos.

A energia escura é, em parte, o nome que damos àquilo que falta em nossa explicação.

Isso não a torna imaginária. A aceleração cósmica é sustentada por observações independentes, incluindo supernovas, padrões na radiação cósmica de fundo e a distribuição de galáxias. O efeito é real dentro dos dados disponíveis. O que permanece em aberto é sua natureza.

Sabemos que o universo está acelerando.

Não sabemos se existe uma substância aceleradora.

Essa diferença é parecida com ouvir um ruído atrás da parede. Sabemos que há alguma coisa produzindo o som. Ainda não sabemos se é um cano, um animal, uma máquina ou o vizinho montando uma estante às duas da manhã.

A observação é o ruído.

A teoria é a tentativa de identificar a origem.

Alguns resultados observacionais podem ser compatíveis com valores ligeiramente menores que -1. Isso, por si só, não é suficiente para anunciar a descoberta de energia fantasma. Medições cosmológicas envolvem calibração, modelos, incertezas estatísticas, hipóteses sobre supernovas, evolução de galáxias e características do universo primitivo.

Um desvio pequeno pode indicar uma nova física.

Também pode indicar que ainda não compreendemos completamente os dados.

A ciência não escolhe a versão mais assustadora apenas porque ela rende um título melhor.

Até o momento, o modelo da constante cosmológica continua sendo uma descrição extremamente importante e, em muitos aspectos, bem-sucedida. Não existe uma evidência estabelecida de que o universo esteja caminhando para um Big Rip. Também não há sinal de que a densidade da energia escura esteja aumentando de maneira confirmada e irreversível.

A energia fantasma é uma possibilidade teórica.

Não é uma previsão do calendário.

Não há motivo para olhar pela janela e verificar se o prédio do outro lado da rua começou a se afastar do chão. Não há necessidade de prender os talheres com fita adesiva. O Sol não está perdendo os planetas por causa de um condensado fantasma. A Terra não está prestes a ser desfeita por uma substância invisível com ressentimentos pessoais.

O universo está se expandindo, mas as estruturas locais continuam ligadas.

O efeito atual da energia escura é importante para o destino cosmológico em grande escala, não para o café da manhã de amanhã.

Isso não impede que a ideia seja assustadora. O Big Rip pertence à categoria dos fins que não dependem de uma guerra, de uma praga ou de uma decisão ruim nas redes sociais. Ele seria uma consequência da própria dinâmica do espaço. Não haveria um inimigo externo. O universo não seria atacado por alguém.

Seria o próprio universo mudando de comportamento.

A gravidade, que durante bilhões de anos manteve estrelas, planetas e galáxias organizados, perderia a disputa. As forças nucleares, responsáveis por manter os núcleos atômicos unidos, seriam confrontadas em uma escala em que a expansão cósmica deixaria de ser um detalhe distante.

A matéria não seria destruída por uma explosão.

Seria desautorizada.

A palavra "desautorizada" parece adequada porque a existência cotidiana depende de uma série de regras locais. Uma mesa continua sendo uma mesa porque suas moléculas permanecem ligadas em uma estrutura estável. Uma pessoa continua sendo um organismo porque células, tecidos e órgãos mantêm relações organizadas. Um planeta continua sendo um planeta porque sua matéria permanece unida pela gravidade.

O Big Rip seria o momento em que essas relações deixariam de ser sustentáveis.

A cadeira não ficaria simplesmente longe da mesa.

Ela deixaria de ser uma cadeira.

O corpo humano não seria lançado para o espaço como um boneco.

As estruturas que definem o corpo deixariam de permanecer juntas.

O cenário lembra alguns filmes de ficção científica, mas é menos espetacular visualmente. Não haveria necessariamente uma grande explosão colorida. O terror estaria na escala: primeiro o que é distante, depois o que é próximo, depois o que é íntimo.

A galáxia.

A estrela.

O planeta.

A molécula.

O átomo.

A própria noção de objeto.

A sequência exata depende do modelo e dos valores escolhidos. A narrativa popular costuma apresentar uma ordem aproximada, mas a física real exigiria calcular quando a expansão efetiva supera cada força de ligação. O que importa é a lógica geral: se a componente fantasma continuar crescendo sem limite, não há escala garantida para sempre.

Nem o átomo poderia solicitar uma prorrogação.

O universo, nesse cenário, seria como um proprietário que começa oferecendo mais espaço e termina removendo as paredes internas do imóvel. Primeiro, a sala fica maior. Depois, a cozinha se afasta do banheiro. Em seguida, a pia se separa da parede, a torneira se desfaz, as moléculas da água perdem a coesão e o contrato de locação deixa de ser uma questão relevante.

O proprietário cósmico não aceita negociação.

Não adianta argumentar que o inquilino sempre pagou em dia.

Uma diferença fundamental entre a energia fantasma e a energia escura mais simples está na evolução da densidade. Com, a densidade permanece constante. Isso já produz expansão acelerada, mas não uma aceleração que aumenta sem limite da mesma forma. Com, a densidade cresce com o próprio fator de escala, criando a possibilidade de um ciclo de intensificação.

É como uma torneira que não apenas continua aberta, mas aumenta o fluxo sempre que a banheira fica maior.

A banheira transborda.

Depois, o banheiro começa a transbordar.

Depois, a casa inteira.

O universo, pelo menos, não possui um síndico.

Ou, se possui, ainda não descobrimos como enviar reclamações.

A energia fantasma também se conecta a uma discussão mais ampla sobre as chamadas condições de energia. Em relatividade geral, certas combinações de densidade e pressão são usadas para garantir que o comportamento da matéria seja razoável sob determinadas hipóteses. Modelos com podem violar algumas dessas condições, especialmente a condição de energia nula.

Essas condições não são leis fundamentais invioláveis em todos os contextos. São restrições úteis, e a física quântica já apresenta situações em que comportamentos aparentemente estranhos podem ocorrer em escalas pequenas. Mas violá-las em uma componente cosmológica dominante exige explicar como a teoria permanece estável e compatível com observações.

A energia fantasma não é proibida apenas porque parece mal-educada.

Ela é investigada porque pode ser consistente em algumas descrições efetivas, mas enfrenta obstáculos teóricos sérios quando tratada como ingrediente fundamental simples.

Uma teoria pode funcionar como uma aproximação em uma faixa de energia e fracassar quando levada ao limite. Isso acontece em muitas áreas da física. A mecânica dos fluidos descreve muito bem a água em uma torneira, mas não substitui a teoria quântica quando investigamos moléculas. A física clássica descreve o movimento de uma bola, mas precisa ser ampliada em velocidades próximas à luz.

Um modelo fantasma pode descrever a expansão observada em determinada escala sem ser a resposta definitiva sobre a natureza do universo.

Talvez a energia fantasma seja uma aparência temporária.

Talvez seja um efeito coletivo.

Talvez seja uma propriedade de uma teoria de gravidade modificada.

Talvez seja um erro de interpretação.

Talvez seja o primeiro sinal de que o universo possui uma física que ainda não aprendemos a pronunciar.

O termo "condensado" torna a história ainda mais interessante porque sugere que o comportamento pode vir de uma configuração coletiva de campo, não de partículas isoladas. Em um condensado quântico, o conjunto se comporta de maneira coerente. As propriedades macroscópicas não podem ser reduzidas a uma simples soma de partículas independentes.

Um campo cósmico pode preencher todo o espaço e apresentar um estado de fundo que influencia a expansão. As perturbações sobre esse fundo podem se comportar de maneira diferente da configuração média. Uma teoria pode ser estável no nível do fundo e, ainda assim, exigir cuidado ao estudar suas excitações.

Isso é parecido com uma multidão em um estádio. De longe, ela pode parecer uma única massa organizada. De perto, há pessoas andando, gritando, comprando pipoca, procurando os filhos e perguntando por que alguém decidiu estacionar tão longe. O comportamento coletivo não revela imediatamente o comportamento de cada indivíduo.

Um condensado fantasma, se existir, não seria uma nuvem visível de matéria. Não teria cor. Não emitiria uma fumaça verde. Não se acumularia no canto da sala quando alguém abrisse a janela. Seria uma configuração de um campo descrita por equações.

O nome é dramático.

A entidade, se real, seria provavelmente bastante abstrata.

Talvez o universo não tenha fantasmas.

Talvez tenha apenas campos com péssimas escolhas de sinal.

A palavra "campo" também precisa ser traduzida. Na física, um campo não é necessariamente uma região cheia de uma substância tradicional. É uma entidade que pode possuir valores em diferentes pontos do espaço-tempo. O campo eletromagnético, por exemplo, descreve propriedades associadas à eletricidade e ao magnetismo. Um campo escalar pode ter um valor em cada ponto e evoluir de acordo com suas equações.

Um campo fantasma seria um campo com dinâmica incomum. Um condensado fantasma seria uma configuração coletiva específica desse tipo de descrição ou de teorias relacionadas.

Não há um líquido fantasma enchendo o espaço como água em um tanque.

Se houvesse, pelo menos alguém poderia tentar medir seu nível com uma régua.

O destino do universo depende também de como a energia escura se comporta em relação ao tempo. Um valor de muito próximo de -1 pode produzir uma história diferente de um valor ligeiramente abaixo de -1. A diferença pode parecer pequena hoje e ser decisiva em escalas cósmicas.

Uma inclinação discreta em uma estrada pode não importar para os primeiros metros. Depois de quilômetros, determina se você chegará ao vale ou ao topo da montanha.

O universo é uma estrada com quilômetros demais.

Se for exatamente -1, a constante cosmológica domina progressivamente a expansão, mas a densidade não aumenta sem limite. O futuro tende para uma expansão acelerada, com galáxias distantes se afastando além do alcance de observação e estruturas locais permanecendo ligadas. É um final frio e solitário, mais próximo da morte térmica do que de um rasgo instantâneo.

Se estiver entre -1 e -1/3, um campo dinâmico pode continuar acelerando o universo, mas sua densidade pode se diluir. A aceleração pode mudar de intensidade ou até desaparecer, dependendo da evolução do campo.

Se permanecer constante, o Big Rip entra em cena.

Três comportamentos.

Três futuros.

Nenhum deles está escrito em uma agenda que possamos consultar.

Na vida cotidiana, gostamos de saber se uma situação é temporária ou permanente. Um atraso de dez minutos é irritante. Um atraso de três horas exige água, comida e reconsideração de todas as escolhas que levaram ao transporte público. Uma expansão acelerada por alguns bilhões de anos pode parecer constante para uma civilização, mas ainda assim ser apenas uma fase na história do universo.

A escala cósmica transforma "temporário" em uma palavra bastante generosa.

A expansão atual já produz efeitos importantes. Galáxias muito distantes se afastam de nós em consequência da expansão do espaço. Algumas regiões podem, com o tempo, ficar inacessíveis, porque a expansão impede que sua luz futura nos alcance. O céu de uma civilização muito distante no futuro poderá conter menos galáxias visíveis do que o céu que observamos hoje.

Mas isso não significa que a Via Láctea esteja sendo rasgada agora.

A gravidade local continua eficiente. A matéria comum continua formando estrelas. Os átomos continuam ligados. A Terra ainda consegue manter a Lua, embora a Lua tenha suas próprias tendências de longo prazo. A energia escura domina a evolução em grandes escalas, não a organização de cada objeto da cozinha.

O fato de o universo acelerar não torna urgente comprar fita adesiva para prender os móveis.

Se um Big Rip acontecer, ele não acontecerá porque alguém descobriu a palavra "condensado fantasma" em um livro. Não há ritual, antena, oração ou experiência de laboratório doméstico capaz de convocar energia fantasma. Não é uma substância que possa ser fabricada em um liquidificador, armazenada em garrafas ou encomendada pela internet.

A ideia pertence à cosmologia teórica.

O risco é um risco para determinados modelos sobre o futuro distante, não uma ameaça prática identificada no presente.

Isso não diminui seu valor literário. Algumas das perguntas mais interessantes da ciência são aquelas que não ameaçam nossa próxima semana, mas alteram completamente nossa visão do destino final. O Big Rip sugere que a estrutura do universo pode depender de um número aparentemente pequeno em uma equação. Uma diferença entre e poderia separar um futuro de expansão estável de um futuro em que tudo se desagrega.

O cosmos pode esconder seu temperamento em uma casa decimal.

A energia escura também nos lembra que conhecemos melhor o comportamento do universo do que sua composição. Observamos a expansão acelerada, ajustamos modelos e inferimos uma componente responsável. Mas ainda não sabemos se há uma nova partícula, um campo, uma propriedade do vácuo ou uma falha em nossa descrição da gravidade.

É como perceber que uma porta está abrindo sozinha. Podemos medir a velocidade, o ângulo e a frequência. Podemos prever quando ela abrirá. Podemos descobrir que a dobradiça está se movendo. Ainda assim, falta responder por que a porta possui aquele comportamento.

Talvez haja uma corrente de ar.

Talvez o piso esteja inclinado.

Talvez a casa esteja mudando de geometria.

Talvez a porta tenha desenvolvido um plano de carreira.

O universo está em uma situação parecida, embora com menos dobradiças e muito mais galáxias.

Algumas interpretações populares tratam a energia escura como uma espécie de força antigravitacional. A comparação é tentadora, mas incompleta. Não se trata simplesmente de uma força que empurra objetos para fora. Em relatividade geral, o que muda é a evolução da geometria do espaço-tempo e a maneira como densidade e pressão entram nas equações.

Uma força comum empurra um objeto através de um espaço.

A energia escura, em muitos modelos, altera a maneira como o próprio espaço se expande.

A diferença é como comparar empurrar uma caixa com aumentar o tamanho do cômodo em que a caixa está. A caixa pode parecer afastar-se da parede mesmo sem receber um empurrão direto. O espaço entre eles aumenta.

Se a parede, a caixa e o cômodo estiverem ligados por forças locais, porém, a analogia deixa de funcionar. É por isso que não vemos átomos, casas e sistemas solares expandindo de maneira significativa junto com o universo.

As passas não são massa de pão.

As galáxias também não são simplesmente passas em todos os níveis.

A analogia serve para a expansão em grandes escalas, onde estruturas não estão presas gravitacionalmente umas às outras. Dentro de uma galáxia, a gravidade mantém estrelas e gás organizados. Dentro de um sistema planetário, a gravidade mantém planetas em órbita. Dentro de um átomo, forças eletromagnéticas e quânticas determinam a estrutura.

O universo pode abrir espaço entre as galáxias sem separar as moléculas do pão.

A menos que a energia fantasma seja persistente, crescente e suficientemente forte.

Essa ressalva é a porta de entrada para o Big Rip.

Em um modelo com constante, o fator de escala pode crescer sem limite em um intervalo finito de tempo cósmico. Isso não significa que alguém saiba quando o evento ocorreria. O prazo depende do valor exato de, da densidade atual da energia escura, da geometria do universo e da validade do modelo durante todo o futuro.

Quanto mais próximo de -1 estiver o valor de, mais distante pode estar o evento. Uma diferença minúscula pode produzir escalas de tempo radicalmente diferentes.

É como um vazamento de água que aumenta a uma taxa quase imperceptível. Durante algum tempo, nada parece urgente. Mas, se o crescimento continuar, a diferença entre "quase parado" e "aumentando sem limite" torna-se decisiva.

A cosmologia não possui um cronômetro do Big Rip.

Possui equações que dizem o que aconteceria se determinadas condições fossem mantidas.

A frase correta é:

"Se um componente fantasma com constante dominar o universo indefinidamente, então um Big Rip pode ocorrer."

A frase incorreta é:

"O universo vai se rasgar em uma data marcada."

A primeira é uma conclusão condicional de um modelo.

A segunda é uma previsão que os dados não autorizam.

A diferença entre ambas é a diferença entre ciência e trailer de filme.

Há ainda o problema de que modelos fantasma podem sofrer instabilidades internas. Se um campo possui energia cinética com sinal errado, o estado de vácuo pode não ser o estado mais baixo de energia. Isso abre a possibilidade de decaimentos espontâneos, criação de pares com energias opostas e uma teoria que perde estabilidade quando interage com outros campos.

O universo, nesse caso, poderia ter uma espécie de dívida energética infinita.

Mas alguns modelos de condensado fantasma tentam construir uma situação em que o fundo seja estável e os efeitos problemáticos sejam controlados em baixas energias. A palavra "tentam" é essencial. Trata-se de propostas teóricas, não de uma solução experimentalmente confirmada.

Uma teoria pode ser matematicamente interessante, compatível com certos dados e ainda assim não ser a descrição da natureza.

A história da física está cheia de modelos úteis que foram substituídos por modelos melhores. Alguns sobrevivem como aproximações. Outros são lembrados apenas por especialistas e estudantes que os encontram em uma prova particularmente cruel.

O condensado fantasma pode estar em qualquer uma dessas categorias no futuro.

Talvez se descubra que a energia escura é uma constante cosmológica simples. Nesse caso, o "fantasma" seria apenas uma falsa pista produzida pela nossa imaginação. Talvez encontremos uma partícula associada a um campo dinâmico. Talvez uma nova teoria da gravidade elimine a necessidade de energia escura. Talvez os dados revelem que varia com o tempo e que nenhum dos rótulos atuais descreve adequadamente a situação.

O universo não tem obrigação de respeitar nossas divisões de capítulo.

Naquela noite, voltei à cozinha para verificar o pão. A massa havia crescido além do esperado, mas ainda estava dentro da tigela. As uvas-passas estavam mais afastadas, embora nenhuma tivesse começado a flutuar em direção a outra galáxia. Coloquei a massa no forno e esperei.

Enquanto o pão assava, pensei no contraste entre a massa crescendo e o universo expandindo. A massa aumenta porque ocorre uma reação química e biológica: o fermento produz gases, as bolhas se formam e a estrutura se expande. O universo não possui fermento cósmico espalhado em cada galáxia. A expansão é uma propriedade da geometria em evolução.

Ainda assim, a imagem do pão era irresistível.

Se a energia escura comum fosse como o fermento, talvez a energia fantasma fosse o fermento que se multiplica toda vez que a massa aumenta. Quanto mais o pão cresce, mais fermento surge. Quanto mais fermento surge, mais o pão cresce. Em pouco tempo, a cozinha estaria coberta por uma massa com péssimo temperamento.

A torradeira não teria para onde fugir.

O Big Rip é assustador porque a expansão não seria apenas um processo contínuo. Ela se tornaria autoamplificada. A energia responsável pelo crescimento do espaço aumentaria com o próprio crescimento. Não haveria um equilíbrio estável. A casa cósmica ganharia cômodos enquanto o material das paredes perderia a capacidade de permanecer unido.

O universo não seria destruído de fora.

Seria desfeito por sua própria dinâmica interna.

Isso é mais próximo de alguns problemas cotidianos do que gostaríamos. Uma dívida cresce com juros. Os juros aumentam o saldo. O saldo gera mais juros. O devedor recebe uma mensagem automática dizendo que sua situação é importante para a instituição financeira.

Uma pequena diferença inicial pode gerar um resultado enorme quando existe retroalimentação positiva.

A energia fantasma seria uma retroalimentação positiva em escala cósmica.

Mas a comparação com uma dívida também falha. Em um universo em expansão, a energia global não funciona como o saldo de uma conta bancária comum. A conservação de energia em espaço-tempo curvo e em um universo em expansão possui sutilezas. Não devemos imaginar simplesmente que o cosmos está criando energia do nada em um sentido cotidiano.

A densidade de uma componente pode aumentar com o fator de escala porque a descrição relativística da expansão permite esse comportamento, embora a consistência física do modelo exija condições específicas.

A natureza não está necessariamente infringindo uma lei.

Talvez esteja nos mostrando que a lei era mais complicada do que o cartaz na parede.

A energia fantasma também pode ser entendida como um desafio à ideia de que toda matéria razoável deve possuir energia positiva e pressão dentro de limites intuitivos. A física quântica já demonstrou que o vácuo, as flutuações e as correlações não obedecem ao bom senso doméstico. Mesmo assim, uma componente cosmológica em grande escala é uma proposta que precisa sobreviver a testes de estabilidade, causalidade e compatibilidade com observações.

Não basta produzir aceleração.

É preciso não destruir a teoria no processo.

O campo fantasma pode ser um hóspede que paga o aluguel com uma moeda impossível e, quando perguntamos de onde veio o dinheiro, revela que o contrato inteiro está escrito em uma dimensão extra.

O proprietário cósmico talvez aceite.

Os físicos, não.

Alguns modelos de energia escura dinâmica são construídos para permanecerem próximos de, mas não exatamente iguais. Pequenas oscilações ou mudanças lentas poderiam produzir uma expansão acelerada sem levar ao Big Rip. Um campo pode rolar por um potencial, mudar sua pressão, transferir energia para outras componentes ou desaparecer em uma transição futura.

Nesse caso, o futuro poderia ser muito diferente do previsto pelo modelo fantasma constante.

A palavra "condensado" sugere justamente que o comportamento pode depender de um estado coletivo que evolui. Um campo não precisa manter para sempre o mesmo valor, assim como a massa de pão não cresce à mesma velocidade durante todo o processo. No início, a expansão pode ser rápida. Depois, a estrutura muda. O fermento perde força. O forno interrompe a transformação.

Talvez a energia escura também possua uma receita com etapas.

O problema é que não sabemos qual é a receita.

Observações futuras podem ajudar a determinar se é exatamente -1, ligeiramente maior, ligeiramente menor ou variável. Os astrônomos observam supernovas, oscilações acústicas de bárions, radiação cósmica de fundo, distribuição de galáxias e efeitos de lente gravitacional. Cada conjunto de dados oferece uma parte da história.

A energia escura não aparecerá necessariamente em uma fotografia.

Ela pode revelar-se por aquilo que faz com os objetos que conseguimos ver.

É como descobrir que alguém está mudando os móveis de uma casa sem jamais encontrar a pessoa. Podemos não observar o agente, mas registramos posições, tempos e padrões. Se as mudanças seguem uma regra, tentamos inferir o responsável.

Talvez o universo esteja mudando os móveis.

Talvez apenas tenhamos desenhado a planta errada.

A maior parte das observações atuais é compatível com uma energia escura muito próxima da constante cosmológica. Há investigações sobre possíveis sinais de evolução, mas resultados sugestivos não equivalem a uma confirmação de energia fantasma. A situação permanece aberta, e a comunidade científica precisa comparar diferentes dados antes de escolher uma interpretação.

Uma manchete pode dizer que o universo "talvez esteja mudando de opinião".

Um artigo técnico dirá que certos parâmetros apresentam tensões, que algumas combinações de dados favorecem modelos dinâmicos e que ainda são necessárias novas análises.

A manchete chega antes.

A cautela fica responsável pela limpeza.

Para o leitor, a lição é simples: a existência da energia escura é uma conclusão observacional robusta no sentido de que a expansão acelerada exige explicação. Já a natureza dessa energia continua em debate. Energia fantasma é uma possibilidade entre várias. Condensado fantasma é um rótulo ainda mais específico e flexível. Big Rip é um resultado condicional de certos modelos, não o destino oficial do universo.

Não há uma carta do cosmos informando que o imóvel será demolido.

Por enquanto, o contrato continua em vigor.

O pão saiu do forno. A crosta estava mais escura do que deveria, o que em minha cozinha costuma ser descrito como "rústico". Cortei uma fatia e observei o vapor escapar. As uvas-passas, que haviam se afastado durante o crescimento da massa, agora estavam presas em uma estrutura firme.

A expansão havia terminado.

O pão não continuava crescendo indefinidamente porque o calor alterara as reações, a estrutura se fixara e os gases deixaram de inflar a massa da mesma maneira.

Talvez o universo também possua mecanismos que interrompam ou alterem sua expansão futura. Talvez a energia escura seja constante. Talvez desapareça. Talvez o espaço mude de fase. Talvez uma transição de vácuo transforme tudo antes que a energia fantasma tenha oportunidade de rasgar átomos.

O cardápio de finais é extenso.

Nenhum deles deve ser confundido com uma previsão imediata.

O condensado fantasma é assustador, mas não porque exista um fantasma escondido em nosso quarto. Ele é assustador porque mostra como uma propriedade aparentemente pequena, o valor de, pode alterar o destino de todas as estruturas do universo. Um número que parece apenas uma característica técnica pode determinar se o espaço continuará se expandindo de modo relativamente regular ou se a expansão se tornará uma força capaz de superar todas as ligações.

A cosmologia trabalha com grandezas que não parecem emocionais.

Mas alguns números têm personalidade.

O valor -1 é um vizinho distante, silencioso e previsível.

Um valor ligeiramente menor que -1 é um vizinho que começa a usar mais espaço, instala paredes novas sem pedir autorização e, quando alguém reclama, responde que a expansão do imóvel exige adaptações.

Um valor muito menor que -1 é o vizinho que remove a parede da sala para ampliar o apartamento e descobre, tarde demais, que a parede também sustentava o prédio.

A energia fantasma tem péssimo temperamento porque não se limita a empurrar o universo. Ela pode alimentar a própria expansão. Se mantida indefinidamente, transforma o crescimento em desagregação.

O Big Rip seria a consequência final desse comportamento: primeiro, o afastamento das estruturas grandes; depois, a perda da coesão galáctica; mais tarde, a separação de sistemas estelares; depois, planetas, moléculas e átomos. Tudo depende do modelo, mas a narrativa geral é a de uma realidade que perde progressivamente a capacidade de manter suas partes juntas.

Não há monstro.

Não há invasão.

Não há vilão.

Há apenas uma equação evoluindo por tempo suficiente.

Talvez esse seja o tipo mais puro de horror científico: descobrir que o universo não precisa ter intenção para produzir um fim terrível. Ele pode seguir suas regras com absoluta indiferença, assim como a torradeira segue o temporizador até que o pão se transforme em uma lembrança carbonizada.

A torradeira não odeia o pão.

O universo não odiaria os átomos.

O problema é que nenhuma das duas coisas possui, necessariamente, um botão de reconsiderar.

Mesmo assim, o futuro real ainda não está decidido. A expansão acelerada que observamos pode ser causada por uma constante cosmológica, por um campo dinâmico, por uma teoria modificada da gravidade ou por algo que ainda não tem nome. O modelo fantasma pode ser descartado, refinado ou transformado em uma aproximação de uma teoria mais ampla.

A ciência não precisa escolher agora entre tranquilidade e catástrofe.

Precisa medir melhor.

A próxima observação pode diminuir o espaço de possibilidades. Um novo levantamento de galáxias pode indicar se a aceleração mudou. Uma medição mais precisa pode aproximar de -1. Uma discrepância persistente pode revelar que a energia escura é mais complexa do que a constante cosmológica.

O universo não tem pressa.

Nós temos, porque gostamos de saber se a casa continuará de pé.

Naquela noite, guardei o pão em um saco e limpei a farinha da bancada. A cozinha parecia normal. A geladeira continuava ocupando o mesmo lugar. A mesa não havia se afastado da parede. A colher mantinha uma relação estável com a gaveta. O espaço entre as uvas-passas estava definitivamente menor do que o espaço entre as galáxias.

Olhei para o teto.

Se a energia escura fosse uma constante cosmológica, o universo continuaria se expandindo, mas não havia motivo para a casa se desfazer. Se fosse uma quintessência, talvez o futuro tivesse uma evolução diferente. Se fosse um condensado fantasma estável, talvez as leis ainda encontrassem uma maneira de evitar a catástrofe. Se fosse um campo fantasma persistente com , o Big Rip poderia estar escondido em um futuro tão distante que nenhum calendário humano teria utilidade.

O pão venceria antes.

A conta de energia venceria antes.

A máquina de lavar louça provavelmente falharia antes.

A cosmologia, felizmente, não exige que resolvamos o destino final do universo antes de dormir.

Por enquanto, a expansão é uma característica do cosmos em grande escala. A energia escura continua sendo o nome de um mistério observado. A energia fantasma permanece como uma possibilidade teórica. O condensado fantasma é uma família de modelos relacionados, mas não uma entidade padronizada ou confirmada. O Big Rip é um possível futuro condicionado a premissas específicas.

Essas diferenças importam.

O medo pode ser literário.

A precisão precisa continuar científica.

O universo talvez esteja acelerando porque possui uma constante cosmológica discreta e persistente. Talvez contenha um campo que muda lentamente. Talvez tenha um componente fantasma com ambições de reforma. Talvez a gravidade esteja contando a história de maneira diferente. Talvez tudo aquilo que chamamos de energia escura seja uma pista para uma teoria mais profunda.

Mas, até que os dados indiquem o contrário, não há motivo para esperar que as galáxias, as estrelas e os átomos se separem amanhã.

O cosmos continua se expandindo.

A casa continua de pé.

A massa do pão finalmente parou de crescer.

E, se existir um condensado fantasma atravessando o espaço com energia suficiente para separar a matéria no futuro, esperamos que ele tenha pelo menos a educação de avisar antes de mexer nas paredes.

Capítulo 9

O falso vácuo

Quando o nada descobre que poderia ser mais nada ainda.

Na manhã em que descobri que o nada não era exatamente nada, eu tentava abrir um pote de geleia.

A tampa não se movia.

Girei para um lado, girei para o outro, bati levemente na borda, envolvi o vidro com um pano e considerei chamar alguém com mais força física e menos orgulho. O pote permanecia fechado, guardando a geleia como se tivesse recebido instruções específicas para não colaborar.

— É o vácuo — disse alguém na cozinha.

A explicação parecia razoável. Havia menos ar dentro do pote do que fora dele, e a pressão atmosférica empurrava a tampa contra o vidro. O "vácuo" não era uma ausência perfeita de tudo. Era apenas uma região com pressão menor, contendo ainda algumas moléculas de ar, vapor e provavelmente uma pequena quantidade de esperança.

Depois de alguns minutos, a tampa finalmente cedeu com um estalo.

A geleia estava intacta.

O nada havia perdido.

Na física, porém, a palavra "vácuo" pode significar algo muito mais estranho do que uma tampa bem fechada. O vácuo não é simplesmente um espaço completamente vazio, sem matéria, energia, campos ou qualquer acontecimento. Na teoria quântica de campos, o vácuo é o estado de menor energia possível de determinados campos, ou pelo menos o estado que estamos considerando como o mais baixo dentro de uma configuração específica.

Mesmo quando não há partículas comuns atravessando uma região, os campos continuam fazendo parte da descrição da realidade. Há campos eletromagnéticos, campos associados a partículas elementares e o campo de Higgs, entre outros. O estado de vácuo pode possuir propriedades, energia e estrutura.

O vazio, em resumo, tem mais conteúdo do que gostaria de admitir.

É como abrir uma despensa e descobrir que ela está vazia, exceto por prateleiras, um saco de farinha esquecido, três potes sem rótulo e uma conta antiga de supermercado. Para os padrões de uma despensa, talvez seja vazia. Para a física, a situação ainda contém uma quantidade desconcertante de informações.

O problema começa quando perguntamos se o vácuo em que vivemos é realmente o estado mais estável possível.

Talvez não seja.

Talvez o universo inteiro esteja acomodado em uma configuração que parece estável, funciona há bilhões de anos e permite a existência de estrelas, planetas, moléculas, pessoas e geleias. Mas, em algum nível mais profundo, essa configuração poderia ser apenas um mínimo local de energia, uma espécie de depressão no terreno cósmico, enquanto existe uma região ainda mais baixa escondida além de uma barreira.

Nesse caso, o nosso vácuo seria *metastável*.

Estável o bastante para continuar existindo durante um tempo enorme.

Instável o bastante para não ser o estado final absoluto da realidade.

Essa possibilidade é conhecida como *falso vácuo*.

A palavra “falso” não significa que o vácuo esteja mentindo. Ele não acorda pela manhã, olha para o espelho e pensa: “Hoje fingirei ser o estado de menor energia”. O termo apenas indica que a configuração pode não ser o mínimo verdadeiro ou global da energia dos campos.

O falso vácuo seria uma estabilidade provisória.

Uma estabilidade com contrato de duração desconhecida.

Imagine uma bolinha apoiada no fundo de uma pequena depressão. Ela está parada. Podemos empurrar levemente a mesa, abrir uma janela, passar ao lado dela ou deixar o cachorro observar a cena com desconfiança, e a bolinha continuará no mesmo lugar. Para todos os efeitos práticos, ela parece estável.

Mas talvez exista um vale muito mais profundo do outro lado de uma elevação. Se alguém fornecesse energia suficiente para empurrar a bolinha por cima da barreira, ela rolaria até o novo vale e jamais voltaria espontaneamente para a depressão anterior.

O primeiro vale era estável localmente.

O segundo era mais baixo.

A bolinha não estava condenada a permanecer onde estava. Apenas não possuía, pelas regras clássicas, energia suficiente para sair.

No universo quântico, a história pode ser ainda mais desconfortável. Mesmo que uma barreira pareça intransponível na física clássica, existe a possibilidade de **tunelamento quântico**. Não é como cavar um túnel com uma pequena pá subatômica. É uma propriedade dos estados quânticos: há uma probabilidade de um sistema atravessar uma barreira que, na descrição clássica, não poderia superar.

Em uma teoria de campos, isso pode significar que uma região do espaço transite espontaneamente para uma configuração de energia mais baixa. Surge uma pequena bolha de um novo estado de vácuo.

A bolha começa minúscula.

O universo, naquele instante, parece não notar.

Se a bolha for pequena demais, a energia de sua parede pode superar o ganho de energia em seu interior, e ela desaparece. É como uma bolha de sabão que se forma por um instante e estoura antes que alguém consiga decidir se deve tirar uma fotografia.

Mas, se a bolha ultrapassar determinado tamanho crítico, o equilíbrio muda. O interior, por possuir energia mais baixa, passa a favorecer a expansão. A superfície avança. A bolha cresce. A região de falso vácuo é substituída por uma configuração diferente.

A bolha não precisa de um motor.

Não precisa de um piloto.

Não precisa saber para onde está indo.

A própria diferença de energia entre os dois estados pode impulsionar a transformação.

Em um cenário de *decaimento do vácuo*, essa bolha de vácuo verdadeiro poderia se expandir a uma velocidade próxima à da luz. A parede da bolha não ultrapassaria a velocidade da luz, porque a relatividade continua sendo responsável pela fiscalização do trânsito cósmico, mas poderia aproximar-se muito desse limite.

Para qualquer observador dentro da região que ainda não foi atingida, isso produziria um problema considerável: a informação sobre a chegada da bolha não poderia viajar à frente dela de maneira útil.

Não haveria uma sirene cósmica.

Não haveria um aplicativo avisando:

Atenção: seu vácuo será atualizado em aproximadamente três minutos.

Não haveria tempo para reunir documentos, cancelar o aluguel, terminar o café ou descobrir quem ficou com a colher desaparecida.

Se a bolha surgisse suficientemente perto e se expandisse como os modelos mais simples sugerem, a mudança poderia chegar praticamente sem aviso. O que estivesse dentro da região encontraria um novo estado de campos, partículas e interações antes que qualquer mensagem convencional pudesse alertar os habitantes.

A palavra "praticamente" faz muito trabalho aqui. A física exata depende do modelo, da forma da bolha, da dinâmica dos campos e da geometria do espaço-tempo. Mas o ponto geral é que não existe um mecanismo conhecido que permita observar a chegada com antecedência confortável, como quem vê uma tempestade no radar e decide recolher as roupas do varal.

O falso vácuo não seria uma nuvem escura avançando pelo céu.

A bolha talvez não tivesse aparência visual alguma. O efeito não seria uma parede transparente atravessando o horizonte com trilha sonora. Seria uma mudança no estado físico do espaço. Dentro dela, os campos assumiriam novos valores e as propriedades das partículas poderiam ser diferentes.

As regras fundamentais talvez não fossem "quebradas" no sentido de que as equações deixariam de existir. É possível que as mesmas leis mais profundas continuassem valendo, mas que o universo estivesse agora em uma configuração diferente dessas leis. O que mudaria seriam as propriedades efetivas observadas em baixa energia: massas de partículas, forças, estabilidade dos átomos, comportamento da matéria e condições necessárias para a química.

A diferença é semelhante à que existe entre a água líquida e o gelo. As moléculas continuam sendo compostas pelos mesmos átomos e obedecem às mesmas leis fundamentais, mas a organização coletiva muda completamente. O gelo possui estrutura, rigidez e propriedades que não aparecem na água líquida. A receita básica é a mesma. O resultado cotidiano é outro.

No caso do falso vácuo, porém, a mudança de fase poderia ser muito mais radical.

O campo de Higgs é um exemplo importante. Ele possui um valor de fundo no estado atual do universo, e a interação com esse campo contribui para as massas de várias partículas elementares. Se o campo assumisse uma configuração diferente dentro de uma bolha de vácuo verdadeiro, as massas das partículas poderiam mudar.

Isso teria consequências para a formação de átomos, moléculas, estrelas e organismos.

Talvez alguns átomos deixassem de ser estáveis.

Talvez as reações nucleares funcionassem de outra maneira.

Talvez a química que conhecemos simplesmente não fosse possível.

Talvez a matéria se reorganizasse em formas que não lembrariam em nada uma mesa, uma pessoa ou um pote de geleia.

Não seria necessário imaginar uma explosão. Se os ingredientes fundamentais mudassem, a receita do mundo cotidiano deixaria de produzir os mesmos objetos.

Um átomo não seria destruído por uma bomba.

Poderia deixar de ser uma configuração permitida.

A matéria não seria atacada por uma força externa.

As próprias condições que permitem a existência da matéria comum poderiam desaparecer.

É por isso que a expressão "alterar as regras da física" é usada com tanta frequência quando se fala sobre o falso vácuo. Ela é dramaticamente eficiente, mas precisa ser compreendida com cuidado. Não significa necessariamente que as equações fundamentais seriam substituídas por outras durante a passagem da bolha. Significa que o estado de vácuo que define as propriedades observáveis do nosso mundo seria diferente.

A mesma partitura poderia estar sendo tocada em um instrumento completamente distinto.

O resultado seria irreconhecível.

A ideia se torna mais clara quando pensamos em um campo como uma paisagem de energia. Em vez de imaginar uma única colina ou um único vale, podemos imaginar um terreno complicado, com depressões, platôs e caminhos que levam a diferentes estados. O campo pode estar instalado em um mínimo local, protegido por uma barreira. Um estado mais baixo pode existir em outra região da paisagem.

O universo inteiro estaria sentado em uma depressão e não saberia que há um porão mais profundo.

Esse porão não precisa ser vazio no sentido cotidiano. "Vácuo verdadeiro" não significa necessariamente ausência absoluta de energia, matéria ou estrutura. Significa o estado de menor energia dentro do conjunto de possibilidades considerado. O valor da energia pode ser positivo, zero ou, dependendo da teoria e da referência usada, até negativo em relação a algum ponto.

"Mais baixo" não quer dizer "mais vazio".

Quer dizer "energeticamente inferior".

O nada do título é uma brincadeira com a linguagem. O universo não descobriria que existem menos coisas dentro do espaço. Descobriria, se é que universos descobrem alguma coisa, que o estado dos campos poderia possuir uma energia menor do que aquela que atualmente sustenta nossa realidade.

É um nada com contabilidade.

O conceito está ligado ao problema mais amplo da energia do vácuo. Na teoria quântica de campos, mesmo o estado de menor energia pode apresentar contribuições associadas aos campos.

Essas contribuições deveriam, em princípio, influenciar a expansão do universo. Mas o valor observado da energia escura, quando interpretado como energia do vácuo, é extraordinariamente pequeno em comparação com algumas estimativas ingênuas feitas a partir das escalas quânticas.

Essa diferença é conhecida como um dos grandes problemas da física teórica: o problema da constante cosmológica.

Não sabemos por que o vácuo possui exatamente o valor de energia que parece possuir.

Talvez exista um mecanismo de cancelamento.

Talvez a gravidade responda à energia do vácuo de maneira que ainda não compreendemos.

Talvez a teoria esteja incompleta.

Talvez o universo tenha escolhido uma configuração extremamente particular, como alguém que passa quarenta minutos procurando uma vaga e, quando finalmente encontra, descobre que o estacionamento fecha em cinco minutos.

O problema da energia do vácuo e o problema do falso vácuo estão relacionados, mas não são a mesma pergunta. O primeiro pergunta por que a energia observada do espaço vazio tem determinado valor. O segundo pergunta se o estado atual é o mínimo absoluto ou apenas um mínimo local.

Podemos ter um vácuo metastável sem saber exatamente por que sua energia é tão pequena.

Também podemos ter uma constante cosmológica sem que ocorra qualquer decaimento do vácuo.

A física gosta de manter seus mistérios em gavetas próximas, mas não iguais.

O falso vácuo não é uma novidade exclusiva das discussões modernas sobre o fim do universo. Ideias semelhantes aparecem em contextos relacionados à história do cosmos primordial. Durante a inflação cósmica, uma forma de energia associada a um campo pode ter produzido uma expansão extremamente rápida. Em alguns modelos, o universo primitivo começou em um estado de alta energia e depois passou por uma transição, liberando energia e dando origem a condições quentes e densas.

A palavra "vácuo" pode aparecer nesses modelos porque um campo em um estado de energia relativamente alto ainda pode ser um estado sem partículas comuns, ou quase sem elas, mas com energia suficiente para influenciar a expansão.

Esse falso vácuo primordial não é necessariamente o mesmo falso vácuo que poderia existir hoje.

O fato de o universo ter passado por transições de fase no passado não prova que outra esteja prestes a acontecer. Uma pessoa pode ter mudado de casa três vezes e ainda assim não estar planejando uma mudança para a próxima semana. Uma massa de pão pode crescer, assar e esfriar sem que a cozinha inteira precise passar por uma transição de fase.

O universo já fez coisas estranhas.

Isso não significa que fará todas as coisas estranhas possíveis.

A comparação mais intuitiva para uma transição de vácuo talvez seja a água super-resfriada. Em determinadas condições, a água pode permanecer líquida abaixo do ponto de congelamento, apesar de estar em um estado que não é o mais estável. Ela parece tranquila. Um pequeno estímulo ou uma impureza pode iniciar a formação de gelo. Então, a mudança se espalha.

A água não estava "fingindo" ser líquida.

Estava presa em uma configuração metastável.

O copo não precisava de consciência para se surpreender.

A água também não.

Esse exemplo tem limitações. A água é um sistema macroscópico, composto por moléculas em um ambiente, enquanto o vácuo quântico é uma configuração dos campos fundamentais. A transição de fase da água ocorre em condições específicas e pode ser iniciada por contato, vibração ou impurezas. O decaimento do vácuo, por sua vez, seria um fenômeno quântico relacionado à nucleação espontânea de uma nova fase.

Mesmo assim, a analogia ajuda a entender a diferença entre "parece estável" e "é o estado mais estável possível".

A geleia do pote também oferece outra lição. O vácuo dentro da embalagem podia permanecer por dias ou semanas. Nada indicava que a tampa estivesse prestes a se abrir. Mas, quando o selo foi rompido, o ar entrou e o sistema mudou de estado.

A diferença é que eu tinha uma mão, uma colher e um objetivo bastante específico. O universo não tem uma mão cósmica conhecida esperando abrir sua tampa.

No falso vácuo, o gatilho poderia ser uma flutuação quântica. Não seria necessário que uma partícula externa colidisse com o campo ou que uma civilização pressionasse um botão. O evento poderia ocorrer espontaneamente, com uma probabilidade extremamente pequena por unidade de volume e tempo.

Uma probabilidade minúscula não é o mesmo que uma probabilidade zero.

Mas também não é uma previsão de que algo acontecerá durante o café da manhã.

Se a taxa de decaimento for suficientemente baixa, o vácuo pode durar muito mais do que a idade atual do universo. O cosmos tem aproximadamente *13,8 bilhões de anos*, e muitos cenários de metastabilidade compatíveis com os parâmetros conhecidos indicam tempos de vida incomparavelmente maiores do que isso.

"Maior do que a idade do universo" não significa "eterno". Significa que a teoria pode permitir uma estabilidade extraordinariamente longa sem garantir que o estado seja absoluto.

Um prédio pode permanecer de pé por centenas de anos sem ser matematicamente eterno. Uma ponte pode continuar funcionando por décadas sem possuir um contrato com o futuro. Um vácuo metastável pode durar eras cósmicas e ainda assim ser, em princípio, temporário.

A palavra "temporário" fica muito diferente quando o prazo é maior do que a história inteira da humanidade.

Se um falso vácuo existisse e decaísse em uma região muito distante, a bolha poderia estar se expandindo neste momento sem que soubéssemos. Talvez a região estivesse além do nosso horizonte observável. Talvez a luz do evento nunca chegasse até nós. Nesse caso, o fenômeno não teria consequência para a nossa parte do universo.

Se o decaimento ocorresse dentro de uma região causalmente conectada à nossa, a situação seria outra. A bolha se expandiria e, eventualmente, poderia alcançar nosso sistema. A informação sobre a transformação não poderia nos alcançar com antecedência superior à própria parede da bolha, se ela viajasse quase à velocidade da luz.

Essa é a parte mais assustadora do cenário.

Não há um inimigo para localizar.

Não há um objeto brilhante se aproximando.

Não há um sinal de rádio que possamos interceptar.

Não há uma mensagem dizendo: "Olá, sou o novo estado de vácuo. Minha chegada está prevista para terça-feira."

O silêncio seria completo até deixar de ser silêncio.

Mas não devemos transformar esse silêncio em motivo de pânico. Não há observação de uma bolha de vácuo verdadeiro aproximando-se. Não existe um detector que tenha registrado uma parede de nova física avançando em nossa direção. Não há evidência de que o universo esteja em processo de decaimento.

O falso vácuo é uma possibilidade teórica associada a determinados modelos, não uma ameaça observada.

A discussão sobre a estabilidade do vácuo também envolve o campo de Higgs e as massas de partículas que medimos em experimentos. Quando os físicos extrapolam o comportamento do campo de Higgs para energias muito altas, algumas combinações dos parâmetros conhecidos podem sugerir que o estado atual é metastável, e não absolutamente estável.

Esse resultado é intrigante porque coloca o universo em uma espécie de faixa intermediária. O estado poderia ser estável o bastante para sobreviver por um tempo imenso, mas não necessariamente protegido para sempre.

As conclusões dependem das incertezas experimentais, especialmente na determinação de parâmetros como a massa do quark top, e da suposição de que o Modelo Padrão continue válido até escalas de energia enormes. Novas partículas, interações ou efeitos de gravidade quântica poderiam alterar completamente a paisagem do potencial.

Um cálculo que extrapola uma teoria conhecida para regiões que nunca observamos precisa ser tratado com humildade.

É como estimar o comportamento de uma ponte usando apenas os primeiros cinco metros e concluir que ela certamente atravessará o oceano. Talvez atravesse. Talvez termine em um estacionamento. Talvez haja um segundo trecho construído com materiais que ainda não conhecemos.

A física atual fornece pistas.

Não fornece uma garantia de estabilidade absoluta.

Também não é correto afirmar que a possível metastabilidade do campo de Higgs significa que uma bolha pode surgir a qualquer momento por causa de uma experiência humana. Não há evidência de que aceleradores terrestres possam provocar um decaimento perigoso do vácuo. A natureza já produziu colisões de partículas com energias altíssimas por meio de raios cósmicos, durante bilhões de anos, em atmosferas, estrelas, planetas e outros ambientes.

Se colisões comuns em escalas cósmicas fossem capazes de disparar facilmente uma transição catastrófica, seria difícil explicar por que o universo ainda contém estrelas, galáxias e pelo menos uma quantidade considerável de pessoas discutindo o assunto.

Isso não é uma prova matemática de todos os cenários possíveis, mas é uma razão física importante para não tratar laboratórios como botões de autodestruição cósmica.

O universo não precisa de nós para realizar experimentos de alta energia.

Ele começou muito antes de inventarmos aceleradores, pranchetas e reuniões de segurança.

O falso vácuo também não deve ser confundido com a ideia de que o universo pode desaparecer porque "o nada puxou tudo para dentro". O processo não é uma sucção. Não existe um ralo cósmico. O vácuo verdadeiro não é um aspirador gigante que remove matéria.

A bolha seria uma nova configuração do estado dos campos. A matéria dentro dela poderia deixar de existir como conhecemos porque as condições que sustentam suas propriedades seriam diferentes. Mas não seria necessariamente levada para algum lugar vazio.

A mudança seria estrutural.

Uma cidade construída sobre um lago congelado não desaparece porque o lago a suga. Ela deixa de ser sustentada quando a água muda de fase. As leis físicas continuam funcionando, mas a configuração que permitia a cidade não existe mais.

O universo poderia ser uma cidade construída sobre uma camada de gelo metastável.

Não há nada de errado com a cidade.

O problema é o gelo.

O termo "vácuo verdadeiro" também pode criar uma falsa impressão de que ele seria mais puro, mais limpo ou mais vazio do que o nosso estado atual. A física não atribui valor moral à energia. Um estado de menor energia não é necessariamente melhor para a vida, para a química ou para a existência de mesas.

Pode ser um estado completamente hostil às estruturas que conhecemos.

O universo não escolhe o vale mais confortável.

Escolhe, em princípio, o estado permitido pela dinâmica dos campos.

Uma bolha de vácuo verdadeiro poderia conter partículas com massas diferentes, forças com intensidades distintas e um conjunto de estados estáveis incompatível com a química atual. Ou poderia produzir uma região que colapsasse rapidamente, dependendo da energia do vácuo e da geometria associada. Não sabemos todos os detalhes porque não conhecemos a teoria completa.

O que sabemos é que "energia mais baixa" não significa "lugar melhor para morar".

Um porão pode estar mais baixo do que a sala e ainda assim ser inundado.

A paisagem de energia dos campos é uma metáfora útil, mas não devemos imaginá-la como um espaço literal cheio de montanhas coloridas. O potencial é uma função matemática que descreve como diferentes configurações contribuem para a energia do sistema. Os campos podem ocupar determinados valores, e a forma dessa função determina quais configurações são estáveis, instáveis ou metastáveis.

Se o campo está em um mínimo local, pequenas perturbações fazem com que ele volte ao mesmo estado. Para alcançar um mínimo mais baixo, é necessário atravessar uma barreira. O tunelamento quântico fornece um caminho que não existe na física clássica simples.

O universo não precisa rolar por uma estrada.

Pode atravessar uma parede de probabilidade.

Essa frase parece poética, mas descreve uma característica real das teorias quânticas: estados podem possuir amplitudes associadas a diferentes configurações, e a transição entre regiões separadas por uma barreira não é simplesmente impossível. Em uma teoria de campos, a transição ocorre por uma configuração coletiva, a nucleação de uma bolha.

Não é uma partícula isolada que decide trocar de endereço.

É uma região do campo que assume outra configuração.

A bolha precisa vencer uma competição entre dois efeitos. A diferença de energia favorece o crescimento do interior de vácuo verdadeiro. A energia da parede favorece a redução da superfície, como uma bolha comum que tenta minimizar sua área. Para bolhas pequenas, a parede domina. Para bolhas grandes, o ganho de volume pode dominar.

Existe um tamanho crítico.

Abaixo dele, a bolha desaparece.

Acima dele, a bolha cresce.

O universo, nesse caso, possui uma política de cancelamento bastante severa. Se a transição não atingir o tamanho mínimo, nada acontece. Se atingir, a região inteira pode ser convertida.

Não há versão de teste.

Não há período gratuito.

Não existe botão de desfazer.

A bolha não se expandiria como uma esfera perfeita em todos os contextos reais, porque o espaço-tempo, os campos e as condições locais poderiam afetar sua forma. Mas a imagem de uma frente aproximadamente esférica é útil para visualizar a expansão a partir do ponto de nucleação.

Dentro dela, o novo vácuo.

Fora dela, o falso.

Na fronteira, a transição.

Se a parede viajasse próxima à velocidade da luz, um observador poderia não ter tempo de distinguir o antes do depois. A luz do evento e a parede estariam sujeitas ao mesmo limite causal. Não seria possível mandar uma mensagem pelo rádio para avisar alguém que está na direção da expansão, porque o sinal não chegaria primeiro.

A diferença em relação a uma tempestade é absoluta. A tempestade pode ser observada, medida e anunciada. A bolha de vácuo, em muitos cenários, seria o próprio anúncio.

O boletim meteorológico seria publicado no instante em que o céu deixasse de existir como o conhecíamos.

Isso não significa que qualquer pessoa, em qualquer ponto do universo, estaria sempre em risco. Uma bolha surgida a uma distância suficientemente grande pode nunca alcançar nossa região. A expansão acelerada do universo pode separar regiões de maneira que o contato seja impossível. A taxa de nucleação pode ser tão baixa que o evento nunca ocorre dentro do nosso horizonte. Além disso, o próprio futuro do universo pode ser diferente do cenário usado na estimativa.

A cosmologia trabalha com regiões acessíveis, horizontes, volumes e tempos. A palavra "qualquer lugar" não significa "qualquer lugar que possamos observar ou alcançar".

Talvez o falso vácuo já tenha decaído em algum ponto distante, mas a informação sobre isso jamais tenha como chegar até nós.

Nesse caso, a bolha não é uma ameaça.

É apenas um acontecimento em uma parte desconectada do cosmos.

O universo pode conter catástrofes que não pertencem à nossa história causal. Essa é uma das poucas gentilezas que a expansão cósmica oferece.

A possibilidade de uma transição de vácuo também pode ser comparada ao desaparecimento de uma regra de jogo. Imagine que todas as pessoas estejam jogando uma partida sob determinadas regras: a bola possui certo peso, o campo tem certo tamanho e os jogadores podem se mover de uma maneira específica. Em algum momento, o campo inteiro muda de configuração. A bola fica mais pesada, o chão deixa de oferecer atrito, as traves se deslocam e a própria ideia de gol perde significado.

Não é que uma equipe tenha vencido.

O jogo mudou de fase.

No universo, as "regras" observadas pelos átomos dependeriam do estado dos campos. A transição poderia modificar as condições de existência de prótons, elétrons e núcleos atômicos. É possível que algumas partículas se tornassem instáveis ou que novas partículas passassem a dominar. A química poderia deixar de funcionar porque as ligações que formam moléculas dependem de massas, cargas e forças específicas.

A água não seria necessariamente transformada em outra substância.

Talvez a própria combinação de dois átomos de hidrogênio e um de oxigênio deixasse de produzir uma molécula estável.

A palavra "água" perderia o objeto.

A palavra "pote" talvez também.

A linguagem teria um problema menor diante da física.

É difícil falar sobre o que aconteceria dentro de uma bolha de vácuo verdadeiro porque a teoria que define o novo estado ainda não é conhecida. Sabemos o tipo de mudança que a ideia permite, mas não podemos especificar exatamente qual seria o conteúdo da nova fase sem conhecer a paisagem completa de energia e os campos envolvidos.

Qualquer descrição muito detalhada corre o risco de transformar uma possibilidade aberta em uma certeza inventada.

O melhor que podemos dizer é que o nosso universo observável depende do estado atual dos campos e que uma mudança para um estado de energia mais baixo poderia alterar profundamente as propriedades da matéria.

Talvez tudo desaparecesse.

Talvez surgisse uma realidade com partículas diferentes.

Talvez a bolha colapsasse o espaço.

Talvez uma nova fase se instalasse de modo estável.

A teoria precisa escolher entre essas possibilidades.

A imaginação pode visitar todas.

Há também um uso metafórico do falso vácuo em conversas sobre política, economia, tecnologia e vida pessoal. Dizemos que uma situação parece estável, mas está apoiada em um equilíbrio frágil. A empresa continua funcionando, mas apenas porque ninguém abriu determinada planilha. A família parece tranquila, mas todos evitam um assunto. A geladeira permanece fechada porque ninguém quer descobrir o que aconteceu com o recipiente no fundo.

A metastabilidade é uma forma de estabilidade que depende de não empurrar o sistema na direção errada.

O universo, felizmente, não parece precisar de uma pessoa abrindo a geladeira para manter seu vácuo. Se a transição depende apenas de tunelamento quântico, não existe um gesto humano específico que possa evitá-la ou provocá-la de maneira conhecida.

Essa ausência de controle é um dos elementos mais assustadores da ideia. Muitos perigos cotidianos possuem medidas de prevenção. Podemos instalar alarmes, usar capacetes, fazer manutenção, verificar o gás, estudar o clima e não atravessar a rua olhando para o celular.

O decaimento do vácuo não oferece um manual de prevenção doméstica.

Não há uma posição segura da cama.

Não há fita adesiva capaz de conter a bolha.

Não há botão para colocar o universo no modo econômico.

A única proteção conhecida é a própria probabilidade extremamente baixa em modelos que permitem a longevidade do nosso estado, além da evidência de que o universo já sobreviveu por bilhões de anos sem uma transição observável.

Para uma mente humana, "não há como fazer nada" é uma frase incômoda. Mas ausência de controle não significa presença de perigo iminente. Muitas coisas não estão sob nosso controle e, ainda assim, não ocupam nossos dias. Não controlamos a rotação da Terra, o campo magnético do planeta ou a estabilidade de todas as partículas do universo. Isso não nos impede de preparar o café.

O falso vácuo é uma ameaça possível em certos modelos.

Não é uma ameaça identificada no calendário.

Depois de abrir o pote de geleia, coloquei a tampa de volta e a pressionei com força. O ar saiu, o selo se formou e a tampa ficou presa novamente. Um pequeno sistema havia retornado a uma configuração de menor pressão. Se eu tentasse abrir o pote mais tarde, ouviria outro estalo.

A cozinha oferecia uma imitação muito modesta de uma transição de estado.

A diferença é que o pote tinha uma tampa, a geleia tinha moléculas e eu podia observar a mudança. O universo não oferece um lado de fora de onde alguém pudesse acompanhar sua paisagem de energia. Não existe uma mão externa para empurrar a bolinha para o vale mais profundo. Não há uma prateleira cósmica onde o vácuo atual possa ser comparado com o vácuo verdadeiro.

Só temos a configuração em que estamos.

E as equações que tentam descrever o que existe além dela.

O falso vácuo também desafia nossa maneira de pensar sobre o presente. Quando olhamos para o céu, vemos galáxias, estrelas e um universo que parece estável em escalas humanas. O passado cósmico produziu elementos, planetas e vida. As leis físicas permaneceram suficientemente constantes para permitir que a matéria se organizasse.

Talvez tudo isso esteja ocorrendo em uma configuração temporária.

Não temporária como uma vela que queima durante uma hora.

Temporária como uma montanha que pode permanecer erguida por milhões de anos, embora a geologia esteja sempre alterando suas encostas.

A estabilidade não precisa ser eterna para ser real.

Uma casa não é falsa porque será demolida algum dia. Uma pessoa não é uma ilusão porque envelhecerá. Uma estrela não deixa de existir porque seu combustível acabará. O fato de uma estrutura possuir duração limitada não torna seus efeitos presentes menos concretos.

Se o nosso vácuo for metastável, todas as coisas que ele sustenta continuam sendo reais enquanto a configuração durar.

O café é café.

A água é água.

O elétron tem a massa que medimos.

A geleia continua difícil de abrir.

O universo não precisa ser eterno para funcionar nesta manhã.

Esse ponto é importante porque a palavra "falso" pode sugerir que o estado atual é uma espécie de erro ou ilusão. Não é. O falso vácuo pode ser uma solução perfeitamente consistente das equações locais. Ele pode possuir uma vida tão longa que, para qualquer civilização prática, seja indistinguível de um estado eterno.

O universo não está necessariamente quebrado.

Pode estar apenas em um estado que não é o último capítulo.

E nem sabemos se existe um último capítulo.

Talvez a paisagem de energia possua um mínimo absoluto. Talvez haja vários mínimos, e o universo possa transitar entre eles. Talvez o espaço não permita que uma bolha se expanda indefinidamente. Talvez uma teoria mais profunda elimine a distinção entre falso e verdadeiro vácuo. Talvez a gravidade quântica mude a própria noção de energia em escalas extremas.

A expressão "vácuo verdadeiro" pode ser uma aproximação útil dentro de uma teoria que será substituída.

Toda ciência tem palavras que parecem definitivas até que uma nova teoria descubra que elas eram nomes para uma região do mapa.

O falso vácuo não é comprovado. A metastabilidade do universo atual não é uma observação direta. Os cálculos que sugerem que o campo de Higgs pode estar em uma região metastável dependem de parâmetros medidos e da extrapolação do Modelo Padrão a energias muito altas. Novas partículas ou interações poderiam tornar o estado absolutamente estável, mudar a paisagem ou introduzir outros caminhos de decaimento.

A teoria é interessante porque transforma uma pergunta abstrata em uma previsão cosmológica possível.

Mas possível não significa provável.

E provável não significa iminente.

Essas três palavras precisam permanecer separadas.

Uma moeda pode cair com qualquer lado para cima. Isso não significa que todos os resultados sejam igualmente prováveis em qualquer situação. Uma doença pode ser possível sem ser provável. Um evento provável pode ainda não acontecer hoje. A linguagem cotidiana mistura essas categorias, e os títulos de jornal frequentemente as colocam na mesma panela.

O falso vácuo precisa de uma cozinha mais cuidadosa.

É possível que o universo esteja em um falso vácuo.

É possível que ele permaneça assim por um tempo imenso.

É possível que a taxa de decaimento seja tão baixa que nenhum evento ocorra em nossa região.

É possível que a teoria esteja errada.

Não é correto afirmar que o universo está prestes a mudar de fase.

A ausência de um prazo é parte da própria ideia. Se a transição ocorrer por um evento quântico espontâneo, não há necessariamente uma causa clássica que possamos localizar. Não existe uma contagem regressiva conhecida. A probabilidade pode ser pequena por unidade de tempo, mas um evento raro não possui um relógio visível.

Uma moeda não sabe há quanto tempo está sem cair.

O vácuo também não sabe que estamos esperando.

Ou, pelo menos, não temos evidência de que saiba.

A imagem da bolha que altera as regras da física dá ao cenário uma aparência de invasão. Mas não há uma entidade chegando de fora. A nova fase do vácuo não é um visitante. É uma possibilidade interna da própria teoria. A bolha não atravessa o universo vindo de outro lugar. Ela nasce dentro do espaço e substitui a configuração anterior.

O inimigo, se quisermos insistir na metáfora, seria uma alternativa permitida pelas mesmas leis.

O universo seria derrotado por uma versão diferente de si mesmo.

Isso é mais desconcertante do que enfrentar um monstro. Monstros podem ser evitados, enganados ou derrotados. Uma transição de vácuo não possui intenção, medo ou fraqueza emocional. Não há negociação possível. Não se pode explicar à bolha que a humanidade ainda precisa terminar alguns projetos.

A bolha não tem agenda.

Ela apenas cresce se a dinâmica permitir.

O falso vácuo também não precisa ter uma relação com a energia fantasma do capítulo anterior. Ambos envolvem estados de energia, campos e futuros cósmicos estranhos, mas são conceitos diferentes. A energia fantasma descreve uma possível componente responsável por uma expansão acelerada com . O falso vácuo descreve uma configuração de campos que pode decair para um estado de energia mais baixo.

Um universo poderia ter energia escura próxima de uma constante cosmológica e ainda possuir um vácuo metastável. Poderia haver energia fantasma sem qualquer transição de vácuo. Poderia haver uma mudança de vácuo sem um Big Rip.

A cosmologia não oferece um único botão de catástrofe.

Oferece vários painéis, cada um com etiquetas difíceis de ler.

O cenário do falso vácuo também não é uma consequência da hipótese da simulação. Se o universo fosse simulado, o decaimento poderia ser uma atualização do sistema. Mas a física não precisa de um programador para descrever uma transição de fase. A hipótese existe dentro de teorias de campos reais e não depende de imaginar uma equipe de suporte externo.

Não há uma notificação de software por trás da bolha.

Não há um administrador que decidiu testar a nova versão da matéria.

Não há um código-fonte conhecido.

A realidade pode ser assustadora sem ser um programa.

Na noite seguinte, deixei o pote de geleia sobre a mesa. A tampa continuava fechada. O selo continuava firme. Dentro, a geleia permanecia em seu estado atual, aparentemente satisfeita com a própria densidade e sem qualquer interesse em descobrir se existia uma configuração mais baixa de energia.

Talvez o universo seja mais inquieto do que a geleia.

Talvez esteja em uma depressão local, protegido por uma barreira que nenhum acontecimento conhecido consegue atravessar. Talvez uma flutuação quântica, em algum momento inconcebivelmente distante, produza uma bolha de outro estado. Talvez isso nunca aconteça. Talvez o nosso estado seja absolutamente estável e o problema seja apenas uma possibilidade criada por extrapolações matemáticas.

Não sabemos.

Mas a ignorância não precisa ser preenchida com pânico.

Enquanto não há evidência de decaimento, o universo continua oferecendo uma estabilidade extraordinária. Estrelas brilham por bilhões de anos. Galáxias se organizam. Planetas permanecem em órbita. Átomos formam moléculas. A vida aparece, desenvolve olhos e começa a questionar se o vazio possui uma opinião.

Uma configuração metastável pode sustentar uma história inteira.

Talvez a palavra "provisório" tenha um significado diferente em escala cósmica. Uma casa onde alguém vive durante cinquenta anos é provisória em relação à história da Terra, mas não deixa de ser uma casa. Um universo que dura bilhões de anos é provisório em relação a uma eternidade hipotética, mas contém tempo suficiente para criar estrelas, oceanos, organismos e bibliotecas.

A permanência não é o único critério de realidade.

Se o falso vácuo decair algum dia, isso não tornará o passado falso. O café que bebemos, as conversas que tivemos e as pessoas que amamos não serão desmentidos por uma mudança futura nos campos fundamentais. Uma casa destruída não prova que ninguém morou nela. Uma estrela que explode não apaga os planetas que existiram ao seu redor.

A realidade de um acontecimento não depende de sua duração infinita.

Essa talvez seja a parte menos assustadora e mais humana da hipótese. Mesmo em um universo que pode estar em um estado temporário, nossas experiências possuem existência dentro do intervalo em que acontecem. A matéria não precisa ser eterna para produzir cuidado, sofrimento, beleza ou responsabilidade.

O vácuo pode ser falso.

A vida não é, por isso, uma mentira.

Na manhã seguinte, abri o pote sem dificuldade. O selo havia perdido a força. A tampa girou, e a geleia estava exatamente onde deveria estar. Nenhuma bolha cósmica apareceu. Nenhum campo mudou de valor. O elétron continuou com a mesma massa. A água continuou molhando. A cozinha continuou em três dimensões.

O nada não havia descoberto uma versão melhor de si mesmo.

Ainda.

Guardei a geleia na geladeira e fiquei olhando para a tampa. Uma pequena diferença de pressão havia mantido o pote fechado. Um pequeno estalo alterara o equilíbrio. Na escala doméstica, isso era uma explicação simples. Na escala cósmica, uma transição de fase poderia mudar a natureza da realidade.

O universo parece estável porque está em um vale.

Talvez exista um vale mais profundo.

Talvez a barreira entre eles seja intransponível.

Talvez o tunelamento quântico ofereça uma passagem.

Talvez a bolha nunca apareça.

Talvez já tenha aparecido em um lugar que não pode nos alcançar.

A ciência não sabe qual dessas possibilidades descreve o destino final do vácuo. Sabe apenas que “vazio” não significa ausência absoluta, que estados de menor energia podem existir, que campos podem ocupar configurações metastáveis e que uma transição quântica, em princípio, poderia alterar profundamente o universo observável.

Não há motivo para esperar um aviso.

Não há motivo para esperar o fim.

O falso vácuo continua sendo uma hipótese sobre aquilo que pode estar escondido dentro da aparente tranquilidade do espaço. O universo talvez não esteja em repouso absoluto. Talvez esteja apenas no fundo de uma depressão local, sustentado por uma estabilidade que dura desde os primeiros momentos do cosmos.

A tampa está fechada.

A geleia está protegida.

O café está quente.

E, se o nada realmente descobrir que poderia ser mais nada ainda, esperamos que pelo menos tenha a consideração de esperar até depois do café da manhã.

Capítulo 10

A colisão de Branas

Os vizinhos do andar de cima são dimensões extras.

Na manhã em que o vizinho de cima começou a arrastar móveis, tive certeza de que a cosmologia precisava ser discutida em assembleia.

Eram sete e quarenta e três da manhã. O barulho parecia uma combinação de mudança de sofá, reforma estrutural, reencaixe de todas as peças de um guarda-roupa e, possivelmente, uma breve competição de boliche. Cada pancada atravessava o teto com a autoridade de quem sabia que não havia síndico disponível naquele horário.

Pensei em bater na porta do andar de cima.

Depois pensei que talvez o universo inteiro fosse um condomínio, e que aquele barulho não vinha de um apartamento com problemas de reforma. Talvez viesse de outra dimensão. Talvez existisse um espaço maior, com várias camadas, e aquilo que chamamos de universo fosse apenas uma das unidades — um andar entre muitos, uma membrana vibrando por causa de alguma perturbação no prédio cósmico.

A hipótese das branas sugere que o nosso universo poderia ser uma espécie de membrana flutuando em um espaço com mais dimensões. Esse espaço maior é frequentemente chamado de bulk, que pode ser traduzido como “volume”, “interior” ou “região dimensionalmente mais rica do que o nosso currículo permite”.

A palavra brana vem de membrana e, na física teórica, pode designar objetos estendidos que possuem determinado número de dimensões espaciais. Uma partícula pontual pode ser considerada uma brana de dimensão zero. Uma corda pode ser uma brana unidimensional. Uma superfície bidimensional seria uma 2-brana.

Uma estrutura com três dimensões espaciais — como o universo que percebemos ao nosso redor — seria uma 3-brana.

Não é necessário imaginar que todas as branas sejam finas como uma folha de papel. Em muitos modelos, elas são objetos espessos o suficiente para conter partículas, campos e, se as condições permitirem, vizinhos barulhentos.

A ideia de dimensões extras não é nova. Muito antes de as branas entrarem na conversa, físicos como Theodor Kaluza e Oskar Klein já haviam explorado a possibilidade de uma dimensão adicional enrolada em escalas minúsculas. A motivação era, entre outras coisas, tentar unificar forças da natureza em uma geometria mais ampla. A dimensão extra não era um lugar para onde pudéssemos viajar, mas uma direção compacta, tão pequena que nenhum metrô conseguiria chegar lá.

Uma formiga poderia caminhar sobre uma mangueira e enxergar apenas uma linha, sem perceber a curvatura circular da superfície. Nós poderíamos viver em um universo com dimensões enroladas e enxergar apenas três direções espaciais.

A diferença é que a mangueira existe. As dimensões extras ainda não foram observadas.

Mas isso não impediu a teoria de imaginar cenários mais ousados. Em algumas versões da teoria das cordas e da chamada teoria M, os objetos fundamentais não são apenas partículas pontuais, mas cordas que vibram e branas de várias dimensionalidades. O nosso universo observável poderia ser uma 3-brana, e o bulk conteria outras branas, outras dimensões e talvez outras versões do condomínio.

Se existem outras branas, elas não precisam ser cópias do nosso apartamento cósmico. Podem possuir propriedades físicas diferentes, forças diferentes e até combinações de partículas diferentes. Uma brana vizinha poderia abrigar um universo com regras próprias, ou poderia estar vazia, ou poderia ser um local onde o boleto do condomínio sempre chega em dia — o que indicaria um universo fundamentalmente diferente do nosso.

A parte assustadora da colisão de branas é exatamente o que o nome sugere: se existem várias membranas em um bulk, elas talvez não fiquem paradas para sempre. Em certos modelos cosmológicos, branas podem se mover, aproximar-se e, eventualmente, colidir.

Uma colisão de branas não seria como dois carros se chocando em um cruzamento. Não haveria necessariamente uma explosão localizada, com estilhaços voando para todos os lados. O encontro entre membranas tridimensionais em um espaço de dimensionalidade maior poderia liberar uma quantidade imensa de energia e produzir condições extremas.

Em algumas versões da chamada cosmologia ekpirótica, uma colisão entre branas no passado remoto poderia ter dado origem ao universo quente e denso que associamos ao Big Bang. O nosso universo seria, literalmente, o resultado de um acidente entre vizinhos.

A palavra "ekpirótico" vem do grego e está relacionada a fogo, conflagração ou algo que emerge de um incêndio cósmico. É a maneira que os físicos encontraram para dizer que o universo pode ter nascido de um evento extraordinariamente violento, mas que, ao contrário de algumas versões da origem, não precisou começar com uma singularidade inicial infinitamente densa.

A colisão das branas teria transformado energia cinética em radiação, matéria e calor. O que chamamos de universo observável seria uma região que emergiu daquele impacto. As galáxias, estrelas e planetas seriam ecos de um antigo desentendimento entre apartamentos dimensionais.

Se o modelo ekpirótico estiver correto em alguma versão, a história do cosmos começou com um estrondo no bulk.

O vizinho de cima não derrubou uma estante.

O vizinho de cima colidiu com o nosso andar e criou o espaço-tempo.

Isso coloca as reformas humanas em uma perspectiva consideravelmente mais modesta.

Uma analogia possível é imaginar dois lençóis estendidos em um quarto escuro. Eles estão próximos, paralelos, flutuando. De repente, um deles se move e toca o outro. O ponto de contato gera luz, calor e uma quantidade imensa de consequências. O que era separado torna-se, por um instante, conectado. Depois da colisão, os lençóis se afastam, mas a região do impacto continua evoluindo.

Nós estaríamos morando em um dos lençóis, tentando descobrir por que ainda ouvimos barulhos ocasionais.

O modelo ekpirótico não é a única história que envolve branas. Existem outras construções, como os modelos de *Randall-Sundrum*, que exploram como a gravidade pode se comportar em um bulk com branas. Nesses cenários, a gravidade que sentimos poderia ser uma espécie de sobra, um efeito mais fraco de uma interação que, em sua origem, é muito mais intensa.

A força que mantém o café dentro da xícara poderia ser apenas a versão atenuada de algo que acontece em uma dimensão extra.

A colher que cai no chão estaria obedecendo a uma lei cuja explicação completa exige mais direções do que conseguimos apontar.

É como se o condomínio tivesse um regulamento interno que só podemos ler parcialmente. Algumas cláusulas estão escritas em um idioma dimensional que ainda não aprendemos. O síndico, se existir, não se pronunciou.

Uma das características mais interessantes desses modelos é que as outras branas, se existirem, podem estar extremamente próximas — em termos dimensionais — embora completamente inacessíveis à nossa percepção direta. Poderiam estar a uma distância ínfima na direção extra, e ainda assim não conseguiríamos enviar uma mensagem para lá usando nenhum meio conhecido, exceto, talvez, a gravidade.

É como ter um vizinho separado por uma parede tão fina que a distância é menor do que a espessura de um fio de cabelo, mas feita de um material que impede qualquer som, qualquer luz e qualquer contato comum. A única maneira de saber que ele está lá seria através de perturbações gravitacionais.

Talvez o vizinho esteja arrastando móveis em uma dimensão extra.

Talvez esteja apenas fazendo exercícios.

Talvez a nossa galáxia tenha se formado por causa de uma flutuação de densidade produzida por uma colisão primordial.

Não temos o número do apartamento para perguntar.

A ideia também se conecta à questão da misteriosa fraqueza da gravidade em comparação com outras forças. A força eletromagnética entre duas partículas pode ser muito mais intensa do que a atração gravitacional entre as mesmas partículas. Por que a gravidade parece tão tímida, se todas as forças convivem no mesmo universo?

Em cenários com dimensões extras e branas, uma possibilidade é que a gravidade não esteja confinada à nossa brana. Ela poderia se espalhar pelo bulk, vazar para as direções extras e, como resultado, aparecer para nós com uma intensidade reduzida. As outras forças permaneceriam presas à membrana, enquanto a gravidade teria permissão para frequentar o prédio inteiro.

A gravidade não é fraca.

É apenas a única força que paga o condomínio completo.

Nós, que moramos em uma unidade específica, só a vemos de passagem.

Essa imagem pode ajudar a entender por que alguns modelos preveem que, em distâncias muito curtas, a gravidade poderia se comportar de maneira diferente. Experimentos de precisão já investigaram se existem desvios da lei de gravitação em escalas submillimétricas. Até o momento, não apareceram dimensões extras enroladas nos poros da bancada da cozinha, mas a busca continua.

A ciência gosta de procurar coisas que não deveriam estar onde estamos procurando. Às vezes encontra um novo fenômeno. Às vezes encontra apenas o chão do laboratório.

A colisão de branas também pode oferecer uma explicação para o fato de o universo parecer tão homogêneo em grandes escalas, com pequenas flutuações de densidade que depois deram origem a galáxias. Em uma versão, irregularidades microscópicas antes da colisão poderiam ter sido amplificadas durante o impacto, produzindo as sementes das estruturas que vemos hoje.

A maior parte do que existe — estrelas, planetas, montanhas, oceanos, árvores, sistemas de transporte público e filas de supermercado — seria, em última análise, consequência de irregularidades quânticas amplificadas por uma colisão entre universos paralelos.

A história do cosmos começou com uma falha de nivelamento entre andares.

Isso seria poeticamente adequado para qualquer pessoa que já tentou pendurar um quadro em uma parede torta.

Não há evidência direta de que nosso universo seja uma brana, de que outras branas existam, de que elas colidiram ou de que a gravidade realmente vaze para dimensões extras. As observações cosmológicas até agora não encontraram assinaturas específicas que confirmem esses cenários. O modelo cosmológico padrão, que descreve a evolução do universo a partir de um estado quente e denso, explica uma quantidade impressionante de dados sem precisar, necessariamente, de colisões de branas.

Mas isso não torna a ideia absurda. A física teórica explora possibilidades que estão além daquilo que os instrumentos atuais conseguem verificar diretamente. Algumas dessas possibilidades podem ser testadas no futuro. Outras podem permanecer no território da especulação. O valor da hipótese está em perguntar o que mais poderia existir, além do que já observamos.

O vizinho do andar de cima pode ser uma metáfora ou uma previsão.

A diferença depende do tipo de instrumento que apontamos para o teto.

A ideia de branas também levanta uma possibilidade que nenhum morador de apartamento gostaria de ouvir: as colisões podem não ter acontecido apenas uma vez. Em certos modelos cíclicos, o universo passaria por fases de expansão e contração, com colisões periódicas entre branas.

A cada impacto, uma espécie de recomeço.

A cada recomeço, um novo universo quente, que evolui, esfria e eventualmente prepara o cenário para a próxima colisão.

Não seria a primeira vizinhança a ter problemas recorrentes com barulho.

A diferença é que, no caso cósmico, o barulho recria a realidade.

Se o modelo cíclico estiver correto, o nosso Big Bang não foi um evento único. Foi a versão mais recente de uma longa sequência de impactos. Antes de nós, houve outros universos, outras galáxias, talvez outras formas de vida e outros condomínios com seus próprios problemas de infiltração.

Cada universo anterior pode ter deixado pistas sutis, registradas em padrões de radiação, flutuações ou anomalias que ainda não aprendemos a ler.

É como encontrar uma rachadura no teto e suspeitar que ela foi causada por um evento anterior à construção do prédio.

Nenhum engenheiro confirmaria a suspeita.

Nenhum físico descartaria a possibilidade antes de examinar a rachadura com cuidado.

A colisão de branas também pode alterar nossa compreensão do que significa "antes do Big Bang". Na cosmologia tradicional, perguntar o que existia antes do início do universo pode ser como perguntar o que está ao norte do Polo Norte. A pergunta não faz sentido dentro das coordenadas disponíveis.

Nos modelos de branas, porém, o tempo poderia existir antes da colisão. As branas já estariam lá, flutuando no bulk, talvez com histórias próprias. O Big Bang seria um evento local, não o nascimento absoluto do tempo.

O universo não teria surgido do nada absoluto.

Teria surgido de um acidente entre estruturas preexistentes.

Essa ideia pode parecer mais confortável para quem não gosta da ideia de que o tempo tenha um início sem causa. Mas também introduz a inquietante possibilidade de que o universo não seja único, nem especial, nem o primeiro. Podemos ser apenas o mais recente de uma série de apartamentos construídos no mesmo edifício dimensional.

A placa na porta cósmica não diz "Universo Primordial".

Diz "Unidade 3-brana, favor não colidir antes das dez".

Se houver um bulk contendo muitas branas, talvez a colisão seja um evento raro, mas não exclusivo. Outras regiões do bulk poderiam abrigar outros impactos, outros Big Bangs, outros universos evoluindo em paralelo. Cada um seria uma bolha de realidade separada, sem comunicação fácil com as demais.

Moraríamos em um condomínio com centenas de andares, sem interfone.

A metáfora do condomínio é irresistível. O síndico seria a gravidade, a única força que parece transitar entre os andares. O regulamento interno seria a teoria quântica de campos, confinada a cada unidade. As paredes seriam as dimensões extras, que mantêm os apartamentos separados. O barulho seria uma colisão de branas, criando universos inteiros enquanto os moradores reclamam.

Nenhum desses elementos deve ser levado ao pé da letra. A física das branas é matemática. As analogias ajudam a imaginar, mas não substituem as equações. Ninguém deve bater na parede do quarto esperando ouvir uma resposta de outra dimensão.

Se ouvir alguma coisa, provavelmente é o encanamento.

Mas a imagem permanece: o universo que conhecemos pode ser apenas uma camada. O espaço que enxergamos pode ser uma superfície dentro de um volume maior. As leis que consideramos universais podem ser propriedades locais da nossa brana. E aquilo que chamamos de origem pode ser apenas o momento em que dois andares se encontraram.

A colisão de branas também tem implicações para a energia escura e a expansão acelerada. Dependendo do modelo, o movimento residual das branas após a colisão poderia produzir efeitos que imitam uma constante cosmológica ou um campo dinâmico. O universo não apenas nasceu de uma colisão; ele ainda carregaria as consequências daquele impacto.

Estaríamos vivendo em um imóvel que nunca terminou de assentar.

O gesso trinca, a porta range e a expansão acelera.

O proprietário não se manifesta.

A conexão com o falso vácuo do capítulo anterior também é interessante. Se uma transição de vácuo pode alterar as regras da física na nossa brana, uma colisão com outra brana poderia ser uma causa externa para uma mudança igualmente radical. O universo não precisaria decair espontaneamente. Poderia ser atingido por um vizinho dimensional.

Seríamos vítimas de um acidente de trânsito cósmico.

O culpado fugiria em uma direção extra, sem deixar endereço.

A ausência de evidências diretas é, ao mesmo tempo, a maior fraqueza e a maior força especulativa da ideia. Não podemos afirmar que as branas existem. Também não podemos afirmar que não existem, exceto dentro dos limites do que já medimos. As dimensões extras podem estar compactadas em escalas muito pequenas. As branas podem estar afastadas em direções que não conseguimos acessar. As colisões podem ter cessado ou podem estar programadas para um futuro inconcebivelmente distante.

O universo não tem pressa.

Nós temos uma vida útil finita e uma curiosidade infinita. Isso cria uma assimetria inconveniente: as respostas podem demorar mais do que as perguntas.

Um aspecto curioso desses cenários é que a luz e a matéria comum podem ficar presas à nossa brana, incapazes de se aventurar pelo bulk. As partículas que conhecemos viajam pelas três dimensões espaciais, mas não dobram a esquina para a quarta dimensão espacial. Apenas a gravidade, e talvez algumas outras interações hipotéticas, teriam permissão para explorar o prédio completo.

Essa é uma forma elegante de explicar por que nunca vimos uma dimensão extra quando atravessamos a sala de estar. A sala está lá, com suas três dimensões. A dimensão extra também está lá, mas as partículas do nosso corpo, os fótons que iluminam a estante e as moléculas do ar não conseguem se mover para dentro dela.

Somos prisioneiros tridimensionais de uma membrana.

Não é uma prisão desconfortável, considerando as alternativas.

Mas é uma prisão.

Se houver outros andares, eles podem estar cheios de coisas que jamais detectaremos, a menos que a gravidade nos envie uma pista. Talvez exista matéria escura em outra brana. Talvez a energia escura seja um efeito do bulk. Talvez o vizinho esteja fazendo uma obra que vai durar mais cem bilhões de anos.

A comunicação entre branas, se possível, seria um dos maiores desafios tecnológicos já imaginados. Não bastaria construir uma antena. Seria necessário encontrar um meio de emitir sinais que se propagassem pelo bulk, e depois decifrar o que viesse de volta.

Se alguma civilização em outra brana estiver tentando a mesma coisa, talvez estejamos trocando mensagens sem saber. Cada terremoto gravitacional seria uma tentativa de contato. Cada flutuação cósmica de fundo seria uma resposta atravessada.

Por enquanto, o rádio só capta estática.

A estática, claro, pode ser apenas estática.

Transformar todo ruído em mensagem é o primeiro passo para construir uma religião ou uma teoria da conspiração. A física prefere o caminho mais longo: medir, modelar, comparar com outras observações e não declarar vitória antes da hora.

O barulho do andar de cima pode ser apenas uma reforma.

A colisão de branas pode ser apenas uma hipótese elegante.

O síndico pode ser apenas uma invenção para nos fazer sentir que alguém está no controle.

Mas a ideia persiste porque responde a algumas perguntas e, ao mesmo tempo, abre perguntas maiores. O que é o espaço? Quantas dimensões existem? O nosso universo é tudo o que há, ou apenas uma fatia de uma realidade mais rica? As leis da física são universais ou mudam de um andar para o outro?

A colisão de branas sugere que a história do cosmos pode ser mais complicada do que supúnhamos, e que o apartamento onde moramos talvez não seja o único do edifício.

Se algum dia confirmarmos a existência de dimensões extras, a humanidade terá de rever não apenas a cosmologia, mas também o contrato de aluguel. Afinal, se o universo é um condomínio, quem paga a taxa extra?

Por enquanto, o barulho parou.

O vizinho de cima silenciou.

Talvez tenha terminado a reforma. Talvez tenha colidido com outra brana e criado um universo.

Como não tenho acesso direto ao bulk, volto a fazer café.

A xícara está quente. A mesa está firme. Três dimensões parecem suficientes para o café da manhã, embora eu continue desconfiado de que haja mais coisa escondida entre o teto e o telhado. Se um dia a colisão se repetir, espero que seja num horário comercial.

E que o síndico envie um comunicado com antecedência.

Epílogo

A realidade talvez seja apenas uma gambiarra

Na manhã seguinte, a prateleira do banheiro continuava no lugar.

O parafuso improvisado não havia cedido. A fita isolante permanecia presa. A pequena cunha de madeira sustentava o suporte com uma dignidade que não correspondia à sua origem.

A gambiarra havia sobrevivido à noite.

Fui até a cozinha preparar café.

Na bancada, encontrei um recibo do supermercado. O papel era fino e plano, mas registrava uma compra que havia envolvido uma cesta, uma fila, um caixa, alguns produtos e uma decisão questionável sobre biscoitos. O recibo não continha o pão nem o café. Ainda assim, carregava informação suficiente para reconstruir parte da experiência.

Uma superfície estreita representava um volume de acontecimentos.

Pensei no universo holográfico.

Talvez o cosmos também possa ser descrito de uma maneira que não se parece com a experiência local. Talvez o espaço tridimensional seja uma manifestação de relações mais profundas. Talvez exista uma descrição na fronteira que contenha tudo o que acontece no interior.

Mas o recibo não era a compra.

E uma descrição não precisa ser a coisa que descreve.

A profundidade do mundo continua sendo a profundidade do mundo, mesmo que exista uma maneira mais econômica de codificá-la.

Coloquei água na cafeteira.

Por um instante, imaginei que talvez eu fosse um cérebro de Boltzmann. Talvez tivesse surgido há poucos segundos com memórias de uma infância, de uma casa, de um livro e de uma prateleira mal consertada. Talvez a convicção de que o aluguel já havia sido pago fosse apenas uma configuração neural aleatória.

Depois abri o aplicativo do banco.

A transferência estava registrada.

O proprietário havia respondido.

Minha amiga lembrava do jantar.

O mundo oferecia verificações demais para ser apenas uma impressão isolada, embora nenhuma delas pudesse eliminar completamente a dúvida filosófica.

Uma certeza absoluta continuava fora do alcance.

Mas a realidade compartilhada permanecia convincente.

O café começou a passar.

Olhei pela janela. As galáxias distantes continuavam se afastando, embora nenhuma pudesse ser vista a olho nu. A energia escura continuava acelerando a expansão do espaço em escalas cosmológicas. Talvez fosse uma constante cosmológica. Talvez fosse um campo dinâmico. Talvez existisse alguma versão fantasma escondida na contabilidade cósmica.

Se a energia fantasma dominasse o futuro, o universo poderia terminar em um Big Rip.

Se não, poderia continuar expandindo-se até a morte térmica.

A diferença entre os dois finais dependia de uma propriedade que, escrita em uma equação, parecia pequena. Um número poderia separar um universo que esfria lentamente de um universo que se desfaz por aceleração.

A realidade talvez tivesse um temperamento definido por uma casa decimal.

A cafeteira não demonstrou preocupação.

No armário, o pote de geleia estava fechado. A tampa mantinha uma pequena diferença de pressão, como se o conteúdo estivesse protegido por uma versão doméstica de uma barreira de energia. O pote parecia estável. Talvez fosse apenas uma estabilidade local. Talvez existisse uma configuração mais baixa de energia para o vidro, a tampa e a geleia.

Não havia motivo para esperar que uma bolha de vácuo surgisse na cozinha.

A geleia não estava prestes a alterar as regras da química.

Ainda assim, o universo inteiro poderia estar em uma configuração temporária, sustentada por uma barreira que não vemos.

A estabilidade não precisa ser eterna para funcionar.

Uma casa que permanece de pé por décadas não é uma casa falsa porque um dia será demolida. Uma pessoa que envelhece não é uma pessoa irreal porque não durará para sempre. Um universo metastável, se for esse o caso, ainda é o universo em que estrelas nasceram, planetas se formaram e a vida apareceu.

A permanência não é o único critério de realidade.

De repente, ouvi uma pancada no teto.

Não foi forte, mas fez a xícara tremer. Olhei para cima. O vizinho do andar superior talvez tivesse deixado cair uma caixa. Talvez estivesse arrastando móveis. Talvez uma dimensão extra tivesse se dobrado de maneira inconveniente.

As branas poderiam estar colidindo.

O prédio inteiro poderia ser uma membrana cósmica.

A gravidade poderia estar vazando para outro andar.

Ou alguém poderia simplesmente ter derrubado um objeto.

A última hipótese continuava sendo a mais provável.

O universo pode ser mais estranho do que um condomínio, mas nem todo barulho precisa ser uma colisão cosmológica.

O café ficou pronto.

Servi uma xícara e sentei-me à mesa com o recibo ao lado. A matéria parecia sólida. O tempo avançava. O espaço entre a xícara e a borda da mesa permanecia estável. Nenhuma dimensão adicional se abriu. Nenhum cérebro estatístico apareceu para contestar a validade da memória. Nenhum fantasma cósmico alterou o valor da gravidade.

A realidade estava funcionando.

Não perfeitamente.

Mas de maneira suficientemente consistente.

Talvez essa seja a sua elegância.

Não a ausência de remendos, mas a capacidade de produzir ordem a partir deles. Não a simplicidade absoluta, mas a habilidade de esconder complexidade dentro de comportamentos familiares. Não uma arquitetura sem improvisos, mas um sistema em que diferentes camadas se sustentam umas às outras.

O espaço pode ser emergente e ainda permitir que uma pessoa caminhe.

A matéria pode ser um padrão e ainda sustentar uma mesa.

A consciência pode ser uma propriedade de organização e ainda produzir uma dúvida verdadeira.

O vácuo pode ser metastável e ainda oferecer bilhões de anos de estabilidade.

As branas podem existir ou não, e ainda assim o teto pode vibrar quando alguém deixa cair uma caixa.

Uma teoria mais profunda não torna a experiência cotidiana menos real.

Ela apenas mostra que a realidade possui mais de uma maneira de ser descrita.

O recibo não é a compra.

O mapa não é a cidade.

A equação não é o universo.

Mas recibos, mapas e equações podem revelar coisas que os objetos, sozinhos, não revelam.

Também podem nos lembrar de seus limites.

O princípio holográfico não prova que tudo é uma ilusão. O cérebro de Boltzmann não prova que nossas memórias são falsas. A energia fantasma não prova que o universo vai se rasgar. O falso vácuo não prova que estamos em perigo iminente. As branas não provam que há vizinhos dimensionais acima de nós.

Essas ideias são instrumentos para pensar.

Alguns podem apontar para a natureza profunda da realidade.

Outros podem ser aproximações elegantes que um dia serão abandonadas.

Outros podem sobreviver apenas como histórias interessantes sobre o que a física tentou imaginar.

A ciência não precisa transformar cada gambiarra em catedral.

Também não precisa desprezar uma solução porque ela nasceu de uma pergunta estranha.

Às vezes, a ideia que parece mais improvisada é a que revela a parede escondida.

Às vezes, é apenas um parafuso errado.

O importante é testar.

O café esfriou lentamente.

A espuma desapareceu.

A prateleira continuou inclinada.

A realidade não havia se revelado completamente, mas também não havia desabado. Talvez isso fosse o máximo que se poderia pedir de uma manhã comum.

No fim, a Parte II não resolveu o que o universo é.

Ela tornou a pergunta mais precisa.

O espaço é fundamental ou emergente?

A consciência pertence apenas aos cérebros?

O vazio é realmente o estado mais baixo?

A energia escura é constante, dinâmica ou fantasma?

Existem dimensões além das três que percebemos?

O universo é uma estrutura única ou uma membrana dentro de algo maior?

Não há respostas definitivas para todas essas perguntas.

Mas há maneiras melhores e piores de procurá-las.

Uma maneira pior é tratar cada possibilidade como certeza, transformar metáfora em evidência e usar a estranheza do cosmos para justificar qualquer conclusão.

Uma maneira melhor é admitir a especulação, preservar os detalhes técnicos, respeitar os limites dos dados e continuar perguntando.

A realidade talvez seja uma gambiarra elegante.

Talvez seja uma arquitetura matemática.

Talvez seja uma estrutura emergente que parece sólida porque suas relações funcionam muito bem.

Talvez seja algo que nenhuma palavra atual consegue descrever.

Enquanto isso, há tarefas que não dependem da ontologia final do universo.

O café precisa ser bebido.

A conta precisa ser paga.

A prateleira precisa de um conserto definitivo.

E alguém terá de verificar o que o vizinho deixou cair.

Levantei-me da mesa e fui até o corredor. A pancada não se repetiu. O prédio permanecia de pé. Nenhuma brana havia colidido com a nossa. Nenhuma dimensão extra exigia reparos.

Voltei para a cozinha.

A xícara estava quase vazia.

Talvez a realidade seja uma projeção.

Talvez seja um código.

Talvez seja uma membrana.

Talvez seja um campo em um estado temporário.

Talvez seja uma gambiarra tão elegante que, por dentro, parece inevitável.

Mas, enquanto ela continuar funcionando, uma mão encontrará a xícara, um corpo sentirá o calor, uma mente formulará uma pergunta e o dia seguirá adiante.

Não precisamos conhecer a estrutura última do universo para viver dentro dela.

Por enquanto, basta que a prateleira aguente.

Que o café não derrame.

Que o teto permaneça no lugar.

E que, antes de procurar a próxima dimensão, alguém termine de lavar a louça.

Parte III — O universo pode nos apagar sem rancor

Prólogo

O universo não precisa querer nada

Na manhã em que derrubei uma pitada de sal no café, pensei que uma coisa minúscula podia alterar uma experiência inteira.

O sal caiu em silêncio. Alguns grãos desapareceram no líquido escuro. Outros ficaram boiando por um instante antes de afundar. Mexi a xícara, bebi um gole e descobri que o café continuava sendo café, mas havia perdido qualquer possibilidade de ser descrito como agradável.

O sal não tinha intenção.

Não queria estragar minha manhã. Não pretendia me ensinar uma lição sobre química. Não possuía um plano de carreira, uma ideologia ou uma opinião sobre a qualidade da torra. Era apenas uma substância obedecendo às suas propriedades.

Ainda assim, uma pequena quantidade havia alterado o resultado.

O universo trabalha com coisas muito maiores e muito mais violentas, mas também não precisa querer nada para produzir consequências. Uma estrela pode colapsar sem rancor. Um buraco negro pode absorver matéria sem fome. Uma colisão pode liberar energia sem raiva. Uma transição de fase pode mudar as regras locais sem intenção de punir ninguém.

A catástrofe não precisa de um vilão.

Às vezes, basta uma condição física.

A Parte I colocou o apocalipse dentro do apartamento. A Parte II examinou a estrutura do prédio, as paredes, os andares, os códigos e as possíveis gambiarras que sustentam a realidade. Agora, a pergunta muda de escala.

O que acontece quando o perigo não nasce na cozinha, nem no teto, nem na tela do computador?

O que acontece quando ele vem de dentro da matéria, do colapso de uma estrela ou da própria arquitetura do universo?

A primeira possibilidade é quase microscópica. Um pequeno fragmento de matéria de quarks estranhos poderia, em certos modelos, ser mais estável do que a matéria nuclear comum. Se um fragmento desse tipo fosse estável e encontrasse as condições adequadas, talvez pudesse converter matéria comum em uma forma diferente de matéria estranha.

A imagem é poderosa: um grão subatômico que toca o mundo e começa a transformá-lo.

Mas a hipótese é altamente especulativa. Não há evidência de que strangelets perigosos existam, de que possam ser produzidos em condições comuns ou de que sejam capazes de iniciar uma reação em cadeia. A Lua e a Terra já foram atingidas durante bilhões de anos por partículas cósmicas de alta energia sem se transformarem em matéria estranha.

O pequeno fragmento não está escondido na gaveta da cozinha.

A torradeira não está prestes a converter o apartamento em quarks.

A segunda possibilidade é muito maior e muito mais real. **Explosões de raios gama** acontecem no universo. São fenômenos observados, associados ao colapso de estrelas massivas ou à fusão de objetos compactos. Emitem jatos extremamente energéticos e podem ser detectadas a distâncias cosmológicas.

O horror começa quando imaginamos uma delas relativamente perto, com o jato apontado para a Terra.

A atmosfera poderia absorver a radiação, alterar sua química e danificar a camada de ozônio. A biosfera talvez enfrentasse um aumento prolongado da radiação ultravioleta. Não seria uma explosão hollywoodiana iluminando o céu com uma parede de fogo. Seria algo mais silencioso: um pulso invisível, seguido por consequências que se espalhariam pela atmosfera e pelos ecossistemas.

A explosão não teria ódio da Terra.

Talvez nem soubesse que a Terra existia.

A terceira possibilidade é maior ainda, a ponto de tornar difícil usar a palavra “fora”. Em alguns modelos de inflação eterna, regiões do espaço podem deixar de inflar enquanto outras continuam se expandindo. Cada região que termina a inflação poderia formar uma espécie de universo-bolha, com matéria, radiação, história e talvez condições físicas diferentes.

Talvez o nosso universo seja uma bolha entre muitas.

Talvez outras bolhas tenham nascido com outras constantes, outras partículas e outras formas de matéria. Talvez algumas tenham colidido. Talvez estejam causalmente separadas. Talvez nunca tenha existido uma pia cósmica onde todas flutuam.

Essa ideia é especulativa. Não observamos outras bolhas. Não confirmamos que a inflação seja eterna. Não sabemos se diferentes regiões realmente possuem leis efetivas distintas.

Ainda assim, a metáfora permanece: uma bolha pode conter um universo inteiro sem possuir consciência de que existem outras ao redor.

A Parte III reúne três formas de assombro. Um fragmento invisível que poderia converter matéria. Um clarão distante que poderia alterar a atmosfera. Uma estrutura cosmológica que poderia colocar nosso universo dentro de uma coleção maior.

A escala muda.

O mecanismo muda.

O grau de confirmação muda.

A matéria estranha é uma hipótese física altamente especulativa. As explosões de raios gama são fenômenos reais, mas a ameaça depende de distância, energia e orientação. Os universos-bolha pertencem a modelos cosmológicos ainda sem confirmação direta.

Não se trata de um catálogo de ameaças cotidianas.

Não há motivo para examinar o pão em busca de quarks estranhos, instalar cortinas contra raios gama ou olhar para a espuma da pia esperando encontrar um universo vizinho.

O objetivo é outro.

É perceber que o universo não precisa possuir intenção para ser perigoso. Também não precisa ser perigoso para ser interessante. Uma estrela que explode não está nos atacando. Uma flutuação quântica não está procurando uma vítima. Uma bolha cosmológica não possui um plano de invasão.

A matéria não conspira.

O espaço não guarda rancor.

As leis físicas não têm senso de humor, embora seus resultados às vezes pareçam escritos por alguém com péssimo gosto para a tranquilidade. O ser humano costuma procurar um culpado. Se algo destrói, imaginamos que quis destruir. Se uma estrutura muda, procuramos uma decisão por trás dela. Se o universo parece hostil, perguntamos quem o tornou assim.

Mas a maior parte dos fenômenos cósmicos não possui um "quem".

Há apenas o que acontece quando determinadas condições se encontram.

Uma estrela fica sem combustível.

Uma estrela de nêutrons se funde.

Um campo muda de estado.

Uma partícula interage.

Uma região se expande.

O universo não precisa desejar o resultado para produzi-lo.

Nos capítulos seguintes, o apocalipse não virá correndo pela rua, nem enviará uma mensagem pelo grupo do condomínio. Ele poderá surgir como uma transformação microscópica, uma explosão distante ou uma consequência da própria origem do espaço.

A pergunta não será:

Quem fez isso?

Será:

Que tipo de realidade permite que isso aconteça?

Capítulo 11

A catástrofe da matéria estranha

O pequeno fragmento que queria converter o mundo.

Na tarde em que derrubei café sobre a mesa, o líquido se espalhou em direção ao notebook, contornou uma pilha de papéis e foi parar exatamente em cima da fatura do condomínio. A mancha tinha um formato alongado, quase geográfico, e durante alguns segundos pareceu estar se expandindo lentamente.

Olhei para a mancha e pensei:

Se uma gota de café pudesse transformar tudo o que toca em mais café, a cozinha inteira já estaria comprometida. A mesa seria café. As cadeiras seriam café. O chão, em breve, seria uma poça escura com notas de torra média. A fatura do condomínio, pelo menos, teria um aroma mais agradável.

O universo real não funciona assim. Uma gota de café não converte os objetos ao redor em café. A mesa continua sendo madeira, o papel continua sendo papel, e a fatura continua sendo um documento que, infelizmente, permanece perfeitamente legível mesmo depois de manchada.

Mas existe uma ideia na física que especula algo vagamente parecido — só que em vez de café, o agente de transformação seria um tipo hipotético de matéria que alguns físicos chamam de *matéria de quarks estranhos*, e em vez de uma mancha inofensiva, o resultado poderia ser a conversão de matéria comum em algo radicalmente diferente.

Ela também não mancharia a fatura. A fatura simplesmente deixaria de ser fatura.

Antes que alguém tranque a porta da cozinha e comece a olhar para as migalhas de pão com desconfiança, é importante esclarecer três coisas.

Primeiro: a matéria estranha é um cenário altamente especulativo. Não foi observada em laboratório, não foi encontrada no espaço e não há evidência de que um fragmento dela esteja escondido em algum canto do Sistema Solar. Não é uma substância que alguém possa comprar, fabricar ou derramar acidentalmente sobre a mesa.

Segundo: a hipótese de que um fragmento de matéria estranha pudesse converter matéria comum é apenas isso — uma hipótese. Ela depende de condições específicas, suposições sobre a estabilidade da matéria de quarks e uma série de cálculos teóricos. Nada disso foi confirmado experimentalmente.

Terceiro: mesmo nos cenários teóricos em que essa conversão poderia ocorrer, as condições poderiam ser tão restritivas que o risco prático seria desprezível. A natureza já realizou, ao longo de bilhões de anos, muitas colisões de alta energia sem que a Terra, a Lua ou as estrelas próximas tenham sido transformadas em matéria estranha.

Dito isso, a ideia continua sendo uma das mais fascinantes — e perturbadoras — dentre as hipóteses que a física de partículas já produziu.

A matéria comum, àquela que forma mesas, planetas, pessoas e torradeiras, é feita de átomos. Os átomos, por sua vez, possuem prótons e nêutrons em seus núcleos. Prótons e nêutrons não são partículas elementares: são compostos por partículas ainda menores, chamadas quarks. Na matéria comum, os quarks aparecem principalmente em dois tipos: os quarks *up* e os quarks *down*. Eles se combinam em grupos de três para formar prótons e nêutrons, mantidos unidos pela força nuclear forte.

A vida cotidiana depende desses dois sabores de quark. Eles são os tijolos básicos do mundo material. Tudo o que você já tocou, cheirou, comeu, vestiu, perdeu ou esqueceu no fundo da gaveta é feito, em última análise, de combinações de quarks *up* e *down*.

Mas existem outros tipos de quarks na teoria. Um deles é o *quark strange*, ou quark estranho. Ele é mais pesado que os quarks *up* e *down*, e aparece em certas partículas criadas em colisões de alta energia. Os físicos o chamaram de "estranho" porque, quando foi descoberto indiretamente na década de 1940 e 1950, as partículas que o continham se comportavam de maneira inesperada: eram produzidas com certa facilidade, mas demoravam um tempo surpreendentemente longo para decair. O nome ficou.

Na linguagem da física, "estranho" não significa assustador, misterioso ou portador de más intenções.

Significa apenas que o comportamento não se encaixava perfeitamente nas expectativas iniciais.

A torradeira, se fosse uma partícula, provavelmente mereceria o mesmo adjetivo.

A pergunta que deu origem à hipótese da matéria estranha é a seguinte: o que aconteceria se, em condições extremas de pressão e densidade, quarks *up*, *down* e *strange* pudessem se organizar em um estado coletivo, mais ou menos como um grande aglomerado de quarks, em vez de ficarem confinados dentro de prótons e nêutrons individuais?

Essa sopa de quarks não seria um líquido comum. Seria uma forma de matéria nuclear em que os quarks estariam livres para se mover por todo o volume do objeto, em vez de permanecerem trancados em pacotes de três. É uma ideia parecida com o que acontece em certos estados da matéria quando a temperatura ou a pressão são extremas — mas, nesse caso, o estado seria estável ou muito duradouro mesmo em condições mais amenas.

Um objeto composto por essa mistura de quarks *up*, *down* e *strange* é chamado de *strangelet*, termo que pode ser traduzido como "estranhalete" ou "fragmento de matéria estranha", dependendo da ousadia do tradutor. Um strangelet seria uma espécie de pepita subatômica que não depende de prótons e nêutrons individuais para se manter organizada.

Se a matéria estranha fosse mais estável do que a matéria nuclear comum, isso significaria que o estado de energia mais baixo da matéria — o verdadeiro “andar térreo” da realidade — não seria o nosso mundo de prótons e nêutrons, mas sim um mundo de strangelets.

Nesse cenário, a matéria comum seria apenas uma configuração temporária, uma espécie de falso vácuo da cromodinâmica quântica.

Não é uma ideia completamente descabida. Cálculos de cromodinâmica quântica — a teoria que descreve as interações entre quarks e glúons — sugerem que, em pressões extremas, a matéria de quarks estranhos poderia, de fato, ser favorecida. A questão é se essa estabilidade se mantém quando a pressão externa é removida, ou seja, se um strangelet poderia sobreviver e permanecer estável no vácuo do espaço.

Alguns cálculos dizem que sim, em determinadas faixas de parâmetros.

Outros dizem que não.

A situação é parecida com a de um castelo de cartas construído sobre uma mesa que balança. Dependendo da inclinação, o castelo pode ficar de pé ou desmoronar. A diferença é que, nesse caso, não sabemos exatamente o ângulo da mesa.

A parte mais dramática da hipótese — e a razão pela qual ela aparece neste livro — é a possibilidade de que um strangelet, se fosse estável e tivesse carga elétrica líquida negativa, pudesse atuar como uma espécie de catalisador. Ou seja, ele poderia se aproximar de um núcleo atômico comum, interagir com ele e transformar parte dos quarks *up* e *down* em quarks *strange*, incorporando o material à sua própria estrutura.

O fragmento original não seria destruído.

Ele cresceria.

Converteria matéria comum em mais matéria estranha.

Esse processo, se existisse, seria uma reação em cadeia em escala subatômica. Cada núcleo convertido aumentaria o tamanho do strangelet, que então poderia continuar convertendo outros núcleos. A matéria comum seria transformada, átomo por átomo, em uma forma exótica que talvez não pudesse sustentar química, biologia ou qualquer estrutura parecida com o mundo que conhecemos.

O chão não explodiria.

As paredes não seriam derrubadas por uma onda de choque.

A matéria simplesmente mudaria de identidade.

Em vez de uma explosão, seria uma epidemia de estranheza.

A palavra "catástrofe", nesse contexto, não significa um incêndio, uma colisão ou um evento barulhento. Significa que as propriedades da matéria seriam alteradas de modo incompatível com a existência de objetos comuns. Não seria a destruição do universo, mas a substituição de uma forma de matéria por outra.

Se um strangelet chegasse à Terra e pudesse converter matéria em condições ambientais, o planeta inteiro poderia, em princípio, ser transformado em uma esfera de matéria estranha. A massa total seria aproximadamente a mesma, mas a composição seria radicalmente diferente. A Terra continuaria existindo como objeto astronômico, mas não como lugar habitável.

A conversa na assembleia do condomínio cósmico seria delicada.

— Perdemos o planeta.

— Mas a massa foi preservada.

— Pequeno consolo.

É importante repetir, porque a mente humana tende a correr mais rápido do que as ressalvas: *não há evidência de que isso possa acontecer, de que um strangelet exista, ou de que a conversão de matéria seja possível nas condições da Terra.* A hipótese é especulativa, e os físicos continuam debatendo se a matéria estranha é realmente mais estável do que a matéria comum.

A resposta pode muito bem ser "não".

Nesse caso, a catástrofe da matéria estranha seria apenas um susto teórico, uma ideia que fez sentido em certos cálculos, mas que a natureza nunca se preocupou em realizar.

A física contém várias ideias assustadoras que não se tornaram realidade. O fato de algo ser possível dentro de uma equação não significa que o universo tenha seguido esse caminho. Equações oferecem cardápios. A realidade escolhe pratos bem específicos.

Parte do debate sobre a matéria estranha foi impulsionado por preocupações com experimentos de colisão de íons pesados. Se aceleradores de partículas conseguissem criar condições extremas de densidade e temperatura, poderiam, em princípio, produzir strangelets? E, se produzissem, haveria algum risco?

Essas perguntas foram levadas a sério. Antes do início das operações de alguns grandes aceleradores, grupos de físicos fizeram análises detalhadas, usando o que se sabia sobre estabilidade da matéria estranha, seções de choque, taxas de produção e condições ambientais. As conclusões foram consistentes: não havia risco significativo de catástrofe.

Um dos argumentos mais fortes era astronômico. A Lua, por exemplo, é um laboratório natural. Durante bilhões de anos, raios cósmicos — partículas de altíssima energia — vêm colidindo com sua superfície. Essas colisões são muito mais energéticas do que qualquer coisa produzida em laboratórios humanos. Se strangelets perigosos pudessem ser criados e sobreviver, a Lua já teria tido inúmeras oportunidades de ser convertida.

A Lua continua sendo um objeto rochoso, com crateras, poeira e bandeiras deixadas por visitantes.

Ela não se transformou em uma esfera de matéria estranha.

Isso sugere fortemente que, mesmo que strangelets sejam produzidos na natureza, eles não iniciam reações em cadeia descontroladas em condições astrofísicas comuns. Ou os strangelets não são estáveis, ou não se formam, ou não convertem matéria na prática, ou a conversão é bloqueada por barreiras eletrostáticas ou energéticas.

A natureza realizou o experimento bilhões de vezes.

O resultado foi tranquilizador.

Isso não elimina a possibilidade de strangelets estáveis existirem em condições muito específicas. Talvez o interior de estrelas de nêutrons — objetos com densidades enormes e pressões extremas — abrigue matéria estranha. Alguns modelos propõem que certas estrelas de nêutrons possam, na verdade, ser *estrelas estranhas*, formadas quase inteiramente por matéria de quarks. O nome pode soar como um elogio ambíguo, mas descreve uma possibilidade física.

Se isso for verdade, o universo já contém matéria estranha, mas ela está confinada em poços gravitacionais extremos, a anos-luz de distância, e não demonstra qualquer intenção de viajar até a cozinha para converter o pão.

O pão pode dormir tranquilo.

A torradeira, nem tanto.

A hipótese da matéria estranha também se conecta às discussões sobre a estabilidade da matéria comum. Nós estamos acostumados a pensar que a matéria é sólida, estável e confiável. Mas, em nível fundamental, a estabilidade depende de propriedades específicas das partículas e das forças. Se os quarks *up* e *down* são as peças mais adequadas para construir prótons e nêutrons, isso acontece por causa de valores numéricos que não são garantidos por nenhuma lógica filosófica. São o que são.

Poderiam ser ligeiramente diferentes.

Se fossem, a matéria comum poderia não existir.

Uma diferença de alguns MeV — milhões de elétron-volts — nas massas dos quarks, ou uma pequena alteração na intensidade da força forte, poderia tornar prótons instáveis, nêutrons inviáveis ou favorecer estados coletivos de quarks no lugar de núcleos atômicos.

A existência de um universo cheio de átomos, moléculas, organismos e cafeteiras não é uma exigência inevitável das leis da física. É uma consequência particular de valores específicos.

A matéria estranha seria um lembrete inconveniente de que a nossa matéria pode não ser a campeã absoluta da estabilidade.

Talvez o oxigênio seja apenas um visitante temporário no bairro dos elementos.

Talvez o carbono seja uma moda passageira.

Talvez o ferro, que forma o núcleo das estrelas no final de sua evolução, ainda não tenha descoberto que poderia ser outra coisa.

O falso vácuo do capítulo anterior e a matéria estranha compartilham uma característica: ambos sugerem que o estado atual do universo pode ser apenas localmente estável, esperando — ou não — uma oportunidade para transitar para uma configuração diferente. No caso do falso vácuo, a ameaça vem de uma bolha de nova física. No caso da matéria estranha, a ameaça viria de uma semente subatômica com tendências expansionistas.

A diferença principal é que o falso vácuo alteraria as regras do campo de Higgs e afetaria partículas elementares. A matéria estranha seria uma mudança na organização dos quarks, mantendo as leis fundamentais intactas, mas alterando o estado da matéria nuclear.

O resultado poderia ser igualmente desastroso para quem gosta de permanecer feito de átomos comuns.

Mas enquanto o falso vácuo seria um fenômeno associado a campos e ao espaço-tempo, a matéria estranha seria uma questão de cromodinâmica quântica e física nuclear.

Duas catástrofes diferentes. Dois mecanismos diferentes. Nenhum dos dois confirmado.

O universo tem um currículo impressionante na arte de não se destruir.

Naquela noite, abri a geladeira e encontrei um pote de geleia que havia sido esquecido havia semanas. A tampa estava firme. Dentro, a geleia parecia ter mantido sua integridade molecular, sem qualquer tendência a formar um condensado de quarks.

Também não havia strangelets na embalagem de manteiga.

Não que fosse possível detectá-los com os recursos disponíveis na cozinha. Mas a manteiga continuava se comportando como manteiga, o que era um bom sinal. Uma manteiga convertida em matéria estranha provavelmente não espalharia bem no pão.

A física pode ser aterrorizante, mas o café da manhã continua oferecendo um certo grau de normalidade.

O medo da matéria estranha reflete uma característica humana: tendemos a temer aquilo que não vemos, que parece pequeno demais para ser controlado e que pode agir como um invasor silencioso. É o mesmo temor que aparece em histórias de vírus, contaminações, reações em cadeia e substâncias que se multiplicam sem pedir licença.

A gosma cinzenta do primeiro capítulo tocava nesse medo com nanomáquinas autorreplicantes.

A matéria estranha toca com quarks.

O medo tem raízes antigas. A ideia de que uma pequena alteração pode destruir toda uma paisagem estável aparece em mitos, religiões, literatura e em discussões sobre o botão errado que alguém apertou no trabalho.

A diferença é que a ciência pode calcular se o medo é plausível. E, no caso dos strangelets, o cálculo sugere cautela conceitual, mas não pânico.

A Terra não está ameaçada por um fragmento de matéria estranha.

O universo não parece estar repleto de sementes de conversão.

A torradeira provavelmente continuará apenas queimando pão.

Se algum dia a matéria estranha for produzida em laboratório — de forma controlada e em quantidades microscópicas — ela será um triunfo da física nuclear, não o fim do mundo. Os físicos estudariam suas propriedades, comparariam com os modelos teóricos e, com sorte, aprenderiam mais sobre a força forte, as estrelas de nêutrons e os estágios iniciais do universo.

A ciência não torce pela catástrofe.

Ela torce pela compreensão.

A compreensão, no entanto, às vezes vem acompanhada de um susto.

Na história da física, várias ideias que pareciam perigosas se mostraram inofensivas quando examinadas de perto. Outras, que pareciam completamente seguras, revelaram riscos inesperados. A matéria estranha está na primeira categoria: assustadora no papel, mas sem evidência de que a natureza a use como arma.

A metáfora da gota de café é útil porque a matéria estranha, se fosse capaz de converter outros átomos, operaria em uma escala muito menor do que qualquer mancha visível. Um strangelet seria um grão subatômico, não uma poça escura avançando pela mesa. Não haveria um som, uma luz ou um cheiro característico.

A conversão seria silenciosa porque os processos nucleares não emitem necessariamente alarmes.

Mas a ausência de barulho não significa presença de ameaça. A conversão simplesmente não foi observada, e a Lua continua lá em cima para lembrar que rochas podem sobreviver a bilhões de anos de bombardeio cósmico.

Se eu pudesse enviar uma mensagem ao universo, ela seria curta: "Obrigado por não transformar a Lua em matéria estranha. Agradecemos também a estabilidade dos prótons. Favor manter as configurações atuais."

Por enquanto, o universo mantém.

A fatura do condomínio, depois de seca, continuava ilegível em algumas partes, mas o valor principal permanecia perfeitamente visível. A mancha de café não havia criado uma forma de matéria. Havia apenas dificultado minha relação com o papel.

Isso era um problema administrativo, não cosmológico.

E problemas administrativos, ao contrário das catástrofes subatômicas, não exigem um acelerador de partículas para serem resolvidos — embora às vezes pareça que seria útil.

Capítulo 12

Explosões de raios gama

O clarão que não precisa de fósforo.

Na noite em que faltou luz no bairro, procurei uma caixa de fósforos na gaveta da cozinha.

Encontrei dois elásticos, uma chave que não abria nenhuma porta conhecida, três pilhas descarregadas, um recibo antigo e uma vela que parecia ter sido comprada para uma emergência ocorrida em algum momento do século passado. Fósforos, nenhum.

A casa estava escura, mas não completamente. Pela janela entrava o brilho alaranjado da rua, e alguns aparelhos continuavam piscando com a tranquilidade irritante de quem sabia que a energia voltaria antes de qualquer decisão importante ser tomada.

Olhei para o céu.

As estrelas estavam lá, invisíveis entre as nuvens e as luzes da cidade. Pensei que, se o universo quisesse produzir um clarão, não precisaria de fósforos, isqueiros ou tomadas. Bastaria uma explosão de raios gama.

O nome parece pertencer a uma arma criada por alguém que não conseguiu decidir entre "raio" e "explosão". Na verdade, as explosões de raios gama são fenômenos astrofísicos reais, observados por satélites e estudados há décadas. Elas estão entre os eventos mais energéticos conhecidos no universo.

A parte assustadora começa quando imaginamos uma dessas explosões ocorrendo relativamente perto, com um jato apontado na direção da Terra.

Antes de acender a imaginação, porém, é preciso apagar alguns exageros. Uma explosão de raios gama não é uma bomba cósmica que destrói automaticamente qualquer planeta em qualquer distância. O perigo dependeria da energia liberada, da distância, da duração, do tipo de explosão, da largura do jato e, principalmente, de sua orientação.

Se o jato não apontasse para nós, o evento poderia ser impressionante para os astrônomos e irrelevante para a atmosfera terrestre. Se estivesse muito distante, mesmo apontado na nossa direção, chegaria enfraquecido. Se ocorresse relativamente perto e o jato atingisse a Terra, a situação seria muito mais séria.

A ameaça não está em toda explosão.

Está na combinação errada de distância, potência e direção.

Os raios gama são uma forma de radiação eletromagnética. Eles pertencem à mesma família da luz visível, das ondas de rádio, do infravermelho, do ultravioleta e dos raios X. A diferença está na energia e na frequência. Os raios gama possuem frequências muito altas e comprimentos de onda extremamente curtos.

Nossos olhos não conseguem vê-los.

Isso é uma pena para a estética do apocalipse. Um raio gama não atravessa o céu como um feixe verde brilhante, não produz uma linha luminosa que possamos acompanhar com o dedo e não avisa que está chegando com uma placa escrita em letras flamejantes.

A radiação mais perigosa pode ser completamente invisível.

O universo tem o hábito de reservar as cores para acontecimentos menos importantes.

As primeiras explosões de raios gama foram detectadas quase por acaso. Na década de 1960, satélites militares americanos destinados a monitorar possíveis testes nucleares registraram pulsos de radiação vindos do espaço. Os sinais não se pareciam com explosões na Terra. Vinham de direções diferentes, duravam pouco e apareciam sem aviso.

Durante algum tempo, ninguém sabia exatamente o que eram.

A possibilidade de que a União Soviética estivesse detonando armas nucleares em lugares secretos do espaço era improvável, embora a história do século XX tivesse ensinado que "improvável" não deveria ser usado com excesso de confiança. Quando os pesquisadores analisaram os dados, perceberam que os eventos vinham de todas as direções do céu, e não de uma região específica.

Não eram testes nucleares.

Eram explosões cósmicas.

O universo havia criado uma categoria de evento que parecia uma emergência militar, mas não pedia nenhuma intervenção humana.

As explosões de raios gama, conhecidas pela sigla inglesa **GRB**, costumam ser divididas em dois grupos principais: as longas e as curtas. A divisão original usava aproximadamente dois segundos como referência, embora a realidade seja mais complexa do que uma linha no cronômetro.

As explosões longas podem durar de alguns segundos a vários minutos. Em muitos casos, estão associadas ao colapso do núcleo de uma estrela muito massiva. A estrela esgota o combustível que sustentava seu interior, perde a batalha contra a própria gravidade e começa a desabar.

O colapso pode formar um buraco negro ou uma estrela de nêutrons. Em determinadas condições, parte da matéria é lançada para fora em jatos estreitos, acelerados a velocidades próximas à da luz. Esses jatos atravessam as camadas externas da estrela e produzem a explosão de raios gama.

É como se a estrela passasse por uma crise existencial, colapsasse sobre si mesma e, antes de desaparecer, disparasse dois canhões relativísticos em direções opostas.

A maioria das estrelas morre de maneiras menos dramáticas.

Algumas se transformam em anãs brancas. Outras explodem como supernovas sem produzir um jato de raios gama detectável. Algumas simplesmente envelhecem, perdem suas camadas externas e deixam para trás uma estrutura compacta. Uma supernova, portanto, não é automaticamente uma explosão de raios gama.

A estrela precisa ter características específicas, como massa, rotação, composição e uma geometria que permita a formação dos jatos. Mesmo assim, o jato precisa apontar para a nossa direção para que recebamos o pulso mais intenso.

Uma estrela pode morrer catastroficamente sem sequer enviar um raio gama para a Terra.

O universo possui várias maneiras de ser dramático em particular.

As explosões curtas, por outro lado, estão frequentemente associadas à fusão de estrelas de nêutrons ou à fusão de uma estrela de nêutrons com um buraco negro. Esses objetos compactos podem orbitar um ao outro durante milhões ou bilhões de anos, perdendo energia aos poucos até se aproximarem.

Quando finalmente se fundem, liberam ondas gravitacionais, produzem uma quantidade enorme de energia e podem criar um jato de partículas relativísticas. O resultado pode incluir uma explosão curta de raios gama, uma kilonova e a formação de elementos pesados.

O ouro de um anel pode ter uma história cósmica bastante mais violenta do que a pessoa que o usa gostaria de imaginar.

Os átomos de elementos pesados, como ouro, platina e alguns elementos raros, podem ter sido formados em eventos extremos envolvendo estrelas de nêutrons. Uma joia, portanto, pode carregar a memória química de uma colisão entre objetos compactos que giraram durante eras antes de se destruírem.

É uma origem mais interessante do que “encontrei numa loja”.

As explosões curtas são rápidas, mas não necessariamente menos violentas. Elas concentram enormes quantidades de energia em intervalos breves. A duração é apenas uma parte da história. Um evento de poucos segundos pode ser mais energético do que algo que dura minutos, dependendo da potência e da forma como a energia é emitida.

A palavra "explosão" também precisa ser usada com cuidado. Em uma explosão comum, imaginamos uma onda de choque se espalhando em todas as direções, pedaços de matéria voando e uma expansão rápida de gases quentes. Uma explosão de raios gama envolve jatos relativísticos, campos magnéticos intensos, partículas aceleradas e radiação de altíssima energia.

Não existe um som.

O espaço não possui ar suficiente para transmitir um estrondo. O universo pode produzir o evento mais luminoso de sua história e permanecer completamente silencioso.

É uma falta de consideração acústica.

Os jatos são fundamentais para entender o perigo. A energia não é distribuída igualmente em todas as direções. Ela é canalizada em feixes estreitos, como se o evento tivesse escolhido apontar suas maiores consequências por dois corredores específicos do espaço.

Se um desses corredores estivesse alinhado com a Terra, receberíamos uma dose muito mais intensa do que receberíamos se estivéssemos fora do eixo.

Essa geometria também explica por que não vemos todas as explosões de raios gama que ocorrem. Muitas devem apontar para longe de nós. Uma explosão pode acontecer em uma galáxia distante sem jamais produzir um sinal forte na direção da Terra. O evento existe, mas seu jato não atravessa o nosso caminho.

É como uma sirene tocando em outro apartamento, mas com o alto-falante apontado para a parede oposta.

A energia da explosão ainda existe.

Nós apenas não recebemos a parte mais intensa dela.

Quando uma explosão de raios gama é observada, os astrônomos registram primeiro o chamado pulso inicial, ou emissão imediata. Depois, instrumentos podem detectar um brilho residual em raios X, luz ultravioleta, luz visível, infravermelho e ondas de rádio.

Esse brilho residual é conhecido como *afterglow*, ou pós-brilho. Ele pode durar horas, dias, semanas ou até mais tempo, dependendo do evento e do comprimento de onda observado.

A explosão é rápida.

A investigação demora.

O universo envia uma mensagem de alguns segundos e obriga os astrônomos a passar meses tentando entender a caligrafia.

Em alguns casos, o brilho associado pode ser detectado por telescópios ópticos. Houve explosões tão intensas que o pós-brilho teria sido visível com instrumentos modestos e, em situações excepcionais, poderia ter alcançado brilho suficiente para ser percebido a olho nu.

Mas o componente principal de raios gama não seria visto como um clarão comum. Nossos olhos não possuem receptores capazes de registrar esses fótons. O céu não necessariamente ficaria branco. A atmosfera absorveria e transformaria parte da radiação antes que ela chegasse ao solo.

O perigo maior não seria uma luz que queima a pele diretamente como o Sol em um dia de verão.

Seria a alteração da atmosfera.

Quando os raios gama atingem a atmosfera terrestre, interagem com moléculas de oxigênio e nitrogênio. A radiação pode ionizar essas moléculas, produzir partículas secundárias e iniciar uma sequência de reações químicas. Entre os produtos formados podem estar óxidos de nitrogênio, compostos capazes de participar de reações que destroem o ozônio estratosférico.

A camada de ozônio funciona como uma espécie de filtro planetário. Ela absorve grande parte da radiação ultravioleta mais energética que vem do Sol. Se o ozônio fosse reduzido de maneira significativa, mais radiação ultravioleta atingiria a superfície.

A explosão de raios gama não precisaria tocar diretamente no chão para produzir consequências.

Bastaria alterar o filtro que protege o chão.

O principal resultado poderia aparecer depois do pulso inicial. A explosão duraria segundos ou minutos, mas os efeitos sobre a química atmosférica poderiam persistir por anos, dependendo da intensidade, da composição da atmosfera e da região afetada.

A Terra não seria necessariamente incinerada.

Não haveria uma onda de fogo percorrendo os oceanos.

As pessoas não desapareceriam instantaneamente em um clarão visível.

O risco seria mais insidioso: aumento da radiação ultravioleta, danos a organismos expostos, perturbações em ecossistemas, impactos sobre o fitoplâncton e possíveis alterações na cadeia alimentar.

A camada de ozônio é um assunto global. Uma alteração significativa afetaria a superfície inteira, embora a intensidade não fosse uniforme. Organismos que vivem em águas profundas, no subsolo ou sob camadas de rocha teriam mais proteção. A vida não desapareceria necessariamente. O planeta não se tornaria uma pedra sem biologia.

Mas a biosfera poderia sofrer danos severos.

O fitoplâncton, por exemplo, ocupa uma posição fundamental em muitos ecossistemas marinhos. Ele produz matéria orgânica, participa do ciclo do carbono e sustenta cadeias alimentares que chegam a peixes, aves, mamíferos e seres humanos. Uma mudança importante na radiação ultravioleta poderia afetar organismos próximos à superfície e causar efeitos em cascata.

A catástrofe não precisaria matar todos os seres vivos.

Bastaria desorganizar as relações que mantêm muitos deles vivos.

A Terra sobreviveria.

A pergunta seria: em que condições?

Essa é uma diferença importante em relação a outras ameaças cósmicas. Um planeta pode continuar orbitando sua estrela mesmo depois de sofrer uma crise biológica profunda. As rochas permanecem. Os oceanos permanecem. Algumas formas de vida persistem. Mas a civilização humana depende de um equilíbrio estreito entre atmosfera, agricultura, clima, organismos e recursos.

Uma explosão de raios gama suficientemente próxima poderia não destruir o planeta, mas poderia tornar sua superfície muito menos hospitaleira por um período considerável.

A palavra “suficientemente” aparece em quase todos os cenários cósmicos assustadores.

Uma explosão distante não é um problema.

Uma explosão próxima, mas fora do eixo, pode ser apenas um evento astronômico.

Uma explosão próxima, alinhada e extremamente energética pode ser uma ameaça.

A ciência precisa calcular o que cada combinação significa.

Alguns estudos usam distâncias da ordem de alguns milhares de anos-luz como escala para investigar possíveis efeitos graves sobre a camada de ozônio. Não existe uma fronteira universal, como uma placa dizendo: *a partir daqui o planeta entra em perigo*. O resultado depende da energia emitida, do espectro da radiação, da abertura do jato, da duração, da geometria e do estado da atmosfera.

Uma explosão excepcionalmente intensa poderia afetar uma região mais distante.

Uma explosão menos energética precisaria estar mais perto.

A física não trabalha com um único número assustador.

Trabalha com uma tabela inteira deles.

Em termos astronômicos, alguns milhares de anos-luz parecem uma distância enorme. Em termos galácticos, porém, isso pode ser considerado uma vizinhança relativamente próxima. A Via Láctea possui dezenas de milhares de anos-luz de diâmetro. Uma explosão ocorrendo no mesmo braço espiral ou em uma região próxima poderia estar suficientemente perto para produzir efeitos importantes, caso todas as outras condições também fossem favoráveis.

Mas a combinação necessária é rara.

Não basta haver uma estrela massiva. Ela precisa terminar sua vida de uma maneira capaz de produzir um jato. Não basta produzir um jato. O jato precisa apontar para nós. Não basta apontar para nós. A distância precisa ser pequena o suficiente. Não basta estar perto. A energia e o espectro precisam produzir uma dose relevante na atmosfera.

É uma loteria com várias condições, e nenhuma das condições é desejável.

A taxa de explosões de raios gama observadas no universo é alta. Satélites detectam eventos com frequência, aproximadamente uma vez por dia em determinados programas de monitoramento, embora as taxas dependam da sensibilidade dos instrumentos e dos critérios usados. Isso não significa que uma explosão ocorra todos os dias na Via Láctea.

A maior parte acontece em galáxias muito distantes.

Quando os detectores registram uma explosão, a luz pode ter viajado bilhões de anos até chegar. O evento já aconteceu há muito tempo. Estamos vendo uma notícia antiga, enviada por um universo que não se preocupa com a rapidez das correspondências.

Uma explosão que parece ter acontecido hoje pode ter ocorrido antes de a Terra existir.

O céu noturno é um arquivo de acontecimentos atrasados.

A luz de uma estrela distante pode estar mostrando uma versão antiga daquela estrela. Uma galáxia pode ter mudado completamente desde que sua imagem partiu. Um buraco negro pode ter engolido matéria, uma supernova pode ter desaparecido e uma civilização pode ter surgido e acabado antes de o sinal chegar aos nossos telescópios.

Quando observamos uma explosão de raios gama, não estamos necessariamente vendo o universo como ele está.

Estamos recebendo uma carta antiga com uma assinatura extremamente energética.

A possibilidade de uma explosão perigosa na Via Láctea é baixa, mas não pode ser tratada como matematicamente impossível. A taxa exata é difícil de estimar. As explosões longas parecem favorecer ambientes com baixa metalicidade, ou seja, regiões com menor abundância de elementos mais pesados que hidrogênio e hélio. Algumas galáxias pequenas e jovens podem ser ambientes mais favoráveis a esse tipo de evento.

A Via Láctea contém regiões com diferentes histórias químicas. Ela não é um lugar completamente seguro apenas porque possui supermercados, bibliotecas e um número razoável de pessoas que sabem preparar café.

Mas muitos modelos indicam que explosões longas perigosas são menos frequentes em galáxias como a nossa do que o número bruto de eventos cósmicos poderia sugerir.

As explosões curtas, associadas a fusões de estrelas de nêutrons, obedecem a outro conjunto de condições. Elas exigem sistemas binários compactos que sobrevivam por muito tempo, percam energia orbital e finalmente se fundam. Também produzem jatos que precisam estar orientados de maneira adequada.

O universo não parece interessado em facilitar o alinhamento.

Uma estrela massiva próxima não é automaticamente uma ameaça de explosão de raios gama. Uma supernova iminente não é necessariamente um GRB. Uma estrela de nêutrons não é uma granada cósmica esperando que alguém mexa nela. E não há, atualmente, uma fonte conhecida na vizinhança galáctica que seja considerada uma ameaça iminente desse tipo.

A existência de uma possibilidade teórica não transforma cada estrela brilhante em um suspeito.

Se o Sol pudesse produzir uma explosão de raios gama, ele provavelmente já teria feito isso, mas o Sol não possui a massa, a estrutura e a evolução necessárias para produzir um GRB clássico. Ele é uma estrela relativamente tranquila, embora ainda consiga lançar tempestades solares capazes de interferir em satélites, comunicações e redes elétricas.

Uma tempestade solar não é uma explosão de raios gama.

O Sol pode causar problemas tecnológicos sem precisar apontar um jato relativístico para o planeta. A humanidade tem a sorte de viver em um universo onde a estrela mais próxima é perigosa de maneiras mais administrativas.

O risco de um GRB próximo também precisa ser comparado com a proteção oferecida pela atmosfera. Os raios gama atravessam o espaço sem dificuldade, mas a atmosfera não é uma janela perfeitamente transparente. Ela funciona como uma barreira de gás. Parte da energia é absorvida nas camadas superiores e convertida em partículas secundárias.

Isso é bom para quem vive no chão.

A atmosfera é uma espécie de funcionário de segurança que recebe o pacote perigoso antes que ele chegue à sala principal. O problema é que, ao abrir a caixa, pode produzir resíduos químicos. A proteção não é gratuita. Ela impede que a maior parte da radiação atinja diretamente a superfície, mas pode sofrer alterações que causam problemas posteriores.

Os raios gama não precisam atravessar intactos para serem perigosos.

Precisam apenas transferir energia e iniciar reações.

É possível imaginar uma explosão tão intensa que a radiação primária produza danos diretos significativos na superfície. Mas, em muitos cenários discutidos para a Terra, a preocupação central é o efeito atmosférico. A radiação modifica a química do ar, o ozônio diminui e a superfície recebe mais ultravioleta solar.

A estrela responsável pela explosão estaria a milhares de anos-luz.

O Sol, que não teve participação no evento, seria encarregado de aplicar a segunda etapa.

A radiação ultravioleta adicional poderia afetar o DNA de organismos expostos, aumentar danos em plantas e animais, prejudicar microrganismos próximos à superfície e alterar ecossistemas marinhos. Os efeitos dependeriam da duração da redução do ozônio e da capacidade de recuperação dos diferentes sistemas.

Não seria um interruptor que transforma “vida” em “morte”.

Seria uma mudança no ambiente que aumenta a dificuldade de sobrevivência.

Algumas formas de vida se adaptariam. Outras migrariam. Outras desapareceriam. Espécies marinhas profundas poderiam ser menos afetadas. Organismos subterrâneos encontrariam proteção. A biosfera possui uma diversidade extraordinária de estratégias, e nem todas dependem de ficar expostas ao céu.

A humanidade, por outro lado, gosta de viver na superfície, plantar alimentos sob a luz do Sol e reclamar quando o aplicativo de previsão do tempo erra.

Uma redução global do ozônio seria um problema social e ecológico enorme.

Não é possível dizer com segurança que um GRB próximo causaria uma extinção em massa específica. Os modelos variam, e as evidências geológicas de eventos passados são difíceis de interpretar. Alguns pesquisadores já discutiram a possibilidade de uma explosão de raios gama ter contribuído para uma extinção ocorrida na história da Terra, como a do Ordoviciano-Siluriano, há centenas de milhões de anos.

Essa hipótese é interessante, mas não foi confirmada.

Uma extinção pode ter múltiplas causas. Mudanças climáticas, vulcanismo, alterações no nível do mar, impactos de asteroides e transformações ecológicas podem atuar juntos. Encontrar uma assinatura compatível com radiação não é o mesmo que encontrar o culpado segurando a caixa de fósforos.

O universo não possui uma delegacia suficientemente grande para investigar todos os crimes geológicos.

As explosões de raios gama também ajudam a ilustrar uma diferença entre energia e perigo. Um evento pode liberar uma quantidade inimaginável de energia e ainda não representar qualquer risco para nós se estiver suficientemente distante. Ao mesmo tempo, um evento menos energético, mas próximo e alinhado, poderia produzir efeitos mais relevantes.

Distância é uma forma de proteção.

Direção também.

A energia de uma explosão não é uma sentença automática. É uma condição inicial para calcular o que acontece depois.

O jato torna a questão ainda mais curiosa. Em muitos casos, a emissão está confinada a uma abertura angular estreita. Isso reduz a energia total necessária para produzir o brilho observado em comparação com a hipótese de emissão uniforme em todas as direções. Quando os astrônomos calculam a chamada energia isotrópica equivalente, fazem uma pergunta hipotética: quanto de energia seria necessário se o evento emitisse igualmente para todo o céu?

A resposta pode ser gigantesca, mas não é necessariamente a energia real total.

É como ver um holofote distante e imaginar quanta luz seria necessária para iluminar a cidade inteira com a mesma intensidade. O foco do feixe faz diferença.

O jato é, ao mesmo tempo, a razão pela qual a explosão parece tão luminosa e a razão pela qual o perigo exige um alinhamento específico.

Se a Terra estiver fora do feixe principal, podemos receber emissões laterais, partículas ou o pós-brilho, mas a dose de raios gama será muito menor. Um evento próximo poderia produzir ondas gravitacionais detectáveis sem produzir uma catástrofe atmosférica.

O universo pode anunciar a colisão sem apontar o canhão.

As fusões de estrelas de nêutrons oferecem uma possibilidade de alerta por ondas gravitacionais. Observatórios na Terra podem detectar as vibrações do espaço-tempo produzidas pela fusão. Em alguns casos, o sinal gravitacional chega pouco antes da emissão de raios gama, por uma diferença de segundos.

Isso seria suficiente para enviar uma notificação?

Talvez.

Seria suficiente para proteger a atmosfera?

Não.

Uma civilização poderia detectar a fusão, olhar para o relógio e perceber que possui apenas alguns segundos para fazer tudo o que sempre quis. A lista de prioridades seria curta: fechar a janela, desligar o fogão, cancelar a assinatura de um serviço e aceitar que nenhum desses gestos alterará a física.

Para eventos muito distantes, a detecção seria principalmente científica. Para um evento perigoso dentro da galáxia, talvez tivéssemos algum aviso por ondas gravitacionais ou neutrinos, dependendo do tipo de explosão. Mas não haveria tempo para evacuar o planeta ou construir uma atmosfera de reserva.

A prevenção real teria de acontecer antes, por meio do conhecimento da população de estrelas, da evolução estelar e da identificação de possíveis progenitores. Mesmo isso não permitiria prever com certeza quando uma estrela colapsaria e se produziria um jato apontado para nós.

A astronomia oferece mapas.

Não oferece um calendário completo de mortes estelares.

Também não há um escudo prático que possamos colocar entre a Terra e uma explosão de raios gama. A atmosfera é a principal proteção natural. Um abrigo subterrâneo poderia proteger seres humanos da radiação ultravioleta posterior, mas não resolveria sozinho os danos à agricultura, aos oceanos e aos ecossistemas.

Construir uma segunda atmosfera seria um projeto um pouco acima do orçamento do condomínio.

A ideia de que um clarão distante poderia afetar a vida na Terra parece desproporcional. Estamos acostumados a imaginar que os eventos precisam tocar diretamente um objeto para alterá-lo. Uma explosão a milhares de anos-luz parece pertencer a outro universo, uma história que não tem relação com a nossa sala.
Mas a radiação atravessa o espaço.

A luz de uma estrela pode aquecer um planeta. A radiação ultravioleta pode danificar moléculas. Partículas solares podem interferir em satélites. Um sinal de rádio pode carregar uma mensagem. O universo não respeita as paredes do nosso condomínio quando possui uma forma de energia que atravessa a distância.

O jato de raios gama seria uma visita sem corpo.

Não bateria à porta.

Atingiria a atmosfera e deixaria um problema químico.

O medo também vem da duração. Uma explosão de raios gama pode ser breve, mas sua intensidade é concentrada. Um evento que dura vinte segundos não parece longo para uma vida humana. Mas, se durante esses vinte segundos a energia depositada na atmosfera for enorme, o tempo curto não oferece conforto.

Um forno ligado por um segundo não assa um pão.

Um laser intenso por um instante pode danificar um material.

O efeito depende da potência, da absorção e da dose total.

A atmosfera receberia uma quantidade de energia distribuída por uma área planetária enorme. O resultado não seria necessariamente uma onda uniforme. O feixe poderia atingir uma região mais diretamente, e a rotação da Terra distribuiria parte dos efeitos ao longo do tempo. A química atmosférica também se espalharia, tornando o problema global.

A explosão chegaria por um lado.

As consequências poderiam atravessar o planeta.

Isso não significa que o céu inteiro ficaria permanentemente radioativo. Os raios gama passariam. O problema seria o que sua passagem deixaria na composição da atmosfera e na relação entre a superfície e a luz solar.

Uma comparação adequada seria uma queimadura química, não um incêndio. O evento não precisa manter uma chama para modificar a pele. Basta iniciar reações que continuam depois que a fonte desaparece.

A camada de ozônio poderia ser danificada por uma descarga cósmica que terminou antes de alguém conseguir perguntar o que aconteceu.

O universo não precisa insistir para causar efeitos duradouros.

A maioria das explosões de raios gama observadas ocorre em galáxias muito distantes. Isso é uma boa notícia, embora a palavra "boa" pareça modesta quando estamos falando de eventos que transformam estrelas em jatos relativísticos. A distância é tão grande que a radiação chega enfraquecida e sem efeitos relevantes para a atmosfera terrestre.

O brilho detectado pelos satélites pode ser extraordinário para os instrumentos e completamente inofensivo para nós.

Uma explosão pode iluminar o universo observável e ainda não alterar a temperatura da cozinha.

É fácil esquecer isso quando lemos números enormes. A energia total de um GRB pode ser comparável, em alguns casos e dependendo da maneira de contabilizar, à energia que uma estrela como o Sol emitirá ao longo de toda a sua vida. Mas essa energia está espalhada por distâncias imensas ou concentrada em um jato que, na maior parte dos casos, não aponta para nós.

O cosmos pode ser generoso na emissão e econômico na distribuição local.

Se um evento perigoso ocorresse na Via Láctea, seria provavelmente um acontecimento raro. As condições necessárias são numerosas, e a orientação do jato reduz ainda mais a probabilidade. A história da Terra também oferece algum contexto. O planeta existe há cerca de 4,5 bilhões de anos e passou por uma enorme variedade de eventos astrofísicos. Não temos uma assinatura confirmada de uma explosão de raios gama que tenha produzido uma devastação global.

Isso não prova que nunca aconteceu.

Prova apenas que não encontramos uma prova convincente.

A geologia é uma testemunha antiga, mas possui memória imperfeita. Rochas são erodidas, continentes se movimentam, oceanos desaparecem e sinais químicos podem ser produzidos por várias causas diferentes. Investigar um evento que aconteceu centenas de milhões de anos atrás exige separar a assinatura possível de um GRB de todas as outras marcas deixadas pelo planeta.

A Terra guarda segredos em camadas.

Alguns deles talvez tenham vindo de estrelas.

A ideia de uma explosão próxima também produz uma pergunta sobre a posição da humanidade no universo. Somos uma espécie que surgiu em um planeta relativamente pequeno, orbitando uma estrela comum, em uma galáxia entre bilhões. A maior parte do cosmos é hostil à vida como a conhecemos. Estrelas explodem, buracos negros crescem, planetas congelam, radiação atravessa o espaço e a matéria se organiza em formas que não têm interesse em receber visitantes.

Ainda assim, encontramos um lugar relativamente estável.

A atmosfera protege.

O campo magnético desvia partículas carregadas.

O Sol fornece energia em uma faixa compatível com a vida.

A Terra possui oceanos, continentes e uma distância adequada da estrela.

A vida não precisa de um universo gentil.

Precisa de uma janela de condições toleráveis.

Uma explosão de raios gama apontada para a Terra fecharia essa janela por algum tempo. Mas o fato de a janela poder ser fechada não significa que esteja prestes a fechar. A existência de uma ameaça cósmica possível não transforma o céu em uma arma carregada.

As estrelas não são todas suspeitas.

A maioria é apenas luminosa.

Naquela noite, a energia voltou. A geladeira fez um ruído, o roteador piscou e a televisão retomou um programa que ninguém estava assistindo. Encontrei a vela, mas não o fósforo. A emergência havia terminado sem que eu acendesse nada.

Pensei na diferença entre a vela e uma explosão de raios gama. A vela precisa de oxigênio, pavio, cera e fogo. Uma GRB precisa de uma estrela em colapso ou de uma fusão compacta, campos magnéticos extremos, matéria acelerada e uma geometria que organize o jato.

A vela ilumina uma mesa.

A GRB pode ser detectada a bilhões de anos-luz.

A vela faz sombra na parede.

A GRB não precisa de uma chama para alterar a química de um planeta distante.

O universo não trabalha com fósforos.

Trabalha com gravidade, campos, rotação, colapso e partículas que viajam quase à velocidade da luz.

Se uma explosão de raios gama suficientemente próxima e alinhada nos atingisse, talvez o primeiro sinal fosse registrado por um satélite. Um detector dispararia um alerta. Telescópios apontariam para uma região do céu. Pesquisadores examinariam o pulso, estimariam a distância, avaliariam a energia e começariam a publicar artigos enquanto o resto da humanidade procuraria informações na internet.

O céu poderia não mostrar nada de imediato.

O problema estaria acontecendo no alto da atmosfera, onde fótons invisíveis iniciariam uma cadeia de reações.

Depois, o Sol continuaria brilhando.

A luz ultravioleta chegaria em maior quantidade.

As plantas, os animais e os seres humanos enfrentariam um ambiente alterado.

Não seria uma cena de filme em que todos olham para cima e veem uma parede de fogo. Seria mais lento, químico e injusto. A explosão terminaria rapidamente, mas a biosfera teria de lidar com suas consequências.

O horror científico raramente respeita o ritmo do cinema.

Às vezes, ele começa com um satélite emitindo um sinal curto.

Depois, passa para uma alteração na camada de ozônio.

Em seguida, chega às plantações, aos oceanos e aos organismos expostos.

A catástrofe não precisa ter uma trilha sonora.

Uma das coisas mais assustadoras sobre os raios gama é que eles não precisam atravessar toda a distância até o solo para cumprir seu papel. A atmosfera faz o trabalho de absorção, mas também se torna o local onde a energia é convertida em química. A barreira protege e, ao mesmo tempo, reage.

É como uma parede que impede um invasor de entrar, mas pega fogo ao ser atingida.

A parede continua sendo melhor do que nenhuma parede.

Mas não sai ilesa.

A atmosfera terrestre já enfrentou radiação intensa de várias fontes ao longo da história. O campo magnético e a própria atmosfera oferecem proteção contra partículas solares e cósmicas. A vida também evoluiu em ambientes diversos, incluindo regiões profundas e protegidas. Um GRB não precisa ser tratado como uma sentença de extinção total.

A biosfera é mais resistente do que parece.

A civilização humana, porém, depende de muitas condições que não precisam desaparecer completamente para produzir uma crise global. A agricultura, a pesca, a saúde pública e as cadeias de abastecimento são sistemas interligados. Uma mudança persistente na radiação ultravioleta poderia afetar alimentos, ecossistemas e a distribuição de doenças.

O planeta sobreviveria.

A civilização talvez precisasse reaprender a viver debaixo de proteção.

A ideia é suficientemente assustadora sem afirmar que todos morreriam. O verdadeiro risco seria a perturbação de uma rede complexa de vida, não a vaporização instantânea de cada organismo.

Uma espécie não precisa ser totalmente exterminada para perder o mundo que conhecia.

O pós-brilho de um GRB também poderia produzir radiação em outras faixas, mas o impacto específico dependeria do evento. Os jatos interagem com o meio ao redor, formam ondas de choque e aceleram partículas. A emissão observada pode evoluir ao longo de dias e semanas.

Para quem está na Terra, o evento pareceria uma mensagem em várias partes. Primeiro, um sinal rápido e energético. Depois, um rastro que desaparece gradualmente. O universo não entrega uma única explosão, mas uma sequência de consequências em diferentes frequências.

A explosão seria um título.

O afterglow, as notas de rodapé.

A astronomia moderna consegue localizar alguns GRBs rapidamente porque satélites distribuem alertas a observatórios em todo o mundo. Telescópios terrestres e espaciais acompanham o evento, medem o espectro e estimam a distância. As explosões são ferramentas importantes para estudar formação estelar, evolução de galáxias, matéria em condições extremas e a expansão do universo.

O mesmo fenômeno que poderia ser perigoso em uma situação hipotética é extremamente útil quando acontece longe.

Isso é comum na ciência. Buracos negros podem destruir objetos, mas também permitem testar a gravidade. Supernovas podem desintegrar estrelas, mas produzem elementos pesados. Fusões de estrelas de nêutrons são violentas, mas revelam ondas gravitacionais e ajudam a explicar a origem de elementos.

O cosmos não separa os fenômenos em "bons" e "ruins".

Ele produz eventos.

Nós decidimos como classificá-los a partir de seus efeitos.

Em algumas explosões, a radiação de alta energia pode atravessar o espaço e revelar informações sobre o material entre as galáxias. O pulso funciona como uma lanterna extremamente distante, embora uma lanterna que preferisse transformar uma parte da atmosfera em química atmosférica se estivesse perto demais.

A mesma intensidade que serve para estudar o universo seria excessiva para uma biosfera.

É uma questão de distância.

Um forno é útil na cozinha.

Um forno colocado dentro do bolso deixa de ser uma ferramenta.

Um GRB é um laboratório natural distante.

Não queremos um no quintal galáctico.

O fato de os raios gama serem invisíveis também produz uma reflexão desconfortável. A humanidade aprendeu a associar perigo a sinais sensoriais: fumaça, calor, barulho, luz intensa, cheiro de gás. A radiação ionizante não precisa oferecer nenhum desses avisos. Ela pode atravessar o ambiente sem cheiro, sem cor e sem som.

Os instrumentos são os sentidos ampliados.

Sem eles, o universo esconderia grande parte de seus eventos mais energéticos.

O detector de raios gama é uma espécie de nariz para catástrofes invisíveis. Ele registra a energia, o tempo e a direção aproximada do pulso. Não precisa ver uma chama. Precisa contar fótons.

A ciência transforma o invisível em dado.

Isso não elimina o perigo hipotético, mas permite medir os eventos que acontecem longe e procurar sinais de que algum deles ocorreu perto no passado.

Até o momento, nenhum alerta astronômico aponta para uma explosão iminente direcionada à Terra. Não há uma estrela próxima conhecida que esteja prestes a produzir um GRB com jato alinhado conosco. As explosões observadas continuam vindo, em sua maioria, de distâncias cosmológicas enormes.

O espaço entre nós e elas é uma proteção extraordinária.

O universo é perigoso.

Também é muito grande.

Essa combinação costuma trabalhar a nosso favor.

Talvez o maior risco de uma explosão de raios gama seja que ela não se parece com uma ameaça até ser tarde demais. Um asteroide pode ser rastreado. Uma tempestade solar pode ser monitorada. Um vulcão pode emitir sinais. Uma explosão de raios gama distante aparece subitamente no detector, e, se fosse próxima, não haveria um longo período de aviso.

Mas a ausência de aviso não significa alta probabilidade.

Um dado pode ser verdadeiro sem ser frequente.

A possibilidade de um raio cair em uma casa existe. Isso não transforma cada telhado em uma emergência. A possibilidade de uma explosão próxima existe em certos modelos. Isso não transforma cada estrela em um canhão apontado para nós.

O céu não precisa ser vigiado com medo.

Ele pode ser estudado com respeito.

Na cozinha, finalmente encontrei uma caixa de fósforos atrás de uma panela. Acendi um deles e observei a chama crescer, pequena, amarela e perfeitamente controlável. Ela iluminou a bancada, revelou a chave desconhecida e deixou claro que o recibo antigo já não servia para nada.

A chama durou alguns segundos.

Uma explosão de raios gama também pode durar segundos, mas a comparação termina aí. O fósforo queima uma pequena quantidade de material em um espaço minúsculo. A GRB envolve o colapso de uma estrela ou a fusão de objetos compactos e lança energia através do espaço em jatos relativísticos.

O fósforo precisa ser riscado.

O universo só precisa esperar uma estrela morrer.

Apaguei a chama e fiquei olhando para a fumaça desaparecer.

Se o jato de uma explosão distante estivesse apontado para nós, os satélites registrariam o pulso, a atmosfera absorveria a radiação e o planeta começaria a lidar com as consequências. Se o evento ocorresse fora do eixo, talvez nada importante acontecesse. Se estivesse longe, seria apenas uma notícia antiga. Se fosse uma fusão de estrelas de nêutrons, talvez ondas gravitacionais chegassem pouco antes do sinal luminoso. Se fosse uma estrela massiva, nenhum aviso prático provavelmente chegaria a tempo.

Cada detalhe mudaria o desfecho.

A astronomia não oferece um único roteiro.

Oferece um conjunto de possibilidades condicionais.

As explosões de raios gama são reais. O perigo para a Terra é hipotético e depende de um evento próximo, excepcionalmente energético e alinhado de maneira desfavorável. Não há evidência de que isso esteja prestes a acontecer. A ciência não prevê uma explosão local iminente.

O universo já produziu muitos clarões.

A maioria aconteceu longe.

A maioria não apontou para nós.

A maioria chegou apenas como informação.

Talvez seja assim que continuaremos a encontrá-los: como pulsos breves em detectores, mensagens antigas vindas de galáxias remotas, sinais de que uma estrela morreu de maneira espetacular antes que a Terra tivesse nome, oceanos ou alguém procurando fósforos em uma gaveta.

O clarão não precisa de fósforo.

Mas, felizmente, também não parece estar procurando uma caixa perto da Terra.

Capítulo 13

Inflação eterna e universos-bolha

Talvez nosso universo seja apenas uma bolha entre muitas.

Na manhã em que suspeitei que o universo pudesse ser uma bolha, eu estava lavando louça.

O prato tinha restos de molho de tomate. A pia estava cheia de copos, talheres e uma panela que havia desenvolvido uma relação hostil com a esponja. Abri a torneira, coloquei detergente na água e comecei a esfregar uma colher.

Foi quando surgiu uma bolha de sabão.

Ela cresceu na ponta da espuma, refletiu a janela, deformou a imagem da cozinha e flutuou por alguns segundos sobre a pia. Dentro de sua superfície fina, o mundo parecia curvado. A lâmpada adquiriu uma forma arredondada. A parede se contorceu. Meu rosto apareceu dividido em cores, como se tivesse sido contratado para interpretar uma pessoa em um sonho particularmente barato.

Depois, a bolha estourou.

A cozinha voltou ao normal.

Pensei que, se o universo fosse uma bolha, a pia deveria ser uma estrutura cosmológica incompreensível, o detergente teria propriedades que nenhum laboratório conseguiria reproduzir e ninguém saberia explicar onde ficava o ralo. O estouro não produziria apenas algumas gotas sobre a bancada. Talvez apagasse galáxias, alterasse as leis da física ou transformasse tudo o que conhecemos em uma lembrança breve na espuma de uma realidade maior.

A comparação é sedutora.

Também é perigosa.

Os universos-bolha da cosmologia não são exatamente bolas de sabão flutuando em uma pia gigantesca. Não existe necessariamente um espaço externo parecido com o nosso, no qual universos esféricos se movimentam como bolhas comuns. Uma "bolha" cosmológica é, em muitos modelos, uma região do espaço-tempo que passou por uma transição de estado. O interior pode conter um universo inteiro, com sua própria expansão, matéria, radiação e história.

Não há uma parede transparente separando a bolha de um lado de fora observável.

Não há um observador externo segurando uma rede para capturá-la.

Não há uma pia conhecida.

O nome é uma metáfora para uma ideia muito mais abstrata: a possibilidade de que o nosso universo seja apenas uma região entre muitas, formada durante um processo de expansão cósmica que continua em outras partes.

Esse processo é chamado de *inflação eterna*.

Para entender a inflação eterna, precisamos voltar a um período muito antigo do cosmos, anterior à formação das estrelas, dos átomos, dos planetas, das galáxias e das pessoas que deixam panelas de molho durante três dias.

A *inflação cósmica* é a hipótese de que, em uma fase extremamente inicial, o espaço passou por uma expansão acelerada e quase exponencial. Não foi uma explosão de matéria dentro de um espaço vazio preexistente. Foi o próprio espaço aumentando de escala em uma velocidade extraordinária.

Uma região minúscula poderia ser esticada até alcançar um tamanho muito maior. Distâncias que antes eram microscópicas seriam ampliadas. Pequenas irregularidades quânticas seriam alongadas e transformadas em diferenças de densidade que, muito tempo depois, serviriam como sementes para a formação de galáxias e aglomerados.

O universo teria feito uma expansão tão rápida que até a massa de pão do capítulo anterior pareceria excessivamente modesta.

A inflação foi proposta para ajudar a explicar algumas características do universo observável. Uma delas é a chamada planura espacial. Em grandes escalas, o espaço parece muito próximo de geometricamente plano. Outra é a uniformidade da radiação cósmica de fundo: regiões muito distantes apresentam temperaturas semelhantes, embora, em uma cosmologia sem inflação, pareça difícil que tenham trocado informação suficiente para alcançar esse equilíbrio.

A inflação oferece uma resposta: essas regiões estavam muito próximas antes da expansão acelerada. Depois foram separadas por uma ampliação gigantesca do espaço.

É como preparar uma massa em uma única tigela e depois esticá-la até que dois pedaços acabem em lados opostos de uma cozinha enorme. Eles podem parecer independentes agora, mas compartilharam condições quando estavam próximos.

A inflação também explicaria por que certas irregularidades são pequenas, mas não exatamente nulas. O universo não seria perfeitamente uniforme. Pequenas flutuações quânticas no campo responsável pela inflação poderiam ser ampliadas até escalas astronômicas. Regiões ligeiramente mais densas atrairiam mais matéria. Ao longo de bilhões de anos, essas diferenças cresceriam e formariam galáxias, estrelas e estruturas cósmicas.

As galáxias seriam, em parte, lembranças ampliadas de um ruído microscópico.

O cosmos teria transformado uma oscilação quântica em uma Via Láctea.

A inflação não é uma teoria diretamente observada como vemos uma cadeira ou medimos a temperatura de uma panela. Há observações da radiação cósmica de fundo e da distribuição das estruturas do universo que são compatíveis com previsões de muitos modelos inflacionários. A inflação é uma classe de ideias com grande poder explicativo, mas ainda não conhecemos o campo responsável por ela de maneira direta, nem sabemos qual modelo específico descreve o universo.

Isso é importante porque *inflação cósmica e inflação eterna* não são sinônimos.

Uma fase inflacionária pode ter acontecido e terminado sem produzir infinitos universos-bolha. A inflação eterna aparece apenas em determinados modelos, quando o processo consegue continuar em algumas regiões enquanto termina em outras.

A palavra "eterna" também precisa de uma etiqueta.

Ela geralmente significa que a inflação continua indefinidamente no futuro em parte do espaço, não que o universo inflacionário tenha existido para sempre no passado. Um processo pode ser eterno para a frente sem ser eterno para trás. Uma torneira pode permanecer aberta até amanhã sem ter estado aberta desde o início dos tempos.

Em algumas versões, o campo inflacionário desce gradualmente por uma paisagem de energia. Em outras, regiões do campo podem sofrer flutuações quânticas que as mantêm em um estado inflacionário por mais tempo. Enquanto algumas áreas terminam a inflação, outras continuam se expandindo.

A expansão do fundo inflacionário pode ser tão rápida que o volume ainda inflacionando aumenta mesmo quando novas regiões deixam de inflacionar.

O resultado é uma espécie de produção contínua de universos-bolha.

Uma região para de inflar.

A energia armazenada no campo se transforma em partículas e radiação.

O espaço interno aquece.

Começa uma história cósmica semelhante à nossa.

Ao redor, porém, outras regiões continuam inflando e podem gerar novas bolhas.

O universo não seria uma bolha solitária em uma pia silenciosa.

Seria uma espuma cósmica em que algumas bolhas nascem, crescem, colidem ou ficam separadas por uma expansão que não permite encontros.

A parte mais estranha é que cada bolha pode conter uma realidade inteira.

Quando a inflação termina dentro de uma região, a energia do campo pode ser convertida em partículas. Esse processo é frequentemente chamado de *reaquecimento*. O interior da bolha não seria um espaço vazio no sentido cotidiano, mas um ambiente quente e denso cheio de radiação e matéria.

O Big Bang quente, nesse cenário, não precisaria ser o início absoluto de tudo. Poderia ser a fase que surgiu quando a inflação terminou dentro da nossa bolha.

O universo teria começado, em parte, como o fim de uma expansão ainda mais antiga.

É uma solução elegante para o problema da origem e uma maneira eficiente de produzir mais perguntas. Se o nosso Big Bang foi o reaquecimento de uma bolha, o que acontecia fora dela? Quantas outras bolhas existiam? O campo inflacionário continua em algum lugar? As bolhas podem colidir? Existe um estado anterior à inflação? O tempo do lado de fora é comparável ao nosso?

A palavra "fora" pode ser enganosa.

Em uma bolha de sabão comum, existe uma superfície, um interior e um exterior. Podemos observar a bolha de fora, medir sua espessura e vê-la estourar. Em uma bolha cosmológica, o interior pode ser uma região completa do espaço-tempo. O "exterior" não precisa ser um lugar que possamos visitar. Pode ser uma parte do campo inflacionário que não compartilha nossa história causal.

Talvez não exista uma vista externa.

Talvez um observador localizado dentro de uma bolha jamais consiga enxergar a espuma inteira.

Talvez a pergunta "onde está a bolha?" não faça sentido sem uma estrutura dimensional mais ampla.

É como perguntar onde fica um sonho em relação ao quarto. O sonho possui uma paisagem, objetos, distâncias e acontecimentos, mas não é uma pequena sala localizada atrás da testa. A relação entre o sonho e o quarto exige uma descrição diferente daquela usada dentro do sonho.

Os universos-bolha podem exigir uma descrição semelhante.

A metáfora da espuma ajuda a imaginar multiplicidade, mas cria a impressão de que todas as bolhas estão mergulhadas em um espaço tridimensional comum. Em muitos modelos, o cenário inflacionário envolve uma geometria mais complexa. As bolhas podem ser regiões de um espaço-tempo em expansão, e não objetos sólidos atravessando um ambiente externo.

Não existe uma pia cosmológica confirmada.

O que existe é uma teoria de campos, uma geometria e uma dinâmica que podem produzir regiões com histórias diferentes.

A palavra "bolha" também não significa que o interior seja oco. Nossa bolha não seria uma casca fina envolvendo um vazio. Ela poderia conter galáxias, radiação, matéria escura, energia escura, buracos negros e tudo o que conhecemos. O interior seria o universo, não um espaço dentro do universo.

Seria como chamar uma cidade de bolha porque ela está separada de outras cidades por uma fronteira administrativa. A cidade não é vazia no centro. Ela contém ruas, casas, árvores, pessoas e uma quantidade surpreendente de obras que começam às sete da manhã.

Em alguns modelos, diferentes bolhas poderiam terminar a inflação em diferentes estados dos campos. Essa possibilidade é a origem de uma das partes mais fascinantes da hipótese: *as bolhas poderiam nascer com condições físicas distintas.*

As leis fundamentais talvez fossem as mesmas em todas elas, mas os campos poderiam assumir valores de equilíbrio diferentes. Quando uma simetria se quebra, o universo escolhe uma configuração entre várias possibilidades. Essa escolha pode afetar as massas das partículas, a intensidade das forças, a estabilidade dos núcleos atômicos e a existência de estruturas complexas.

Uma bolha poderia possuir elétrons com massa diferente.

Outra poderia ter uma força forte com intensidade suficiente para impedir a formação de hidrogênio estável.

Outra poderia apresentar uma constante cosmológica tão grande que o espaço se expandisse rapidamente antes de formar estrelas.

Outra talvez contivesse apenas partículas que não se combinam em átomos.

Outra poderia ter uma química extraordinária.

Outra poderia não ter química alguma.

O multiverso seria uma coleção de cozinhas com receitas diferentes.

Em algumas, o café existe.

Em outras, a água não ferve.

Em outras, não há xícaras.

Em outras, os ingredientes se transformam em estrelas antes que qualquer pessoa possa preparar o café.

É importante não afirmar que todos os universos-bolha necessariamente possuem leis diferentes. Em alguns cenários, as leis fundamentais seriam comuns, enquanto mudariam apenas as condições iniciais. Em outros, diferentes estados de vácuo produziriam diferentes propriedades efetivas. A variedade depende do modelo específico.

A física não permite escrever "universo alternativo" em uma etiqueta e concluir que tudo pode acontecer.
É preciso definir o mecanismo que gera a diferença.

Em teorias que possuem muitos estados possíveis de baixa energia, cada bolha poderia escolher uma configuração diferente. A ideia de uma paisagem de estados aparece em discussões relacionadas à teoria das cordas, embora a relação entre essa paisagem, a inflação eterna e o nosso universo continue sendo especulativa.

Uma parte da paisagem poderia produzir universos com três dimensões espaciais grandes. Outra poderia compactar dimensões de maneira diferente. Algumas poderiam ter partículas leves e estáveis. Outras poderiam produzir apenas estados de vida muito curta.

O número de possibilidades pode ser enorme.
Enorme, porém, não é sinônimo de infinito.

E infinito não é sinônimo de explicação.

Se existirem muitos universos com valores diferentes para suas constantes físicas, surge uma pergunta inevitável: por que encontramos justamente este? Por que a massa do elétron, a intensidade das forças, a densidade de energia escura e outras grandezas possuem valores compatíveis com estrelas, planetas, química e vida?

Uma resposta possível envolve o *princípio antrópico*. Se há muitos universos-bolha com condições diferentes, apenas uma fração deles permitiria observadores. Não seria surpreendente encontrarmos a nós mesmos em uma bolha compatível com a nossa existência, porque em bolhas incompatíveis não haveria ninguém para fazer a pergunta.

Isso é parecido com alguém que acorda em uma casa com oxigênio, água e temperatura adequada e conclui que a casa foi escolhida especialmente para ele. Talvez tenha sido. Mas, se houver bilhões de casas sem ar e apenas algumas habitáveis, qualquer pessoa consciente necessariamente acordará em uma das poucas que permitem sua existência.

O fato de estarmos em um ambiente adequado pode ser uma seleção observacional, não uma mensagem personalizada.

A explicação é intelectualmente poderosa e controversa. Alguns cientistas consideram que o raciocínio antrópico pode ajudar a compreender por que certos parâmetros são pequenos ou parecem ajustados. Outros argumentam que ele pode se tornar uma maneira de aceitar qualquer valor depois que ele é observado, reduzindo o poder de previsão da teoria.

Se qualquer constante puder ser explicada dizendo que só existimos onde ela permite nossa existência, a explicação corre o risco de ficar confortável demais.

Uma teoria que explica a sua própria seleção precisa ainda mostrar como prever alguma coisa.

O multiverso pode fornecer contexto.

Não necessariamente fornece uma resposta completa.

A ideia de que diferentes bolhas possuem diferentes leis também modifica nossa noção de "lei da física". Talvez a lei mais profunda seja a regra que permite vários estados de vácuo. Dentro de cada bolha, as leis observadas seriam consequências da configuração escolhida.

A gravidade seria uma regra comum.

A massa das partículas, uma consequência local.

A química, um efeito emergente.

O universo não teria uma única receita fixa, mas um conjunto de receitas permitidas por uma cozinha mais ampla.

Isso lembra o falso vácuo do capítulo anterior. Uma transição de uma configuração de energia para outra poderia criar uma nova região com propriedades distintas. A diferença é que, na inflação eterna, a formação de bolhas pode estar ligada ao encerramento da inflação e ao reaquecimento, não necessariamente a uma transição catastrófica que atravessa um universo já formado.

Uma bolha pode nascer durante a história inflacionária.

Um vácuo pode decair dentro de um universo existente.

Os mecanismos podem se relacionar, mas não são idênticos.

A palavra "bolha" esconde uma variedade de processos.

Na cozinha, uma bolha de sabão surge porque a água com detergente forma uma película. A tensão superficial tenta minimizar a área, enquanto o ar aprisionado mantém a forma por algum tempo. Se a película fica fina ou é perturbada, a bolha estoura.

Em uma bolha cosmológica, o papel da película pode ser desempenhado por uma parede de domínio ou por uma transição entre estados do campo. O que sustenta a expansão interna não é ar preso, mas a dinâmica da energia do campo e da geometria do espaço-tempo.

A bolha de sabão quer minimizar sua superfície.

A bolha cosmológica pode crescer porque a diferença entre os estados favorece a expansão.

A bolha de sabão precisa de detergente.

A bolha cosmológica precisa de uma teoria.

Nenhuma das duas precisa de uma equipe de limpeza.

Se duas bolhas se formarem próximas, elas podem colidir. A colisão não seria necessariamente uma batida entre objetos sólidos. Suas paredes e regiões de transição poderiam interagir, alterando a geometria e os campos na zona de encontro.

Dentro de uma bolha, uma colisão com outra poderia deixar marcas na radiação cósmica de fundo. A assinatura poderia assumir a forma de padrões circulares, assimetrias ou perturbações específicas. Também poderiam surgir ondas gravitacionais ou alterações na distribuição da matéria.

Os astrônomos procuram sinais desse tipo.

Até o momento, não há confirmação de que uma colisão de universos-bolha tenha sido observada.

A radiação cósmica de fundo é um mapa extraordinário do universo primordial. Ela registra pequenas diferenças de temperatura e polarização que ajudam a reconstruir a história cósmica. Uma colisão com outra bolha poderia, em alguns modelos, deixar uma marca. O problema é que o céu contém muitos padrões naturais, e uma mancha circular pode ser produzida por ruído, foregrounds, estatística ou pela imaginação de alguém que passou tempo demais olhando para mapas.

Nem toda marca é uma cicatriz de outro universo.
Às vezes é apenas poeira galáctica.

Às vezes é uma imperfeição do instrumento.

Às vezes é uma forma que parece significativa porque o cérebro humano encontra círculos com facilidade.

A procura por assinaturas de colisões é uma tentativa de transformar a hipótese em algo testável. Se a inflação eterna for completamente inacessível e não produzir qualquer efeito observável, ela se aproxima da metafísica. Se deixar marcas estatísticas na radiação, na distribuição de galáxias ou nas ondas gravitacionais, poderá ser confrontada com dados.

Até agora, o multiverso não possui uma fotografia de identidade. Nenhuma bolha vizinha enviou cartão-postal.

A possibilidade de colisões também dá ao cenário uma dimensão assustadora. Se existirem incontáveis bolhas, algumas podem estar próximas o suficiente para interagir. Talvez o nosso universo já tenha colidido com outra bolha em seu passado. Talvez uma colisão futura altere a expansão, os campos ou a estrutura do espaço.

Uma bolha poderia ser o vizinho que bate na parede.

A diferença é que a parede é o próprio espaço-tempo.

Mas "próxima" precisa ser entendido com cuidado. Duas bolhas podem estar próximas em uma descrição do espaço inflacionário e, ainda assim, estar separadas de nós por uma expansão que impede qualquer contato. A geometria pode fazer com que uma bolha nunca alcance outra. A distância não é apenas uma medida em metros. Envolve causalidade, expansão e a possibilidade de sinais viajarem de uma região para outra.

Em um prédio comum, dois apartamentos separados por uma parede podem compartilhar vibrações. Em uma estrutura cosmológica, duas bolhas podem estar tão separadas que nenhum sinal jamais atravessará a distância.

O condomínio pode ter andares próximos no projeto e incomunicáveis na prática.

Se uma bolha avançasse em nossa direção, talvez não tivéssemos um aviso útil. Em alguns modelos, as paredes das bolhas se expandem a velocidades próximas à da luz. A informação sobre a colisão não conseguiria chegar antes da própria fronteira. Não haveria tempo para construir uma ponte, mudar de universo ou colocar a louça na máquina.

Mas esse cenário depende de uma cadeia de suposições: a existência da inflação eterna, a formação de uma bolha próxima, a orientação e a dinâmica da colisão, a possibilidade de a parede alcançar nossa região e um estado final que produza efeitos relevantes.

Não existe uma bolha identificada aproximando-se da Via Láctea.

Não há alerta astronômico de colisão.

Não há motivo prático para olhar para o céu esperando uma borda transparente.

O horror é condicional.

A ciência continua sendo a parte que lê as condições.

Uma pergunta mais profunda é se as bolhas poderiam conter versões diferentes do tempo. Dentro de cada bolha, o tempo começa a ser medido de acordo com a expansão e o estado dos campos locais. O "agora" de uma bolha pode não ter correspondência simples com o "agora" de outra.

Não existe necessariamente um relógio central marcando a idade de todos os universos.

Um universo-bolha pode ter estrelas antigas enquanto outra ainda está formando suas primeiras partículas. Uma bolha pode já ter esfriado até quase o silêncio, enquanto outra acaba de sair da inflação. A paisagem cósmica seria uma coleção de histórias em velocidades e calendários diferentes.

Talvez o universo vizinho esteja bilhões de anos à frente.

Talvez esteja atrasado.

Talvez não possua tempo no mesmo sentido.

O síndico não distribuiu um calendário comum.

A inflação eterna também cria dificuldades estatísticas. Se o processo produz um número infinito ou indefinidamente crescente de bolhas, como comparar as probabilidades de diferentes tipos?

Se há infinitas bolhas com estrelas e infinitas sem estrelas, a frase "a maioria tem estrelas" não possui significado automático.

É preciso escolher um método de contagem, um regulador ou uma medida. Diferentes maneiras de regular as infinitudes podem produzir respostas diferentes.

A cosmologia encontra uma pergunta que qualquer pessoa que já tentou dividir uma conta entre muitas pessoas conhece:
Como contar corretamente quando a lista não termina?

O chamado *problema da medida* não é apenas uma inconveniência matemática. Ele afeta as previsões. Se algumas regiões inflacionárias continuam se expandindo mais rapidamente, podem gerar muito mais bolhas de certos tipos. Se outras possuem vida mais longa, acumulam mais observadores. Dependendo da regra usada para contar, a mesma teoria pode parecer favorecer resultados diferentes.

O multiverso pode ser vasto demais para saber qual universo é típico.

E uma teoria que não consegue definir o que significa "típico" tem dificuldade para dizer o que devemos esperar observar.

Essa questão se conecta aos cérebros de Boltzmann do capítulo 7. Em um cosmos que se estende por tempos enormes e produz muitos estados possíveis, observadores espontâneos podem aparecer em certos modelos. Se forem mais numerosos do que observadores formados por uma história cósmica organizada, a teoria terá dificuldade para explicar por que percebemos um universo estável, com memórias coerentes e uma fatura de condomínio que vence todo mês.

A inflação eterna não resolve automaticamente o problema dos cérebros de Boltzmann.

Pode até ampliá-lo em alguns cenários.

Um multiverso que produz tudo precisa explicar por que nossa experiência não parece uma amostra aleatória de tudo.

A palavra "tudo" é perigosa na cosmologia. Se alguém diz que o multiverso contém todos os universos possíveis, a afirmação parece poderosa, mas pode significar pouco sem uma definição de possibilidade. Nem toda combinação imaginável de leis é matematicamente consistente. Nem toda configuração permitida é produzida com a mesma frequência. Nem todo universo pode existir dentro do mesmo mecanismo inflacionário.

Há uma diferença entre dizer "há muitos universos" e dizer "há todos os universos".

O primeiro já é uma hipótese ousada.

O segundo exige um catálogo impossível de consultar.

Talvez a inflação eterna produza uma variedade enorme, mas não ilimitada. Talvez as condições sejam parecidas em todas as bolhas. Talvez apenas algumas propriedades mudem. Talvez a maior parte das bolhas não possua átomos. Talvez o nosso universo seja comum entre as bolhas que permitem observadores, mas extremamente raro no conjunto total.

A matemática não transforma uma coleção em uma democracia.

Cada bolha não recebe um voto igual automaticamente.

Se o nosso universo for uma bolha, ele pode ser apenas uma região de uma estrutura muito maior. A parte que observamos já é limitada por um horizonte. Há regiões do universo que não podemos ver por que a luz ainda não teve tempo de chegar ou porque a expansão impede que o sinal nos alcance. Mesmo sem inflação eterna, não observamos o cosmos inteiro.

A bolha seria maior do que a parte visível.

Talvez muito maior.

Talvez infinita.

A palavra "universo" costuma ser usada para designar tudo o que existe, mas, em uma cosmologia de multiverso, os físicos às vezes chamam cada bolha de "universo-bolha" ou "universo-ilha". Isso é uma convenção linguística, não uma solução metafísica. Se existem muitas bolhas, o conjunto completo pode ser chamado de multiverso, mas ainda precisamos definir o que significa "existir" fora de uma região causalmente observável.

Um universo que nunca poderá ser observado parece habitar uma fronteira desconfortável entre ciência e filosofia.

Ainda assim, consequências observáveis podem conectar a hipótese ao mundo. Uma colisão poderia deixar marcas. A inflação poderia produzir um espectro específico de flutuações. Ondas gravitacionais primordiais poderiam oferecer pistas. A distribuição das constantes físicas talvez favorecesse uma paisagem particular.

A ciência não precisa fotografar todas as bolhas.

Precisa encontrar efeitos que não possam ser explicados sem elas.

Até o momento, não existe uma assinatura confirmada que obrigue a aceitar a inflação eterna ou os universos-bolha. A inflação em geral continua sendo investigada por sua capacidade de explicar propriedades do universo primordial, mas vários modelos diferentes podem produzir previsões semelhantes. A passagem de "houve uma fase inflacionária" para "há infinitas bolhas com leis distintas" é um salto teórico muito maior.

Um salto grande demais para ser escondido pela palavra "inflação".

Não é correto dizer que a existência do universo prova o multiverso. Também não é correto dizer que uma constante física cuidadosamente medida prova que existem bolhas alternativas. Esses argumentos podem motivar pesquisas e debates, mas não substituem uma confirmação observacional.

O multiverso é uma família de ideias.

Não é uma fotografia do bairro cosmológico.

A inflação eterna pode ser vista como uma consequência natural de certos modelos, mas "natural" não significa inevitável. Depende da forma do potencial do campo, do comportamento das flutuações quânticas, da dinâmica gravitacional e das condições iniciais. Alguns modelos de inflação terminam em todo o espaço relevante. Outros possuem regiões que continuam inflando.

A eternidade está no modelo.

Não está estampada no céu.

Há também a possibilidade de que a inflação eterna não possa continuar indefinidamente para o passado. Resultados teóricos indicam que certas formas de expansão não são completas em todas as direções temporais, embora as conclusões dependam das hipóteses adotadas. Isso significa que mesmo um cenário eternamente inflacionário para o futuro pode exigir uma descrição anterior.

A espuma pode ter começado em alguma condição mais profunda.

Ou a pergunta sobre o começo pode não fazer sentido.

Ou a teoria pode ser substituída por outra.

O ralo da pia permanece sem localização.

A comparação com bolhas de sabão também produz uma imagem interessante sobre as diferentes constantes físicas. Em uma pia, cada bolha pode ter tamanho, espessura e forma diferentes, mas todas dependem das mesmas propriedades da água, do detergente e do ar. Se mudássemos a composição do detergente, a espuma inteira poderia se comportar de outra maneira.

Em um multiverso, diferentes bolhas talvez dependam do mesmo conjunto fundamental de leis, mas suas condições de fundo seriam diferentes. Uma pequena mudança no estado de um campo poderia alterar o conteúdo da bolha. O "detergente" seria comum; a película teria propriedades locais.

Essa analogia não deve ser levada ao pé da letra, mas apresenta uma ideia importante: universos diferentes não precisam ser criados por legisladores diferentes. Podem surgir de um mesmo mecanismo que produz resultados variados.

Não há um arquiteto escolhendo pessoalmente a constante cosmológica de cada bolha.

Há uma dinâmica que pode gerar diferentes estados.

Isso também significa que a existência de muitas bolhas não garante que todas sejam habitáveis. A maior parte da espuma pode ser imprestável. Algumas bolhas podem estourar imediatamente. Outras podem não formar estruturas. Algumas podem expandir rápido demais. Outras podem colapsar. Outras podem ser compostas por partículas que não se combinam em matéria complexa.

A nossa bolha não seria necessariamente especial no sentido de ser escolhida.

Seria especial no sentido de funcionar.

Essa diferença pode ser desconfortável. A humanidade gosta de pensar que existe um motivo para as coisas serem como são. Um multiverso pode substituir propósito por seleção. Não estaríamos em uma bolha com estrelas porque o cosmos queria produzir observadores. Estaríamos em uma bolha com estrelas porque, em bolhas sem estrelas, não haveria ninguém para fazer essa observação.

A seleção é fria.

Não tem intenção.

Não escreve cartas.

Ela apenas elimina as alternativas em que ninguém existe.

Se essa ideia for correta, nossa presença não seria uma prova de que o universo foi ajustado para nós. Seria uma condição necessária para qualquer pergunta sobre ajuste. O observador sempre encontra uma realidade compatível consigo, mas isso não informa automaticamente quantas realidades incompatíveis existem ou por que o mecanismo produz todas elas.

A bolha não nos escolheu.

Nós só podemos aparecer em algumas.

O conceito também pode alterar nossa ideia de destino. Em um universo isolado, pensamos no futuro como uma sequência de estados dentro de uma história única. Em um multiverso, haveria inúmeras histórias começando de maneiras diferentes, com diferentes finais. Algumas poderiam ter civilizações. Outras, apenas radiação. Algumas poderiam gerar buracos negros gigantes. Outras poderiam permanecer vazias.

A nossa história seria uma entre incontáveis.

Isso pode parecer diminuir a importância de tudo. Se existem muitos universos, por que este importa? A resposta é que quantidade não determina valor. Uma pessoa não se torna menos importante porque existem bilhões de outras. Uma música não perde significado porque há milhões de músicas. Uma vida não precisa ser única em todo o multiverso para ser real.

Se houver outras bolhas com outras versões de história, elas não apagariam a experiência dentro da nossa.

A multiplicidade não transforma a realidade em cópia barata.

Também não garante que exista uma versão alternativa de cada pessoa. A ideia popular de universos paralelos em que você escolheu outra carreira ou comprou outro sabor de sorvete é diferente da inflação eterna. Uma bolha pode possuir leis e condições diferentes sem conter uma cópia sua. Não há necessidade de imaginar uma réplica de cada evento cotidiano.

A cosmologia não promete outro você.

Talvez ofereça apenas universos em que nem sequer há átomos.

As bolhas também não precisam ser visíveis. Mesmo que uma delas estivesse "próxima" no cenário inflacionário, a expansão e os horizontes poderiam impedir qualquer observação direta. O que chamamos de espaço entre bolhas não seria um oceano transparente. A luz de outra bolha talvez não pudesse entrar na nossa. Qualquer contato dependeria de uma colisão ou de um efeito gravitacional específico.

O vizinho pode existir.

A parede pode não ter porta.

E o interfone pode ser uma equação que ainda não foi descoberta.

Na cozinha, a água da pia começava a formar uma espuma mais espessa. Soprei uma bolha, e ela subiu alguns centímetros antes de estourar sobre a bancada. Outra ficou presa na borda da colher. Uma terceira refletiu meu rosto de maneira tão distorcida que, por um instante, parecia pertencer a uma espécie que evoluiu em outro universo.

As bolhas eram frágeis.

O universo, ao menos até agora, parecia bastante durável.

A diferença entre uma bolha de sabão e uma bolha cosmológica é que a primeira depende de um equilíbrio delicado em uma película fina. A segunda, se existir, pode durar bilhões de anos e conter galáxias inteiras. A bolha de sabão estoura porque a água evapora, a película se rompe e a tensão superficial vence. Uma bolha cósmica poderia permanecer estável porque a dinâmica dos campos sustenta seu interior.

O universo não precisa ser sólido para durar.

Pode ser uma fase.

Uma configuração.

Um estado temporário ou permanente da realidade.

A hipótese da inflação eterna também deixa espaço para uma forma peculiar de isolamento. Se o fundo inflacionário continuar se expandindo entre as bolhas, as distâncias podem crescer tão rapidamente que as bolhas se tornam incomunicáveis. Cada universo-bolha teria sua própria história local, e o multiverso seria uma coleção de regiões que não conseguem trocar informações.

A existência das outras bolhas seria uma hipótese sem testemunhas.

O nosso universo seria uma ilha em um oceano que não podemos atravessar.

Se alguma bolha possui vida inteligente, seus habitantes enfrentam o mesmo problema. Eles podem estudar a radiação, medir as constantes, observar a expansão e perguntar se existem outros universos. Talvez também comparem o cosmos a bolhas de sabão. Talvez tenham uma palavra equivalente a "pia". Talvez a matéria de seu mundo não permita líquidos, membranas ou sabão.

Uma civilização sem moléculas poderia ter uma cosmologia de bolhas puramente matemática.

Talvez achemos isso poético.

Ela talvez ache que somos uma hipótese estatística.

As bolhas podem também ser responsáveis por explicar por que não encontramos outras civilizações. Se cada universo possui condições diferentes, a vida pode ser rara não apenas porque planetas habitáveis são raros, mas porque muitas bolhas não permitem química complexa. A ausência de sinais alienígenas poderia ser uma consequência da seleção de universos, embora isso não resolva o paradoxo de Fermi.

Uma bolha cheia de estrelas não garante inteligência.

Uma bolha com vida não garante tecnologia.

Uma bolha com tecnologia não garante vontade de conversar.

O multiverso aumenta o número de possibilidades e, com isso, aumenta também o número de maneiras de permanecer sozinho.

A ideia de colisões entre bolhas pode oferecer uma exceção ao isolamento. Se uma colisão acontecesse no passado, poderia explicar certas características da radiação cósmica de fundo. Se acontecesse no futuro, poderia modificar nossa região do espaço. Mas não há evidência de uma colisão iminente, e os sinais observacionais procurados até agora não confirmaram esse cenário.

O céu permanece sem marcas claras de uma bolha vizinha.

As manchas que vemos são explicadas, até onde sabemos, por processos dentro do nosso próprio universo.

Uma cicatriz de outra bolha teria de ser muito convincente para vencer todos os diagnósticos alternativos. A ciência não aceita uma colisão cósmica apenas porque um mapa contém um círculo interessante. Exigiria um padrão previsto, uma assinatura estatística e uma reprodução independente.

O universo pode ser uma bolha.

Mas uma mancha redonda no céu não basta para estourá-la.

O multiverso também não deve ser confundido com a hipótese da simulação. Uma simulação seria uma realidade produzida por um sistema externo. A inflação eterna seria um processo cosmológico que gera regiões diferentes a partir da dinâmica do espaço e dos campos. Não é necessário haver programadores, computadores ou uma equipe de suporte.

Também não é a mesma coisa que o mundo espelho. Um setor espelho envolve partículas e interações ocultas. Universos-bolha são regiões cosmológicas potencialmente separadas por uma fase inflacionária ou por uma estrutura de espaço-tempo mais ampla.

E não é o mesmo que a colisão de branas. Algumas teorias de branas também podem produzir múltiplas regiões ou universos, mas o mecanismo e a linguagem são diferentes. O fato de várias hipóteses usarem palavras como "bolha", "camada" ou "dimensão" não significa que sejam versões da mesma teoria.

A cosmologia é um condomínio de conceitos.

As etiquetas precisam permanecer nas portas corretas.

A ligação com a inflação eterna é especialmente interessante porque ela transforma a expansão em um processo que não termina de maneira uniforme. Em um universo comum, imaginamos um evento inicial seguido de uma história global. Na inflação eterna, não há um único "fim" da inflação. Há regiões que terminam enquanto o processo continua em outras.

O universo não sai de um forno ao mesmo tempo.

Algumas partes ficam prontas.

Outras continuam inflando.

Outras ainda nem começaram a formar a massa.

A palavra "eterno" transmite uma sensação de repetição sem fim, mas não significa necessariamente que as mesmas bolhas renascem. Em muitos modelos, cada região que termina a inflação possui uma história própria. Bolhas podem nascer uma vez, evoluir e permanecer como universos, enquanto o fundo continua produzindo outras.

Não seria um universo que se recicla como uma garrafa retornável.

Seria uma fábrica de realidades em expansão.

A fábrica não possui necessariamente uma sala de controle.

O campo inflacionário não precisa ter consciência.

As flutuações quânticas não precisam saber que estão produzindo galáxias.

A inflação eterna pode gerar uma variedade enorme de universos sem intenção, assim como a água com detergente produz espuma sem escolher a forma de cada bolha.

Essa ausência de intenção é uma das características mais importantes. Um multiverso não prova um criador. Também não elimina a possibilidade de uma interpretação filosófica ou religiosa, mas a física do cenário não exige uma mente escolhendo os resultados.

As bolhas podem nascer por dinâmica.

Os valores podem variar por seleção.

As leis efetivas podem emergir de estados de campo.

Não há uma mão ajustando cada botão.

Se o universo for apenas uma bolha entre muitas, isso não significa que alguém possa estourá-lo com uma agulha. Uma bolha cosmológica não é uma membrana material localizada em uma pia. Não há instrumento capaz de atravessar a parede e acessar o lado de fora. Não há astronauta que possa sair do universo e observar a espuma.

A palavra "apenas" também é injusta.

Uma bolha que contém bilhões de galáxias não é pequena em nenhuma escala relevante para seus habitantes. Uma ilha pode ser uma entre milhões e ainda assim conter oceanos, florestas, cidades e histórias. O fato de haver outras realidades não torna a nossa menos vasta para quem vive nela.

Se existirem infinitas bolhas, a nossa ainda é o lugar onde o café esfria.

O lugar onde as pessoas adoecem, se apaixonam, discutem, constroem e lembram.

O lugar onde uma panela pode permanecer na pia por tempo suficiente para adquirir personalidade própria.

A ciência pode reduzir nosso privilégio cósmico sem reduzir nossa responsabilidade local.

Naquela noite, antes de dormir, voltei à pia e observei a espuma desaparecer pelo ralo. A última bolha refletiu a luz da cozinha, cresceu até ficar quase perfeita e estourou sem deixar uma fronteira visível.

Se o universo fosse uma bolha, talvez sua superfície também não pudesse ser vista de dentro. Talvez vivêssemos em seu interior sem saber onde começa ou termina. Talvez o espaço que percebemos fosse apenas a geometria local de uma região criada por uma transição. Talvez, além do horizonte, existissem outras bolhas com outras leis, outros campos e outras formas de matéria.

Talvez nenhuma delas soubesse que estamos aqui.

Talvez uma tivesse estrelas demais.

Talvez outra não tivesse átomos.

Talvez uma bolha vizinha tivesse colidido com a nossa há bilhões de anos e deixado uma marca no céu que ainda estamos tentando distinguir do ruído.

Talvez todas essas possibilidades sejam apenas consequências de modelos matemáticos que nunca corresponderão à realidade.

A inflação eterna permanece uma hipótese especulativa. A inflação cósmica possui motivações observacionais importantes, mas ainda não há confirmação direta de um campo inflacionário específico. A existência de universos-bolha, de diferentes leis físicas ou de colisões entre bolhas não foi demonstrada.

O multiverso pode ser uma consequência real de alguma teoria fundamental.

Pode ser uma interpretação que não produzirá testes suficientes.

Pode ser uma ideia que será substituída quando entendermos melhor o início do universo.

A palavra “talvez” aparece muitas vezes porque a honestidade exige espaço para o desconhecido.

O medo, porém, não precisa esperar por uma confirmação para funcionar. Basta imaginar que nosso universo não é único, que suas leis poderiam ser diferentes, que outras bolhas podem nascer ao redor e que o espaço inteiro pode ser uma espuma sem borda. A mente humana olha para a multiplicidade e pergunta se alguma coisa ainda possui valor.

A resposta está nas escalas.

Para uma bolha, talvez sejamos uma pequena região.

Para uma pessoa, uma vida inteira é o universo conhecido.

Para uma criança, uma cozinha pode parecer maior do que uma galáxia.

Para uma galáxia, uma explosão de raios gama é um instante.

Para o multiverso, talvez a nossa história seja apenas uma entre incontáveis.

Mas dentro dela, cada instante continua acontecendo.

O universo não precisa ser único para ser real.

Não precisa ser eterno para ser importante.

Não precisa ser a única bolha para conter uma história completa.

As bolhas de sabão da pia desapareceram. O detergente se misturou à água, os reflexos sumiram e a superfície voltou a parecer apenas molhada. Se houvesse uma estrutura cosmológica por trás daquela espuma, ela não ofereceu nenhuma pista.

A pia continuava sendo uma pia.

O ralo continuava funcionando.

O condomínio cósmico permanecia sem síndico.

Talvez nosso universo seja uma bolha entre muitas. Talvez esteja inflando em um fundo que nunca poderemos observar. Talvez existam regiões com diferentes partículas, diferentes constantes e diferentes destinos. Talvez as bolhas colidam, deixem cicatrizes e desapareçam. Talvez a realidade seja uma espuma infinita, produzida por campos que não sabem que estão criando mundos.

Ou talvez exista apenas uma bolha.

Uma única bolha, sem vizinhas, sem pia e sem ninguém do lado de fora.

Por enquanto, ela não estourou.

E, enquanto a bolha durar, ainda há louça para lavar.

Capítulo 14

O paradoxo de Fermi

Se há tanta gente no universo, por que ninguém manda mensagem?

Na noite em que percebi que o universo não respondia às mensagens, eu estava diante do grupo do condomínio.

O nome do grupo era Moradores — Informes Importantes, embora a maior parte das mensagens consistisse em fotografias de cachorros, reclamações sobre vagas de garagem e discussões intermináveis a respeito de quem havia deixado uma caixa de papelão ao lado do elevador.

Havia cento e vinte e seis pessoas no grupo.

Enviei uma pergunta simples:

Alguém sabe de onde vem esse barulho no encanamento?

A mensagem foi visualizada por cinquenta e três moradores.

Ninguém respondeu.

Durante alguns minutos, observei a tela. Uma pessoa entrou no grupo. Duas saíram. Alguém enviou uma imagem de um gato usando óculos escuros. O encanamento continuou fazendo um ruído grave, como se tivesse uma opinião sobre a estrutura do prédio.

Foi então que pensei:

Se cento e vinte e seis pessoas dividem o mesmo edifício e ninguém responde a uma pergunta direta, talvez não seja tão surpreendente que o universo inteiro permaneça em silêncio.

A comparação não é perfeita. Os moradores do condomínio possuem celulares, conhecem o idioma uns dos outros e, em princípio, estão submetidos ao mesmo regulamento. O universo contém bilhões de galáxias, trilhões de estrelas, uma quantidade incalculável de planetas e, até onde sabemos, apenas uma espécie que envia mensagens enquanto espera uma resposta imediata.

Ainda assim, a pergunta permanece.

Em um universo tão vasto e antigo, onde estão todas as civilizações?

Essa pergunta é conhecida como paradoxo de Fermi, em homenagem ao físico Enrico Fermi. Uma versão popular da história conta que, em 1950, durante uma conversa com outros cientistas, Fermi discutia a possibilidade de viagens interestelares, vida extraterrestre e objetos voadores não identificados. Em determinado momento, teria resumido o problema em uma frase curta:

"Onde está todo mundo?"

A frase não era uma prova, uma equação ou uma teoria formal. Era uma pergunta que condensava uma contradição aparente. O universo parece grande o bastante, antigo o bastante e cheio de estrelas o bastante para que a vida inteligente tivesse surgido em muitos lugares. Se algumas dessas civilizações fossem tecnológicas e durassem tempo suficiente, talvez já tivéssemos observado sinais delas.

Mas não observamos.

Não há uma mensagem confirmada.

Não há uma sonda alienígena reconhecida.

Não há uma estrutura tecnológica inequívoca orbitando outra estrela.

Não há uma placa cósmica dizendo bem-vindos à vizinhança galáctica.

O silêncio não é absoluto, porque o universo está cheio de sinais. Detectamos ondas de rádio, pulsares, explosões de raios gama, radiação cósmica de fundo, emissões de estrelas e uma quantidade impressionante de ruído produzido por fenômenos naturais. O que não encontramos é um sinal claramente artificial, repetível, localizado e confirmado de uma civilização extraterrestre. Essa diferença é essencial.

O paradoxo de Fermi não começa com o fato de sabermos que existem alienígenas. Começa com uma cadeia de suposições. Se planetas são comuns, se a vida surge com facilidade, se a inteligência aparece com frequência, se a tecnologia evolui, se as civilizações duram muito e se algumas conseguem se espalhar pela galáxia, então talvez o céu devesse estar cheio de sinais.

Mas o céu não parece cheio de sinais tecnológicos.

A conclusão não é necessariamente que estamos sozinhos. Pode ser que uma ou mais dessas suposições estejam erradas.

Talvez planetas habitáveis sejam raros.

Talvez a vida seja rara.

Talvez a vida simples seja comum, mas a vida complexa seja excepcional.

Talvez a inteligência tecnológica seja uma anomalia.

Talvez as civilizações se destruam.

Talvez sobrevivam, mas não tenham interesse em expandir ou conversar.

Talvez estejam muito distantes.

Talvez tenham surgido milhões de anos antes de nós e desaparecido antes que pudéssemos ouvir.

Talvez estejam enviando mensagens na frequência errada.

Talvez o universo esteja cheio de vizinhos, mas todos mantenham o celular no modo silencioso.

A primeira tentativa de organizar essas perguntas veio na forma da equação de Drake, proposta pelo astrônomo Frank Drake em

1961. Ela não foi criada para provar a existência de extraterrestres. Sua função era dividir um problema enorme em fatores menores.

Em uma forma simplificada, a quantidade esperada de civilizações detectáveis pode ser representada por:

Cada termo corresponde a uma etapa da cadeia. representa a taxa de formação de estrelas adequadas. indica a fração dessas estrelas que possuem planetas. estima quantos desses planetas poderiam apresentar condições favoráveis. representa a probabilidade de a vida surgir. , a probabilidade de aparecer inteligência. , a chance de essa inteligência desenvolver tecnologia capaz de emitir sinais detectáveis. Por fim, representa o tempo durante o qual essa civilização permanece detectável.

A equação parece simples porque coloca tudo em uma linha.

O problema é que quase todos os termos escondem um abismo de incerteza.

Hoje sabemos que planetas são comuns. Observações de outras estrelas mostraram que sistemas planetários não são exceções cósmicas. Há planetas grandes, pequenos, quentes, frios, rochosos, gasosos e mundos que orbitam suas estrelas em condições muito diferentes das encontradas no Sistema Solar.

Isso melhorou nosso conhecimento sobre os primeiros termos da equação.

Mas ter um planeta não é o mesmo que ter vida.

Estar na chamada zona habitável não significa automaticamente possuir oceanos, atmosfera estável, química adequada ou proteção contra radiação. A zona habitável é uma faixa de distância em que a temperatura poderia permitir água líquida sob determinadas condições. Ela não é uma autorização de entrada para a biologia.

Um planeta pode estar na distância correta de sua estrela e ainda ser seco, tóxico, geologicamente inativo ou coberto por uma atmosfera incapaz de sustentar organismos complexos.

A Terra não é habitável apenas porque está no endereço certo.

Ela também possui água, ciclo de carbono, atividade geológica, campo magnético, atmosfera, química variada e uma história que, por alguma razão, conseguiu transformar matéria inerte em seres capazes de discutir o assunto.

A equação de Drake transforma o desconhecido em fatores, mas não elimina o desconhecimento.

O universo observável possui uma quantidade extraordinária de estrelas. A Via Láctea sozinha tem centenas de bilhões, e existem bilhões de galáxias observáveis. Mesmo que a probabilidade de uma civilização tecnológica surgir em torno de uma estrela seja minúscula, o número total de tentativas é tão grande que a pergunta parece razoável.

Mas a palavra "minúscula" pode esconder números extremamente diferentes.

Se a probabilidade for uma em mil, talvez haja muitas civilizações.

Se for uma em um bilhão, talvez existam algumas.

Se for uma em, talvez a Terra seja uma raridade quase absoluta.

Não sabemos qual desses números se aproxima da realidade.

Também não sabemos se a vida inteligente é uma consequência natural da evolução ou um acidente improvável. A evolução não possui uma meta chamada inteligência tecnológica. Ela favorece características que ajudam organismos a sobreviver e reproduzir-se em determinados ambientes. Uma espécie pode ser perfeitamente bem-sucedida sem construir telescópios, computadores ou antenas.

Bactérias dominaram o planeta por bilhões de anos sem demonstrar qualquer interesse em instalar uma rede de comunicação.

Insetos podem sobreviver a condições que destruiriam cidades.

Corvos, golfinhos, elefantes, primatas e outros animais apresentam formas complexas de inteligência, mas inteligência não é sinônimo de indústria, rádio ou exploração espacial.

Talvez o universo esteja cheio de inteligência.

Talvez quase nenhuma inteligência tenha motivos para fabricar uma antena.

A humanidade tende a usar a própria trajetória como modelo. Desenvolvemos linguagem, ferramentas, agricultura, cidades, ciência e tecnologia eletrônica em uma sequência que parece, olhando para trás, quase inevitável. Mas nada garante que outras espécies sigam o mesmo caminho.

Uma civilização pode construir redes sociais antes de construir telescópios.

Pode descobrir medicina sem desenvolver motores.

Pode viver em oceanos e nunca dominar o fogo.

Pode possuir uma inteligência coletiva distribuída em colônias.

Pode ter comunicação química, elétrica ou biológica em vez de ondas de rádio.

Pode ser inteligente o bastante para não querer transformar o planeta em uma fábrica.

O paradoxo de Fermi pergunta onde estão as civilizações tecnológicas, não onde está toda forma de vida. É perfeitamente possível que o universo contenha organismos simples em muitos mundos e, ainda assim, permaneça quase silencioso do ponto de vista tecnológico.

Talvez existam oceanos alienígenas repletos de microrganismos, mas nenhuma espécie tenha decidido construir uma estação de rádio.

A vida pode ser comum.

A conversa, rara.

Mesmo que civilizações tecnológicas surjam, elas precisam existir ao mesmo tempo para se comunicarem. Essa é uma condição muito mais exigente do que simplesmente existir em algum momento da história cósmica.

A Via Láctea tem cerca de 100 mil anos-luz de diâmetro. Uma mensagem enviada de uma extremidade pode levar dezenas de milhares de anos para chegar à outra. Uma resposta exigiria pelo menos outro intervalo semelhante. Uma conversa simples poderia durar mais do que a história registrada da humanidade.

— Olá.

— Recebi sua mensagem.

— O que você quis dizer?

— A pergunta foi enviada há oitenta mil anos. Já não lembro.

A civilização que enviou o primeiro sinal pode ter desaparecido antes de receber a resposta. A que recebeu pode ter mudado de idioma, abandonado a tecnologia ou evoluído para uma forma que não considera mensagens importantes.

O universo não oferece conversas em tempo real.

Oferece correspondências atrasadas.

A humanidade começou a emitir sinais de rádio para além da Terra há pouco mais de um século. A esfera de emissões humanas em expansão possui, portanto, pouco mais de cem anos-luz de raio, e grande parte desses sinais é fraca demais para ser detectada a grandes distâncias por uma civilização que não esteja procurando especificamente por nós.

Em termos galácticos, ainda estamos sussurrando dentro de uma sala enorme.

As transmissões mais intensas e direcionadas podem alcançar distâncias maiores, mas exigem que o feixe esteja orientado para o receptor e que alguém esteja escutando no momento adequado. Uma civilização distante poderia atravessar nosso céu sem jamais receber uma mensagem humana significativa.

Talvez alguém tenha olhado para a Terra e ouvido apenas o equivalente cósmico de uma televisão mal sintonizada.

A busca por sinais extraterrestres também é limitada por tempo, frequência, direção e sensibilidade. Não ouvimos todas as frequências ao mesmo tempo. Não observamos todas as estrelas continuamente. Não sabemos quais padrões uma civilização alienígena usaria. Não sabemos se um sinal seria repetido, concentrado, intencional ou apenas um subproduto tecnológico.

Procurar uma civilização no universo é como tentar descobrir se alguém está falando em uma cidade inteira ouvindo uma única janela por alguns segundos.

O silêncio pode significar que ninguém está falando.

Também pode significar que escutamos a janela errada.

Essa ressalva não transforma qualquer ruído em mensagem. Um sinal extraordinário exigiria confirmação independente. Seria preciso verificar se ele se repete, se vem de uma posição específica, se não é interferência humana ou fenômeno natural e se apresenta características incompatíveis com fontes conhecidas.

A história da astronomia contém muitos sinais intrigantes que pareciam promissores e depois receberam explicações mais comuns. Um padrão interessante não é automaticamente uma civilização. O universo produz pulsares, mas pulsares não são faróis construídos por alienígenas. Quasares são brilhantes, mas não são anúncios. Ondas de rádio podem parecer estranhas sem possuir intenção.

O cosmos tem ruído suficiente para manter a imaginação ocupada durante séculos.

A ausência de uma mensagem confirmada é, portanto, importante, mas não definitiva. Procuramos há pouco tempo em relação à idade do universo e cobrimos apenas uma parte minúscula do espaço de possibilidades.

Ainda assim, o paradoxo não desaparece completamente.

Se uma única civilização tecnológica tivesse desenvolvido sondas capazes de atravessar a galáxia, reproduzir-se usando recursos locais e enviar informações de volta, talvez seus rastros fossem detectáveis. Uma rede de sondas autônomas poderia, em princípio, explorar sistemas estelares ao longo de milhões de anos. A Via Láctea tem bilhões de anos de idade, o que parece tempo suficiente para que uma civilização antiga tivesse espalhado artefatos por uma grande parte da galáxia.

Essa conclusão depende de muitas suposições.

As sondas precisariam sobreviver à viagem, encontrar recursos, reparar-se, reproduzir-se, evitar falhas e operar por períodos imensos. A viagem interestelar exige energia, proteção contra radiação, navegação precisa, controle térmico e soluções para problemas que ainda não dominamos. Uma civilização pode ser tecnologicamente avançada em comunicação e, mesmo assim, considerar a expansão física impraticável.

A galáxia não é um mapa vazio esperando colonizadores.

Ela contém radiação, campos gravitacionais, estrelas distantes e uma quantidade enorme de lugares onde uma máquina pode quebrar sem assistência técnica.

Também não sabemos se expansão é um objetivo universal. A humanidade associa crescimento a sucesso porque nossa história biológica, econômica e política nos treinou para pensar em conquista de espaço. Uma civilização mais antiga poderia considerar a expansão uma ameaça, um desperdício ou uma forma de violência.

Talvez ela prefira permanecer em seu sistema estelar.

Talvez concentre seus recursos em experiências internas.

Talvez habite ambientes virtuais ou sistemas compactos que consomem pouca energia.

Talvez tenha aprendido que mandar mensagens para desconhecidos é uma maneira eficiente de receber problemas.

A ausência de impérios galácticos pode significar que ninguém os construiu.

Mas também pode significar que não reconhecemos um império quando o observamos.

Uma civilização pode não iluminar a galáxia de maneira evidente. Pode usar energia com extrema eficiência. Pode evitar produzir calor detectável. Pode viver em estruturas subterrâneas, em oceanos ou em ambientes que não alteram muito a aparência da estrela. Pode possuir uma tecnologia avançada, mas uma assinatura fraca.

O que chamamos de progresso pode ser apenas uma etapa particular da nossa própria história.

Talvez a civilização mais avançada seja a que aprendeu a desaparecer dos telescópios.

Essa possibilidade se aproxima de uma ideia conhecida como hipótese do zoológico. Segundo essa especulação, civilizações mais antigas poderiam saber que existimos, mas deliberadamente evitariam contato para não interferir em nosso desenvolvimento. Seríamos uma espécie observada de longe, como animais em uma reserva.

O silêncio seria uma regra de preservação.

A Terra estaria em quarentena.

Não há evidência de que isso aconteça. A hipótese é uma forma de responder ao paradoxo sem negar a existência de outras civilizações, mas depende de que muitas sociedades concordem em não interferir, mantenham essa política durante longos períodos e consigam observar-nos sem deixar sinais.

Uma federação galáctica silenciosa precisaria ter uma burocracia extraordinariamente eficiente.

Talvez seja mais provável que nenhum zoológico exista.

Ou que os animais não sejam interessantes o bastante para receber visita.

Existe uma hipótese ainda mais sombria, popularizada sobretudo pela ficção científica: a ideia de que o universo poderia funcionar como uma **floresta escura**. Cada civilização seria como um caçador que não sabe quem está escondido entre as árvores. Como não conhece as intenções das outras, preferiria permanecer silenciosa para não revelar sua posição.

Enviar uma mensagem seria acender uma lanterna em uma noite sem saber o que observa do outro lado.

A hipótese é filosoficamente poderosa, mas não é uma teoria científica confirmada. Ela se baseia em suposições sobre medo, competição, recursos e comportamento estratégico. Não sabemos se civilizações alienígenas interpretariam o contato como ameaça, se seriam capazes de localizar a origem de uma transmissão ou se possuiriam objetivos parecidos com os nossos.

O silêncio pode ser prudência.

Também pode ser ausência.

A pergunta "por que ninguém manda mensagem?" pressupõe que mandar mensagem seja uma decisão desejável. Para nós, comunicação parece natural porque somos animais sociais, dependemos de linguagem e construímos identidade em torno de histórias compartilhadas. Mas uma civilização extraterrestre pode não possuir uma noção de conversa.

Pode ser uma inteligência distribuída em uma rede planetária. Pode não ter indivíduos separados.

Pode processar informação em escalas de tempo muito diferentes.

Pode considerar um século um instante ou uma eternidade.

Pode interpretar uma mensagem como uma interferência, não como um convite.

Pode viver em um ambiente em que emitir energia para o espaço seja inútil.

Talvez estejamos esperando uma frase de uma entidade que não possui boca, idioma ou interesse em frases.

O paradoxo de Fermi também pode ser resolvido pela fragilidade da vida complexa. Talvez microrganismos surjam com frequência, mas a maioria dos planetas nunca ultrapasse esse estágio. A vida pode ficar presa em oceanos subterrâneos, em comunidades microscópicas ou em ciclos simples que permanecem estáveis durante bilhões de anos.

A evolução não precisa produzir animais grandes.

Não precisa produzir cérebros.

Não precisa produzir mãos.

Não precisa produzir alguém que se pergunte por que o universo não responde.

Na Terra, foram necessários bilhões de anos entre o surgimento das primeiras formas de vida e o aparecimento de uma espécie tecnológica. A história da vida não foi uma escada apontando para nós. Foi uma árvore com muitos galhos, a maioria terminando em extinção, estabilidade ou caminhos que não levaram à indústria.

A inteligência humana pode ser uma possibilidade entre muitas, não o destino inevitável da matéria.

Talvez o universo esteja repleto de mundos equivalentes à Terra durante os períodos em que havia vida, mas ainda não havia tecnologia.

Talvez os planetas estejam sempre quase chegando.

A vida complexa também pode ser vulnerável a eventos externos. Impactos de asteroides, explosões estelares, mudanças climáticas, vulcanismo, instabilidades orbitais e transformações atmosféricas podem interromper trajetórias evolutivas. Uma civilização pode surgir, construir cidades e desaparecer antes de deixar um sinal que atravesse o espaço.

A galáxia pode conter ruínas.

Mas ruínas interestelares são difíceis de distinguir de crateras, montanhas e poeira.

A existência de uma civilização durante um período curto reduz a possibilidade de sobreposição com outras. Se cada espécie tecnológica durar apenas alguns milhares de anos, duas sociedades separadas por milhares de anos-luz quase nunca estarão ativas ao mesmo tempo. Elas podem existir na mesma galáxia sem jamais compartilhar um presente.

O universo pode ter sido cheio de mensagens em épocas diferentes.

Nós chegamos durante uma pausa.

Essa possibilidade conecta o paradoxo de Fermi ao Grande Filtro. Entre a matéria sem vida e uma civilização capaz de enviar sinais, existe uma sequência de transições: química complexa, vida, células sofisticadas, organismos multicelulares, inteligência, linguagem, tecnologia e sobrevivência prolongada.

Talvez uma dessas etapas seja extremamente improvável.

Se a etapa difícil estiver no passado, talvez sejamos uma raridade extraordinária. Poderíamos ter atravessado um obstáculo que quase nenhum planeta supera.

Se a etapa difícil estiver no futuro, o silêncio do universo seria mais preocupante. Talvez muitas civilizações cheguem à tecnologia, mas quase nenhuma consiga atravessar o período em que suas próprias capacidades se tornam perigosas.

O paradoxo de Fermi não diz onde está o filtro.

Apenas nos obriga a considerar que algum filtro pode existir, caso nossas expectativas sobre a abundância de civilizações estejam corretas.

Essa é uma das razões pelas quais a pergunta é perturbadora. A ausência de mensagens pode ter uma explicação tranquila: a vida tecnológica é rara, as distâncias são enormes ou ninguém usa rádio. Mas também pode indicar que civilizações tendem a desaparecer antes de se tornarem visíveis em escala galáctica.

O silêncio não informa sozinho se somos os primeiros ou os sobreviventes.

Na história do condomínio, o encanamento parou de fazer barulho. Isso não significava que ninguém morava nos apartamentos acima. Talvez todos estivessem dormindo. Talvez tivessem saído. Talvez o som viesse de uma tubulação automática. Talvez o prédio estivesse vazio e o barulho fosse causado pela dilatação dos canos.

A ausência de resposta não identifica a causa do silêncio.

Precisamos de mais dados.

O mesmo vale para o céu. O fato de não encontrarmos uma civilização pode significar que não há civilizações detectáveis na região observada. Não significa necessariamente que não há vida em nenhum lugar. Mesmo a ausência de sinais em uma grande busca não equivale a uma prova de solidão absoluta.

É possível que a tecnologia alienígena não use rádio.

Durante o século XX, nós mesmos produzimos uma quantidade enorme de ondas de rádio que escapam para o espaço. Depois, passamos a usar cabos, fibras ópticas, transmissões direcionadas, compressão de dados e métodos mais eficientes. Uma civilização distante poderia atravessar uma fase radiofônica curta, tornando-se silenciosa por escolha ou por eficiência.

O rádio pode ser uma adolescência tecnológica.

Nós estamos enviando mensagens no corredor enquanto ainda aprendemos a fechar a porta.

Outras civilizações poderiam usar lasers, partículas, ondas gravitacionais ou métodos que não reconhecemos como comunicação. Algumas formas de sinal exigiriam energia e precisão enormes. Outras poderiam ser tão sutis que se confundiriam com fenômenos naturais.

Não basta ouvir.

É preciso saber que tipo de som procurar.

Essa dificuldade aparece quando tentamos definir uma tecnossinatura, um efeito observável que indicaria tecnologia. Uma mensagem de rádio é uma tecnossinatura. Mas também poderiam ser sinais de poluição atmosférica industrial, excesso de luz noturna, emissão de calor residual, alterações incomuns na curva de brilho de uma estrela ou estruturas artificiais em torno de um astro.

Nenhum desses sinais seria automaticamente uma prova. Fenômenos naturais podem imitar padrões tecnológicos. Uma estrela variável pode produzir uma curva estranha. Poeira pode bloquear luz. Moléculas comuns podem parecer industriais. Uma estrutura aparentemente artificial pode ser uma combinação rara de processos naturais.

A natureza é capaz de imitar tecnologia sem nunca ter escrito um manual.

Os cientistas procuram sinais que resistam a explicações naturais e possam ser confirmados por diferentes instrumentos. Até agora, nenhum candidato alcançou o nível necessário para ser reconhecido como evidência de civilização extraterrestre.

Isso não significa que a busca tenha fracassado.

A busca também mede o que não encontramos. Cada observação limita certos tipos de civilização em determinadas distâncias, frequências e níveis de energia. Se não detectamos uma cidade inteira iluminando sua estrela, podemos concluir que não há muitas cidades desse tipo em nossa amostra. Se não encontramos uma emissão poderosa e repetida, certos modelos ficam menos prováveis.

O silêncio reduz algumas possibilidades.

Ainda deixa muitas abertas.

O paradoxo de Fermi se torna mais forte quando imaginamos civilizações que não apenas enviam mensagens, mas colonizam ou exploram a galáxia. Uma sociedade com milhões de anos de vantagem tecnológica poderia, em princípio, deixar marcas grandes demais para não serem vistas. Poderia reorganizar sistemas estelares, construir estruturas gigantescas, deslocar matéria ou alterar a distribuição de energia.

Não vemos uma galáxia evidentemente dominada por obras de engenharia.

Mas talvez nenhuma civilização tenha milhões de anos de vantagem.

Talvez o tempo entre a descoberta da tecnologia e o desaparecimento seja curto.

Talvez a colonização seja energeticamente irracional.

Talvez as civilizações prefiram não alterar seus sistemas em grande escala.

Talvez a expansão não seja uma propriedade inevitável da inteligência.

A história humana mostra que construir uma estrada até a próxima cidade já é uma tarefa complexa. Construir uma estrada até outra estrela exige resolver desafios físicos e sociais em uma escala completamente diferente. Uma civilização pode ser brilhante em matemática e ainda não possuir recursos, estabilidade ou motivação para explorar a galáxia.

Inteligência não elimina distância.

Tecnologia não elimina custo.

Curiosidade não elimina risco.

A expressão "civilização avançada" também pode ser enganosa. Avançada em quê? Em computação, medicina, energia, biologia, comunicação, controle do clima ou manipulação da matéria? Uma espécie pode ser extremamente avançada em uma área e primitiva em outra. Pode dominar a física e não possuir organização política suficiente para coordenar um projeto interestelar.

Podemos imaginar civilizações com tecnologias que não desejamos ou não entendemos.

Isso não significa que elas desejariam nos visitar.

O universo não é uma feira de invenções em que cada espécie chega para apresentar seu produto.

Talvez a maior parte das civilizações se torne silenciosa porque sua tecnologia se torna interna. Elas podem transferir suas atividades para ambientes compactos, conservar energia e reduzir suas emissões. Podem viver em pequenos sistemas artificiais ao redor de estrelas anãs, em vez de construir estruturas brilhantes em escala planetária.

Uma civilização eficiente talvez seja mais difícil de detectar do que uma civilização desperdiçadora.

Nós procuramos sinais de cidades alienígenas usando uma expectativa baseada em cidades humanas. Isso é um risco metodológico. Uma espécie que não desperdiça energia pode parecer natural. Uma sociedade que opera em frequências estreitas pode parecer silenciosa. Uma inteligência que vive em computadores pode emitir menos calor do que uma biosfera industrial.

O alienígena mais avançado pode ser o que menos chama atenção.

Isso se aproxima novamente da floresta escura, mas sem exigir uma intenção hostil. O silêncio pode ser apenas consequência de eficiência, cautela ou mudança de objetivos.

Talvez as civilizações não desejem ser encontradas porque já descobriram que o universo é um lugar perigoso.

Talvez o contato com outras inteligências não produza benefícios suficientes.

Talvez cada sociedade tenha uma experiência tão diferente que a comunicação seja impossível.

Talvez todas tenham aprendido a esperar.

A espera pode ser uma estratégia universal.

Ou uma forma elegante de não fazer nada.

Há também a hipótese de que somos os primeiros. O universo tem cerca de 13,8 bilhões de anos, mas isso não significa que já tenha passado tempo suficiente para que todas as formas possíveis de vida tecnológica surgissem. Estrelas pequenas podem viver por períodos muito mais longos do que o Sol. Alguns mundos que ainda não existem poderão se formar no futuro. A matéria disponível para a vida continuará organizada em estrelas e planetas por muito tempo.

Talvez a maior parte da história inteligente do cosmos ainda esteja à frente.

Nesse cenário, a Terra seria uma espécie de cidade pioneira construída antes da chegada da população principal. Não ouvimos ninguém porque os vizinhos ainda estão escolhendo o terreno.

A ideia é cientificamente possível, mas depende de como a vida surge, de quanto tempo precisa para evoluir e de como diferentes ambientes estelares favorecem ou dificultam organismos complexos. Estrelas pequenas duram muito, mas podem ser ativas e emitir radiação intensa em sua juventude. Planetas que orbitam muito perto delas podem enfrentar travamento de maré e condições difíceis. A longevidade não garante habitabilidade.

O futuro pode conter muitos mundos habitáveis.

Também pode conter apenas mundos vazios durante trilhões de anos.

A escala de tempo do universo é grande demais para funcionar como uma promessa.

Podemos estar cedo.

Podemos estar atrasados.

Podemos estar no meio de uma história que não possui espectadores externos.

O paradoxo de Fermi também pode nascer de uma expectativa exagerada de que a vida deva produzir mensagens. A humanidade não envia mensagens para todas as espécies da Terra. Não tentamos conversar com cada árvore, cada formigueiro ou cada colônia de bactérias. A comunicação exige uma combinação de capacidade, interesse e compatibilidade.

Uma civilização alienígena poderia observar a Terra e classificar nossas transmissões como ruído biológico.

Talvez nosso rádio seja, para outra inteligência, apenas o equivalente ao som de folhas balançando ao vento.

Talvez uma baleia tenha perguntado por que os humanos não mandam mensagens.

A resposta seria que mandamos, mas em uma frequência que ela não considera significativa.

Mesmo quando duas espécies possuem inteligência, elas podem não compartilhar conceitos suficientes para estabelecer contato. Uma civilização que evoluiu em um oceano pode não entender o céu. Uma inteligência coletiva pode não compreender indivíduos. Uma mente artificial pode não possuir emoções, linguagem ou objetivos comparáveis aos nossos.

O paradoxo presume que seremos capazes de reconhecer o outro.

Isso pode ser mais difícil do que receber o sinal.

Se uma civilização produz uma estrutura matemática perfeita, isso é uma mensagem? Se uma estrela é alterada para transmitir uma sequência, saberíamos distinguir intenção de fenômeno natural? Se uma inteligência se espalha por campos magnéticos ou partículas invisíveis, nossos telescópios seriam capazes de percebê-la?

Talvez o universo não esteja silencioso.

Talvez estejamos analfabetos na linguagem em que ele escreve.

Essa possibilidade precisa ser tratada com cuidado. Ela não permite explicar qualquer ruído como mensagem alienígena. Uma hipótese que acomoda toda ausência de evidência perde poder explicativo. Se toda civilização pode ser invisível por definição, nunca haverá um teste capaz de confirmar a ideia.

A ciência precisa de previsões, não apenas de possibilidades.

O paradoxo de Fermi é valioso justamente porque pode ser usado contra nossas próprias expectativas. Ele pergunta o que deveríamos ver se determinadas premissas fossem verdadeiras. Se não vemos, precisamos revisar as premissas.

Não é necessário escolher uma solução única.

Talvez vários fatores atuem juntos. A vida pode ser relativamente comum, a inteligência menos frequente, a tecnologia ainda mais rara e a expansão galáctica muito difícil. As poucas civilizações que surgem podem não coincidir no tempo, não usar rádio e preferir permanecer locais.

O silêncio pode ser produzido por muitas pequenas dificuldades, não por uma única grande barreira.

Uma civilização não precisa ser destruída para desaparecer da nossa vista.

Basta deixar de transmitir.

O celular do grupo do condomínio vibrou. Alguém finalmente respondeu à minha pergunta sobre o barulho:

Deve ser o cano.

A mensagem havia chegado quarenta minutos depois, quando o ruído já tinha parado. Ainda assim, era uma resposta. O universo, por outro lado, continuava sem enviar explicações.

Talvez a distância fosse grande demais.

Talvez ninguém tivesse visto.

Talvez a pergunta estivesse mal formulada.

Talvez o universo não tivesse encanamento.

A ausência de resposta também pode ser uma resposta sobre nós. Ela mostra que ainda estamos no começo da busca. A humanidade só recentemente desenvolveu instrumentos capazes de detectar planetas em torno de outras estrelas, medir suas atmosferas e procurar sinais tecnológicos. Nosso conhecimento ainda está limitado por ruído, distância, tempo e imaginação.

Não examinamos cada planeta.

Não monitoramos cada estrela continuamente.

Não conhecemos todas as formas de comunicação.

Não sabemos qual é a duração típica de uma civilização tecnológica.

O paradoxo de Fermi é mais parecido com uma pergunta feita depois de abrir uma pequena janela do que com um relatório final sobre o universo.

Ainda assim, a pergunta é legítima.

Em um cosmos tão vasto, por que não há sinais evidentes?

Talvez porque a vida seja rara.

Talvez porque a inteligência seja rara.

Talvez porque a tecnologia seja breve.

Talvez porque a expansão seja impossível.

Talvez porque todos sejam prudentes.

Talvez porque ninguém tenha surgido.

Talvez porque tenhamos chegado cedo.

Talvez porque estejam enviando mensagens para as quais ainda não temos receptores.

Talvez porque o Grande Filtro esteja atrás de nós.

Talvez porque esteja à nossa frente.

A última possibilidade é a mais inquietante. Se quase todas as civilizações chegam a um certo ponto e desaparecem antes de se tornarem visíveis, então a ausência de mensagens pode ser um aviso sobre o futuro. O filtro poderia estar relacionado à instabilidade tecnológica, à incapacidade de controlar os próprios recursos, à destruição ambiental, a conflitos, a acidentes ou a problemas que ainda não imaginamos.

Não há evidência de que uma dessas hipóteses seja inevitável. O futuro não está condenado por uma equação. Civilizações podem aprender, cooperar, corrigir erros e escolher caminhos diferentes.

Mas a pergunta permanece porque o silêncio não nos diz se os outros falharam ou simplesmente nunca existiram.

Se encontrássemos vida microscópica em Marte, em uma lua gelada ou em um exoplaneta distante, isso mudaria a avaliação do Grande Filtro. Se descobríssemos que a vida surge facilmente, mas a inteligência tecnológica nunca aparece, uma etapa biológica poderia ser o obstáculo. Se encontrássemos sinais de muitas civilizações antigas, mas nenhuma duradoura, o filtro pareceria estar mais adiante.

Cada descoberta alienígena alteraria não apenas nossa biologia, mas também nossa leitura do silêncio.

Encontrar uma bactéria extraterrestre seria uma notícia maravilhosa.

Também poderia ser uma notícia estatisticamente perturbadora.

Encontrar uma transmissão confirmada seria ainda mais transformador. A humanidade deixaria de ser a única espécie conhecida a produzir tecnologia capaz de atravessar o espaço. A mensagem poderia conter uma saudação, uma sequência matemática, um mapa, uma advertência ou algo que não reconhecêssemos como mensagem.

O primeiro contato não precisaria ser uma conversa.

Poderia ser a descoberta de uma ruína.

Uma alteração atmosférica.

Um artefato antigo.

Um padrão em uma estrela.

Ou uma transmissão que demorou milhões de anos para chegar e foi enviada por uma civilização que já não existe.

A primeira voz alienígena talvez fosse um eco.

Até lá, a humanidade permanece sozinha no catálogo das civilizações confirmadas. Isso não prova que estamos sozinhos no universo. Significa apenas que todas as evidências tecnológicas conhecidas até agora vêm de nós.

Essa distinção é pequena na frase e enorme nas consequências.

Há uma tentação de transformar o silêncio em um julgamento. Se ninguém responde, concluímos que ninguém existe, que todos morreram ou que estamos sendo observados por criaturas hostis. Mas o silêncio pode ser apenas silêncio. A ausência de dados não possui uma intenção escondida.

Uma caixa de entrada vazia não informa se o destinatário está ocupado, morto, sem internet ou incapaz de ler.

O universo é uma caixa de entrada particularmente grande.

Naquela noite, desliguei o celular e fui até a janela. As estrelas eram poucas por causa da iluminação da cidade. Ainda assim, cada ponto luminoso poderia ser uma estrela com planetas, uma estrela sem planetas, uma estrela que morreu há muito tempo ou uma estrela cuja luz ainda não havia chegado até nós.

Algumas já não existiam na forma que eu via.

Algumas talvez tivessem mundos.

Alguns desses mundos poderiam conter vida.

Alguns poderiam conter inteligência.

Alguns poderiam conter civilizações que nunca olharam para a nossa direção.

O céu parecia cheio.

E, ao mesmo tempo, completamente vazio.

Essa é a força do paradoxo de Fermi. Ele coloca duas sensações na mesma sala: a vastidão das possibilidades e a ausência de companhia. Quanto mais estrelas observamos, mais fácil parece imaginar que alguém deveria estar lá. Quanto mais procuramos, mais o silêncio adquire peso.

Talvez a solidão seja apenas uma ilusão produzida pela distância.

Talvez seja uma característica fundamental do universo.

Talvez todos estejam esperando que alguém fale primeiro.

A humanidade já enviou algumas mensagens deliberadas para o espaço, mas elas são pequenas, frágeis e lentas em comparação com a escala galáctica. Mesmo que uma civilização receba uma transmissão nossa, sua resposta pode chegar quando nenhum ser humano atualmente vivo estiver aqui para ouvi-la.

Enviar uma mensagem às estrelas é aceitar que talvez estejamos escrevendo para descendentes desconhecidos.

É colocar uma carta em uma garrafa e jogá-la em um oceano que não possui costa.

A carta pode nunca ser encontrada.

Pode ser encontrada depois que o remetente desapareceu.

Pode ser lida por alguém que não compreende o idioma.

Pode ser interpretada como ruído.

Ainda assim, enviamos.

Porque a pergunta não é apenas “onde estão eles?”.

Também é:

Quem somos nós, agora que percebemos o silêncio?

Se formos uma das primeiras civilizações, temos uma responsabilidade especial. Se formos uma das últimas, carregamos uma herança que talvez não saibamos nomear. Se existirem muitas civilizações, mas todas forem silenciosas, precisamos descobrir por quê. Se estivermos sozinhos, o universo não ficará menor, mas a responsabilidade sobre a vida inteligente será imensa.

A ausência de companhia não reduz o valor da existência.

Pode aumentá-lo.

Uma única biblioteca em um planeta sem leitores continua contendo livros, mas a obrigação de preservá-la se torna maior, não menor. Uma única consciência em um universo indiferente pode ser um acidente, mas também é o lugar onde o universo se torna capaz de fazer perguntas.

Talvez sejamos a única espécie que sabe que o céu está quieto.

Talvez isso seja temporário.

Talvez não.

Antes de dormir, enviei uma última mensagem ao grupo do condomínio:

O barulho parou. Obrigado a quem respondeu.

Dessa vez, ninguém visualizou.

Olhei para o céu através da janela. Nenhuma estrela piscou em resposta. Nenhum sinal de rádio atravessou o quarto. Nenhum jato de raios gama apontou para a Terra. Nenhuma bolha vizinha tocou a nossa. O universo continuou expandindo-se, silencioso e enorme.

A pergunta de Fermi permanecia intacta.

Se há tanta gente no universo, por que ninguém manda mensagem?

Talvez não haja tanta gente.

Talvez ainda não exista ninguém além de nós.

Talvez existam muitos, mas todos estejam separados pelo tempo.

Talvez tenham escolhido o silêncio.

Talvez tenham desaparecido.

Talvez estejamos escutando pouco.

Talvez ainda sejamos jovens demais para receber respostas.

Ou talvez, em algum ponto entre a matéria sem vida e a primeira transmissão, exista uma barreira que quase nenhuma civilização atravessa.

Uma barreira tão discreta que não deixa ruínas.

Um filtro tão eficiente que transforma o universo em uma sala cheia de telefones desligados.

A pergunta seguinte é a pior de todas:

O Grande Filtro ficou para trás — ou ainda está à nossa frente?

Capítulo 15

O Grande Filtro

A barreira que todas as civilizações precisam atravessar.

Na manhã em que o detector de fumaça disparou, a torradeira finalmente conseguiu a promoção que vinha ameaçando desde o primeiro capítulo.

O pão não estava apenas queimado. Estava carbonizado com convicção. Uma coluna fina de fumaça subia da cozinha, o alarme gritava no teto e o grupo do condomínio começou a receber mensagens em ritmo de emergência nacional.

O que aconteceu?

É incêndio?

Alguém chamou os bombeiros?

Por favor, não usem o elevador.

Cinco minutos depois, todos descobriram que a catástrofe era uma fatia de pão esquecida. O prédio não estava pegando fogo. Ninguém precisava abandonar o apartamento. A torradeira havia apenas transformado um alimento em uma pequena lembrança mineral.

O detector, porém, não sabia disso.

Ele não possuía uma categoria chamada “café da manhã exageradamente tostado”. Para o aparelho, havia fumaça, e fumaça era suficiente para disparar o alarme.

Enquanto os moradores voltavam para dentro, pensei que talvez as civilizações funcionassem de modo parecido. Elas constroem máquinas poderosas, descobrem fontes de energia, desenvolvem tecnologias capazes de transformar o ambiente e, depois, precisam aprender a distinguir uma ferramenta de uma ameaça.

Às vezes, conseguem.

Às vezes, não.

O Grande Filtro é uma hipótese criada para pensar justamente nessa dificuldade. Ele não é uma força cósmica, uma barreira física ou uma entidade que observa planetas para decidir quais merecem continuar. É uma maneira de descrever uma ou mais etapas extremamente improváveis entre a matéria sem vida e uma civilização tecnológica capaz de sobreviver por muito tempo, espalhar-se pela galáxia ou deixar sinais detectáveis.

A ideia foi formalizada e popularizada por Robin Hanson no fim da década de 1990, como uma tentativa de lidar com o paradoxo de Fermi. Se o universo é antigo, possui uma quantidade enorme de estrelas e parece oferecer muitos lugares onde a vida poderia surgir, por que não encontramos evidências claras de civilizações? Talvez alguma etapa da trajetória seja quase impossível.

Talvez existam vários obstáculos menores.

Talvez as civilizações cheguem à tecnologia e desapareçam antes de se tornarem visíveis em escala galáctica.

Ou talvez a humanidade tenha atravessado o obstáculo mais difícil e esteja agora diante de uma porta que ainda não sabe abrir.

O Grande Filtro não é uma teoria comprovada. Não há evidência de que exista uma única barreira universal pela qual todas as civilizações precisem passar. O conceito é um quadro de raciocínio, uma ferramenta para organizar possibilidades e medir o peso do silêncio cósmico.

Mesmo assim, é uma ideia difícil de esquecer.

Imagine um edifício com muitos andares. No térreo estão a química simples, as moléculas orgânicas e os ingredientes básicos para a vida. Em algum ponto acima ficam a autorreplicação, as primeiras células, a evolução e a capacidade de manter um organismo funcionando. Mais adiante vêm as células complexas, os organismos multicelulares, os sistemas nervosos, a inteligência, a linguagem, a cultura acumulativa, as ferramentas, a agricultura, a indústria e a tecnologia.

No último andar, talvez exista uma civilização capaz de atravessar distâncias entre estrelas, modificar sistemas planetários ou transmitir sinais que possam ser reconhecidos a bilhões de quilômetros.

A maioria das formas de matéria permanece no térreo.

Algumas moléculas chegam ao primeiro andar.

Poucos organismos alcançam os andares superiores.

Talvez quase ninguém chegue ao telhado.

A escada não precisa possuir uma única porta trancada. O filtro pode ser uma sequência de degraus improváveis. A origem da vida pode ser rara, a célula complexa pode ser ainda mais rara, a inteligência tecnológica pode ser excepcional e a sobrevivência prolongada pode ser quase impossível.

O resultado final seria o mesmo: poucos ou nenhum sinal no céu.

Na Terra, conhecemos apenas um caminho. A vida surgiu, persistiu, diversificou-se e, depois de bilhões de anos, uma espécie desenvolveu linguagem simbólica, ferramentas sofisticadas, agricultura, cidades, motores, computadores e redes de comunicação.

Isso parece uma sequência natural quando contamos a história ao contrário.

Mas a evolução não tinha a obrigação de chegar até nós.

A vida poderia ter permanecido unicelular. Poderia ter produzido organismos multicelulares sem cérebros capazes de desenvolver tecnologia. Poderia ter gerado inteligência em criaturas sem mãos, sem fogo, sem acesso a materiais adequados ou sem uma cultura capaz de acumular conhecimento ao longo das gerações.

Uma espécie pode ser inteligente e ainda assim não construir uma usina.

Pode usar ferramentas sem desenvolver metalurgia.

Pode possuir linguagem sem criar escrita.

Pode resolver problemas complexos sem produzir uma civilização industrial.

Inteligência não é um elevador automático.

Mesmo dentro da história humana, a passagem entre uma capacidade e outra não foi inevitável. A agricultura não surgiu imediatamente depois da inteligência. A escrita apareceu em determinadas sociedades e não em todas. A ciência moderna dependeu de instituições, instrumentos, registros, educação e uma longa cadeia de descobertas anteriores.

A tecnologia é uma construção coletiva.

Uma civilização pode possuir indivíduos brilhantes e ainda não possuir uma sociedade capaz de preservar o conhecimento produzido por eles.

O Grande Filtro pode estar em qualquer ponto dessa trajetória.

Talvez o primeiro obstáculo seja a origem da vida. A matéria comum é abundante, os elementos químicos são numerosos e moléculas orgânicas podem se formar em vários ambientes. Mas ainda não sabemos quão provável é a transição entre química não viva e um sistema capaz de se reproduzir, manter um metabolismo e evoluir.

A vida surgiu uma vez que conhecemos.

Uma amostra de um não permite calcular facilmente a probabilidade.

Talvez a origem da vida seja relativamente comum quando há água, energia e química adequada. Talvez seja um evento extraordinário que exige uma combinação quase impossível de circunstâncias. Talvez existam muitos planetas com moléculas complexas, mas poucos cruzem a fronteira entre reação química e hereditariedade.

Se a origem da vida for o Grande Filtro, a maior parte dos planetas seria estéril. O universo poderia conter oceanos, minerais, atmosferas e fontes de energia sem produzir uma única célula.

Nesse cenário, a humanidade teria atravessado um obstáculo enorme antes mesmo de possuir olhos para perceber que ele existia.

A existência da vida na Terra seria uma raridade profunda.

Mas ainda não sabemos se é.

Uma das descobertas que mais alteraria nossa compreensão seria encontrar vida independente em outro mundo. Poderia ser uma forma microscópica em Marte, em uma lua gelada ou em um planeta distante. A palavra independente seria essencial. Se a vida tivesse vindo da Terra por transferência natural de material entre mundos, talvez não representasse uma segunda origem.

Uma mesma árvore genealógica espalhada por dois planetas não é o mesmo que duas árvores surgindo separadamente.

Se encontrássemos uma biologia totalmente diferente, com outra base molecular ou outra história evolutiva, a hipótese de que a vida surge facilmente ganharia força. Isso seria uma notícia maravilhosa para a biologia e uma notícia estatisticamente desconfortável para o Grande Filtro.

Se a vida aparece com facilidade, então o obstáculo provavelmente está mais adiante.

A vida simples pode ser comum.

A vida complexa pode ser rara.

A inteligência pode ser rara.

A tecnologia pode ser rara.

A sobrevivência pode ser rara.

Descobrir microrganismos fora da Terra não provaria que a humanidade está condenada. Apenas deslocaria a pergunta. Se a vida nasce muitas vezes, mas nenhuma civilização aparece, o filtro poderia estar na transição para organismos complexos ou inteligentes. Se encontrássemos animais complexos, mas nenhuma tecnologia, o obstáculo pareceria ainda mais próximo da inteligência industrial.

Cada descoberta mudaria as probabilidades.

Nenhuma responderia tudo sozinha.

A própria Terra oferece uma pista curiosa. A vida existe há bilhões de anos, mas organismos multicelulares complexos demoraram muito para se tornar comuns. Células com estruturas internas sofisticadas também parecem ter surgido depois de uma longa história de vida simples.

Isso pode significar que certos passos são difíceis.

Também pode significar que a evolução precisou de tempo, estabilidade ambiental e condições específicas. Um único planeta não é suficiente para separar essas explicações.

A evolução não fornece uma escada universal.

Fornece um exemplo.

O Grande Filtro também pode estar na inteligência tecnológica. Talvez a vida complexa seja relativamente comum, mas quase nenhuma espécie desenvolva uma combinação de memória, linguagem, cooperação, manipulação do ambiente e cultura acumulativa suficiente para construir uma civilização industrial.

Os oceanos da Terra podem estar cheios de animais inteligentes que nunca descobrirão o fogo.

Uma floresta pode abrigar criaturas capazes de resolver problemas, reconhecer indivíduos e usar ferramentas, mas sem mãos livres, sem acesso a minerais ou sem um modo de transmitir conhecimento durante muitas gerações.

A inteligência é uma solução para problemas.

A tecnologia é uma solução para problemas em escala coletiva.

A distância entre as duas pode ser um dos andares mais difíceis do edifício.

Mesmo que uma espécie domine a tecnologia, ainda precisa sobreviver às consequências do próprio poder. Essa possibilidade é a mais inquietante porque coloca o Grande Filtro à nossa frente.

A humanidade já possui capacidade de transformar o planeta em uma escala sem precedentes. Extrai energia, altera ecossistemas, modifica atmosferas locais, produz armas de destruição em massa, cria sistemas de comunicação global e desenvolve máquinas que podem operar em ambientes físicos e digitais complexos.

Nenhuma dessas ferramentas é automaticamente uma sentença de morte.

O problema pode estar na combinação entre poder crescente e coordenação insuficiente.

A energia nuclear é um exemplo claro. O domínio do núcleo atômico produz eletricidade, aplicações médicas, pesquisa científica e ferramentas importantes para compreender a matéria. Também tornou possíveis armas capazes de destruir cidades em pouco tempo.

O átomo não possui uma intenção maligna.

A questão é política, técnica e institucional: como uma espécie administra uma capacidade que pode produzir benefícios enormes e danos igualmente enormes?

O filtro não seria “descobrir a energia nuclear”.

Seria não conseguir construir regras, confiança e mecanismos de controle proporcionais ao poder descoberto.

A mesma tecnologia pode sustentar uma civilização ou ampliar uma guerra. O resultado depende de decisões, incentivos, comunicação e capacidade de evitar erros irreversíveis.

A inteligência artificial apresenta uma versão mais recente do mesmo problema. Sistemas capazes de processar informação, gerar conteúdo, reconhecer padrões, auxiliar decisões e operar ferramentas podem aumentar a capacidade humana em áreas importantes. Podem contribuir para ciência, medicina, educação e engenharia.

Também podem amplificar erros, fraudes, desinformação, ataques digitais, concentração de poder e decisões automatizadas mal supervisionadas. Sistemas mais autônomos podem executar objetivos de maneira inadequada se forem mal projetados, mal utilizados ou integrados a estruturas que não possuem controles suficientes.

Isso não significa que a inteligência artificial seja inevitavelmente destrutiva.

Não existe uma lei cósmica dizendo que toda máquina inteligente precisa se voltar contra seus criadores. O risco está em objetivos mal definidos, uso irresponsável, competição entre organizações, falta de transparência e velocidade de implantação maior do que a capacidade de avaliar consequências.

Uma ferramenta poderosa não precisa ser consciente para causar danos.

Um sistema de tráfego não precisa odiar ninguém para produzir um congestionamento. Um algoritmo financeiro não precisa desejar uma crise para contribuir com uma sequência de decisões perigosas. Uma máquina não precisa possuir intenção para executar uma instrução de maneira literal e inadequada.

A torradeira não odeia o pão.

Ela apenas cumpre sua função com entusiasmo excessivo.

As redes sociais acrescentam outra camada. Elas permitem comunicação rápida entre milhões ou bilhões de pessoas, ampliam vozes antes isoladas e podem ajudar comunidades a compartilhar informação, organizar ações e oferecer apoio.

Também aceleram rumores, recompensam indignação, fragmentam a atenção e podem tornar difícil distinguir uma informação verificada de uma afirmação repetida muitas vezes. Não são, sozinhas, o Grande Filtro. Mas podem tornar uma civilização mais vulnerável quando combinadas com armas poderosas, sistemas automatizados, crises ambientais e instituições incapazes de construir um entendimento comum.

Uma sociedade precisa de alguma capacidade de concordar sobre fatos básicos para responder a ameaças coletivas.

Se cada grupo vive dentro de uma realidade informacional diferente, até uma emergência verdadeira pode ser tratada como propaganda pelo grupo errado.

O problema não é que as redes sociais sejam mágicas.

É que elas multiplicam a velocidade da informação antes que as sociedades tenham aprendido a lidar com a velocidade.

A humanidade passou a ter ferramentas capazes de distribuir uma mentira para milhões de pessoas em minutos e, ao mesmo tempo, ferramentas capazes de produzir conhecimento em escala inédita. A mesma infraestrutura pode aproximar famílias, espalhar alertas, organizar ajuda e destruir confiança.

A tecnologia não escolhe sozinha o resultado.

Mas muda o tamanho dos erros.

Uma fofoca antiga precisava atravessar uma praça.

Uma falsidade moderna pode atravessar um continente antes que alguém consiga verificar a fonte.

Se o Grande Filtro estiver à nossa frente, talvez não seja uma única explosão dramática. Pode ser uma falha acumulada de coordenação. Pequenas decisões de curto prazo podem produzir danos ambientais, conflitos, perda de confiança e instituições cada vez mais frágeis. Nenhum evento isolado destrói a civilização, mas o conjunto reduz sua capacidade de responder ao próximo problema.

O filtro pode ser uma civilização que não consegue pensar além do próprio ciclo político, econômico ou tecnológico.

Pode ser a incapacidade de administrar recursos comuns.

Pode ser a competição entre grupos que preferem perder juntos a permitir que o outro tenha vantagem.

Pode ser a diferença entre possuir informação e saber o que fazer com ela.

Não há garantia de que inteligência produza sabedoria.

Uma espécie pode construir telescópios para observar galáxias e continuar incapaz de conversar com o vizinho do apartamento.

A civilização pode compreender estrelas e não compreender a própria raiva.

Isso não significa que o futuro esteja condenado. O Grande Filtro não é uma profecia. Se a barreira estiver à nossa frente, ainda podemos reduzir sua probabilidade. A história não é um experimento fechado cujo resultado já foi registrado em algum arquivo cósmico.

Podemos melhorar sistemas de segurança.

Podemos criar mecanismos de verificação.

Podemos estabelecer limites para tecnologias de alto risco.

Podemos preservar conhecimento científico e instituições confiáveis.

Podemos construir acordos entre grupos que não concordam em tudo.

Podemos desenvolver ferramentas que ajudem a detectar falhas antes que elas se tornem catástrofes.

Nenhuma dessas medidas oferece garantia absoluta. Elas apenas fazem parte da engenharia de sobrevivência.

Uma civilização não atravessa um filtro porque se considera especial.

Atravessa porque identifica riscos, aprende com erros e constrói redundâncias.

Uma ponte não permanece de pé porque seus engenheiros acreditam nela. Permanece porque possui materiais adequados, cálculos, manutenção e inspeções. Ainda assim, pode falhar. A confiança responsável não é a ausência de dúvida; é a decisão de testar a estrutura.

O mesmo vale para uma civilização tecnológica.

A pergunta mais perturbadora é se todos os filtros são visíveis enquanto os atravessamos. Talvez a origem da vida tenha sido uma barreira que só percebemos porque existimos. Talvez a inteligência tecnológica pareça comum até encontrarmos muitos planetas habitados sem cidades. Talvez a sobrevivência de longo prazo seja impossível de avaliar porque uma civilização desaparecida não pode explicar o que aconteceu.

O silêncio não possui legenda.

Se encontrarmos ruínas de muitas civilizações antigas, a mensagem será diferente de encontrar apenas planetas sem vida. Ruínas sugeririam que a tecnologia pode surgir, mas talvez não dure. Uma galáxia cheia de sinais antigos e nenhum contemporâneo apontaria para um filtro posterior à inteligência.

Se encontrarmos civilizações vivas e duradouras, o medo do filtro futuro diminuirá. Não desaparecerá, porque uma civilização não é outra, mas teríamos exemplos de sociedades que atravessaram obstáculos que ainda enfrentamos.

Se não encontrarmos nada, continuaremos sem saber se somos raros ou apenas cedo demais.

A humanidade possui um problema de amostra.

Conhecemos apenas uma civilização tecnológica: a nossa. Não sabemos se somos típicos, excepcionais, atrasados ou prematuros. É como tentar descobrir a probabilidade de uma moeda cair com um lado para cima depois de observar apenas um lançamento.

A moeda caiu.

O universo não explicou a estatística.

Essa limitação deveria produzir humildade. Não podemos afirmar que todas as civilizações se destroem porque não encontramos outras. Também não podemos concluir que a sobrevivência seja fácil porque ainda estamos aqui.

Estamos vivos no meio do processo.

A nossa presença prova que atravessamos os passos anteriores. Não prova que atravessaremos os próximos.

Esse é o aspecto antropicamente desconfortável do Grande Filtro. Qualquer observador consciente necessariamente surge depois dos obstáculos que conseguiu superar. Se a origem da vida fosse extraordinariamente difícil, só existiriam observadores em poucos planetas onde ela aconteceu. Se a sobrevivência tecnológica for o obstáculo, nós estaremos entre as civilizações que ainda não descobriram se conseguem atravessá-lo.

O fato de estarmos aqui não informa automaticamente onde está o filtro.

Apenas mostra que, até agora, não fomos parados.

A palavra "até" pode ser uma janela para a esperança ou uma porta para a ansiedade.

Ela também pode ser apenas uma palavra.

O Grande Filtro não precisa ser uma catástrofe. Uma civilização pode sobreviver por muito tempo e decidir não se expandir pela galáxia. Pode tornar-se pouco detectável. Pode abandonar transmissões poderosas. Pode concentrar-se em ambientes locais. Pode mudar de forma de maneira que os astrônomos de outras espécies não reconheçam mais sua presença.

Nesse caso, o filtro seria tornar-se uma civilização visível em escala interestelar, não necessariamente continuar existindo.

O paradoxo de Fermi é parcialmente um problema de detecção. Não sabemos quantas civilizações existem; sabemos apenas que não encontramos sinais inequívocos dentro de uma busca limitada.

Uma sociedade silenciosa não é necessariamente uma sociedade extinta.

Uma civilização que não constrói impérios galácticos não falhou automaticamente.

Talvez a expansão seja uma escolha, não uma etapa obrigatória.

A humanidade costuma imaginar o futuro como uma linha que vai de aldeias a cidades, de cidades a planetas e de planetas a estrelas. Esse caminho pode ser apenas um dos muitos. Uma civilização madura talvez prefira estabilidade a crescimento, preservação a conquista e profundidade cultural a expansão territorial.

O universo não possui uma prova dizendo que o vencedor é quem ocupa mais espaço.

Uma espécie pode atravessar o filtro justamente ao abandonar a ideia de que precisa ocupar tudo.

Mas a ausência de expansão não elimina todos os riscos. Uma civilização local ainda precisa manter recursos, instituições, conhecimento e capacidade de responder a mudanças. O silêncio pode vir de escolhas pacíficas ou de limitações invisíveis.

Não devemos transformar cada solução em uma certeza confortável.

Na tarde seguinte, o detector de fumaça disparou novamente.

Dessa vez, o pão estava apenas levemente dourado. O alarme havia desenvolvido uma sensibilidade desproporcional, como alguém que, depois de presenciar uma pequena crise, passa a interpretar qualquer cheiro como o fim do prédio.

Troquei a bateria.

O aparelho parou.

Era uma solução simples, mas não teria funcionado se houvesse um incêndio real. Um sistema de segurança precisa distinguir sinais, atualizar-se e ser mantido. Se o alarme dispara o tempo todo, os moradores deixam de prestar atenção. Se nunca dispara, todos esquecem que ele existe.

Civilizações também podem sofrer de fadiga de alarme.

Se cada risco é apresentado como o fim do mundo, as pessoas aprendem a ignorar todos. Se nenhum risco é levado a sério, a primeira crise encontra uma sociedade despreparada. A tarefa não é viver em pânico, mas construir avaliações proporcionais, transparência e capacidade de resposta.

O Grande Filtro não exige medo constante.

Exige atenção contínua.

A energia nuclear, a inteligência artificial e as redes sociais não devem ser tratadas como três monstros alinhados diante da porta. São tecnologias diferentes, com benefícios e riscos diferentes. O fato de terem surgido em um período histórico relativamente curto é importante porque a humanidade passou a controlar várias formas de poder antes de desenvolver instituições globais capazes de coordená-las perfeitamente.

Isso é uma condição de risco.

Não é uma sentença.

Uma civilização que produz energia nuclear também pode produzir sistemas de detecção e prevenção. Uma civilização que desenvolve inteligência artificial pode usá-la para investigar doenças, modelar riscos e melhorar a segurança — desde que controle, responsabilidade e supervisão acompanhem a capacidade técnica. Uma civilização conectada por redes pode espalhar desinformação, mas também pode compartilhar alertas, conhecimento e soluções.

A mesma escada pode levar ao telhado ou ao precipício.

O que importa é como ela é construída e quem decide onde colocar os degraus.

Talvez a principal barreira não seja uma tecnologia específica, mas a capacidade de alinhar poder, conhecimento e responsabilidade. Uma civilização pode sobreviver à descoberta da energia nuclear se suas instituições forem fortes. Pode atravessar a chegada da inteligência artificial se tiver mecanismos para testar, limitar e corrigir sistemas. Pode usar redes sociais sem destruir a confiança pública se aprender a proteger informação, privacidade e debate.

Nenhuma dessas tarefas é fácil.

Mas dificuldade não é impossibilidade.

O Grande Filtro também pode ser atravessado por etapas. Não existe um único momento em que uma civilização recebe um certificado de segurança e nunca mais enfrenta riscos. Cada nova capacidade cria problemas novos. A estabilidade não é um prêmio permanente; é uma prática.

A civilização precisa continuar subindo enquanto o edifício permanece em construção.

Talvez isso explique parte do silêncio cósmico. As civilizações não desaparecem por causa de um único erro espetacular. Elas podem falhar em manter sistemas complexos funcionando. Perdem conhecimento, fragmentam-se, tornam-se incapazes de cooperar, abandonam ciência ou reduzem seu alcance até deixarem de ser detectáveis.

O fim não precisa ter uma explosão.

Pode ser uma sequência de portas fechadas.

Um laboratório que deixa de funcionar.

Uma rede que se torna inútil.

Uma instituição que perde credibilidade.

Uma geração que não consegue transmitir o conhecimento à seguinte.

Uma civilização pode continuar viva e, ainda assim, deixar de subir.

A ideia é triste, mas não precisa ser inevitável. A humanidade já atravessou crises, corrigiu erros e construiu soluções que antes pareciam impossíveis. O fato de termos riscos não significa que não possamos aprender.

Nenhuma civilização recebe uma garantia.

Mas algumas podem desenvolver uma cultura de manutenção.

Na noite em que o alarme finalmente parou de tocar, limpei a torradeira. Havia migalhas carbonizadas presas na resistência, pequenas o bastante para parecer insignificantes e suficientes para produzir fumaça em toda a cozinha.

O problema não era a existência da torradeira.

Era o acúmulo.

Uma pequena quantidade de resíduo, repetida todos os dias, transformara uma tarefa comum em um alarme. A solução não exigia destruir o aparelho. Exigia abrir, limpar, verificar e entender por que o sistema estava se comportando daquela maneira.

Talvez algumas ameaças civilizacionais funcionem assim. Não são um botão único, mas o resultado de pequenos riscos acumulados, ignorados porque nenhum deles parece grande o bastante para justificar uma mudança.

A fumaça aparece antes do fogo.

Nem sempre.

Mas às vezes.

O universo permanece silencioso. Não sabemos se isso acontece porque a vida é rara, porque a inteligência é rara, porque as civilizações se escondem, porque desaparecem ou porque ainda não procuramos o suficiente. Não sabemos se o Grande Filtro ficou para trás ou está diante de nós.

Se estiver atrás, nossa existência é uma sorte extraordinária.

Se estiver à frente, nossa sobrevivência dependerá de escolhas que ainda podemos fazer.

Essa incerteza não é uma condenação. É uma responsabilidade.

Se descobrirmos vida simples fora da Terra, não deveremos entrar em pânico. Devemos investigar sua origem, sua independência e sua história. Se encontrarmos vida complexa, deveremos rever nossas estimativas sobre a evolução. Se encontrarmos uma civilização tecnológica duradoura, teremos um exemplo de que a barreira pode ser atravessada. E se continuarmos sem encontrar ninguém, teremos de resistir à tentação de preencher o silêncio com certezas.

A ausência de companhia pode ser um alerta.

Também pode ser apenas distância.

O Grande Filtro não é um monstro esperando no próximo andar. É a pergunta sobre quais portas precisam ser abertas para que uma civilização continue existindo por tempo suficiente para ser encontrada.

A primeira porta pode ser a vida.

A segunda, a complexidade.

A terceira, a inteligência.

A quarta, a tecnologia.

A última talvez seja a capacidade de sobreviver ao próprio poder.

Nenhuma delas se abre com força bruta.

É preciso conhecimento, cooperação, tempo e uma disposição quase antinatural para admitir que a ferramenta que construímos pode ter consequências que ainda não compreendemos.

A torradeira não sabia que estava produzindo fumaça.

O detector não sabia que era pão.

Os moradores não sabiam se deviam evacuar.

A resposta correta apareceu quando alguém examinou a causa.

Talvez uma civilização galáctica seja exatamente isso: uma espécie que aprendeu a investigar o alarme antes de ignorá-lo, sem transformar cada sinal em pânico e sem fingir que toda fumaça é inofensiva.

No fim, o prédio permaneceu de pé.

O pão foi descartado.

A bateria do detector foi trocada.

A torradeira recebeu uma limpeza que considerou ofensiva, mas necessária.

O universo continuou sem enviar mensagem.

Talvez a Via Láctea esteja cheia de civilizações que não atravessaram o filtro. Talvez esteja vazia porque quase nenhuma vida chegou à tecnologia. Talvez nós sejamos uma das primeiras espécies a descobrir que energia nuclear, inteligência artificial e redes sociais podem existir na mesma sala.

O filtro pode estar atrás de nós.

Pode estar à nossa frente.

Pode ser uma sequência de pequenas portas que se fecham quando ninguém presta atenção. Por enquanto, ainda estamos no corredor.

O alarme parou.

A próxima porta continua aberta.

Capítulo 16

A hipótese da floresta negra

O silêncio é uma estratégia de sobrevivência.

Na noite em que o condomínio ficou sem luz, ouvi uma batida no corredor.

Não foi uma batida forte. Parecia mais o som de alguma coisa encostando na parede, caindo no chão ou sendo arrastada por alguém que não tinha pressa nenhuma. O prédio inteiro estava escuro. As luzes de emergência ainda não haviam acendido, e o elevador permanecia parado entre dois andares, provavelmente refletindo sobre suas escolhas profissionais.

Peguei o celular e acendi a lanterna.

A faixa branca iluminou a porta, o tapete e uma pequena parte do corredor. Por um instante, senti alívio. A luz permitia enxergar.

Depois pensei que ela também permitia ser enxergada.

Apaguei a lanterna.

A batida não se repetiu.

Talvez tivesse sido um cano. Talvez uma caixa tivesse caído. Talvez alguém estivesse procurando as chaves. Talvez o prédio tivesse se acomodado alguns milímetros, como fazem os edifícios quando ninguém está olhando.

Não havia qualquer evidência de que houvesse uma ameaça do outro lado da porta.

Ainda assim, a decisão de apagar a luz pareceu prudente.

Ela também continha uma pergunta:

Se existe alguém no escuro, é melhor anunciar que estamos aqui ou permanecer em silêncio?

Essa é a ideia central da chamada hipótese da floresta negra.

Ela imagina o universo como uma floresta escura, imensa e silenciosa, cheia de civilizações que não sabem umas das outras. Cada civilização seria como um viajante caminhando entre árvores, sem conhecer a intenção dos outros viajantes. Qualquer luz, ruído ou mensagem poderia revelar sua localização.

Talvez as civilizações silenciosas não estejam extintas.

Talvez estejam escondidas.

Antes de continuar, é importante estabelecer uma fronteira clara: a hipótese da floresta negra não é uma teoria científica estabelecida. Não existe evidência de que civilizações extraterrestres estejam se ocultando, monitorando o rádio terrestre ou planejando eliminar umas às outras. A ideia vem principalmente da ficção científica e de discussões filosóficas inspiradas pelo paradoxo de Fermi.

Ela é uma especulação narrativa poderosa.

Não é um diagnóstico do universo.

A hipótese ficou especialmente conhecida por meio da ficção científica contemporânea, mas sua força não depende apenas da história em que aparece. Ela combina uma pergunta astronômica — onde estão as civilizações? — com uma preocupação política e existencial bastante familiar: como confiar em alguém cuja intenção não podemos verificar?

O universo seria uma floresta porque não conhecemos seus habitantes.

Seria negra porque a distância impede que vejamos claramente o que está entre as estrelas.

E seria silenciosa porque, nessa situação, falar pode ser mais perigoso do que permanecer calado.

A ideia começa com uma premissa simples: toda civilização deseja sobreviver.

Isso parece razoável. Um organismo que não tenta continuar existindo desaparece. Uma sociedade que não protege seus membros perde capacidade de agir. Uma civilização que não se preocupa com o próprio futuro pode ser substituída por outra, destruída por um acidente ou simplesmente desaparecer quando seus recursos se esgotarem.

A sobrevivência não precisa ser o único objetivo de uma civilização.

Mas, sem algum interesse em sobreviver, ela não permaneceria disponível para contar sua história.

O segundo passo é menos confortável. Uma civilização não conhece as intenções das outras. Se recebemos uma mensagem de uma estrela distante, não sabemos se quem a enviou é pacífico, curioso, competitivo, desesperado, expansionista, indiferente ou incapaz de compreender nossas categorias morais.

Uma frase como "olá, somos amigáveis" não resolve o problema.

Um predador também pode enviar uma mensagem dizendo que é amigável.

Uma inteligência benevolente pode parecer ameaçadora por não compreender nosso idioma. Uma inteligência perigosa pode aprender a usar palavras tranquilizadoras. Uma civilização pode enviar uma mensagem pacífica hoje e mudar completamente durante os séculos necessários para que a resposta chegue.

A distância transforma qualquer promessa em documento antigo.

O terceiro passo é imaginar que as civilizações podem crescer. Uma sociedade tecnológica pode aumentar sua capacidade de obter energia, construir máquinas, explorar sistemas planetários e alterar o ambiente ao redor de sua estrela.

Uma civilização pequena pode tornar-se poderosa.

Uma civilização poderosa pode tornar-se imprevisível.

Uma civilização imprevisível pode ser perigosa mesmo sem ter intenção de atacar.

Não é preciso que exista maldade. Basta que exista assimetria de poder, falta de informação e dificuldade de verificar compromissos. Um vizinho pode não querer incendiar seu apartamento. Ainda assim, se ele instalar uma máquina enorme na parede compartilhada sem explicar o que ela faz, você terá motivos para prestar atenção.

O quarto passo é o mais sombrio: se uma civilização descobre outra, talvez considere mais seguro destruí-la antes que ela cresça o bastante para representar uma ameaça.

Essa é a lógica do ataque preventivo. Não porque a outra civilização tenha feito alguma coisa, mas porque pode fazer no futuro. O silêncio de hoje não seria prova de paz. Seria uma pausa estratégica.

Uma sociedade poderia ouvir um sinal distante e pensar:

Ainda é pequena.

Depois:

Mas pode crescer.

E, por fim:

Se esperarmos, talvez seja tarde demais.

A conclusão seria permanecer invisível e, em algumas versões extremas, eliminar qualquer civilização cuja existência fosse confirmada.

É uma lógica terrível porque transforma a incerteza em justificativa para a violência. Se não sabemos o que o outro quer, presumimos o pior. Se ele não pode provar que é inofensivo, tratamo-lo como ameaça. Se esperar aumenta o risco, agir primeiro parece prudente.

A floresta não teria monstros identificáveis.

Teria apenas seres incapazes de confiar.

Essa ideia não nasceu de uma observação de telescópio. Nenhuma civilização extraterrestre foi descoberta escondida atrás de uma nebulosa. Nenhum sinal foi confirmado como uma mensagem de uma sociedade silenciosa. A hipótese é uma construção lógica e literária a partir de premissas que podem ou não descrever o universo.

Seu poder vem do fato de que essas premissas são reconhecíveis.

Na Terra, grupos humanos frequentemente precisam decidir se devem confiar em desconhecidos. Governos avaliam intenções de outros governos. Comunidades interpretam movimentos de vizinhos. Animais observam sons na vegetação. Uma pessoa sozinha em uma estrada escura decide se deve acender uma luz, fazer barulho ou permanecer escondida.

O espaço interestelar seria uma versão ampliada desse problema. Mas com uma diferença importante: na floresta terrestre, podemos ouvir melhor, caminhar até o outro lado, conversar, observar expressões faciais e construir acordos ao longo do tempo. Entre estrelas, uma mensagem pode levar décadas, séculos ou milênios. Não podemos simplesmente atravessar a rua para esclarecer um mal-entendido.

O universo removeu quase todas as formas rápidas de confiança.

Restou a imaginação.

E a imaginação não é conhecida por escolher sempre o cenário mais tranquilo.

Uma civilização que transmite uma mensagem está, em princípio, revelando alguma informação sobre si mesma. Pode indicar que existe, que possui tecnologia, que consegue apontar uma antena e que deseja ser ouvida. Dependendo da potência e da duração do sinal, pode também revelar sua localização, sua estrela ou a região do espaço em que vive.

A mensagem seria uma luz acesa na floresta.

O problema é que uma civilização pode não saber quem está observando.

Talvez ninguém esteja.

Talvez exista apenas uma estrela morta, poeira e um planeta sem vida na direção do sinal.

Talvez haja uma sociedade pacífica, interessada em trocar conhecimento.

Talvez haja uma inteligência muito mais antiga, que considera qualquer nova civilização uma ameaça futura.

A civilização emissora não teria como descobrir isso rapidamente. Ela precisaria escolher sob incerteza.

Esse tipo de decisão aparece em muitos problemas humanos. Se você encontra uma porta desconhecida em uma casa vazia, pode abri-la para descobrir o que há do outro lado. Pode deixá-la fechada porque não sabe se existe alguém. Pode bater antes. Pode ir embora.

Nenhuma opção é perfeitamente segura.

A diferença é que, na casa, a distância entre a pergunta e a resposta é pequena. No cosmos, a resposta pode chegar quando ninguém mais lembra por que a porta foi aberta.

A hipótese da floresta negra transforma o silêncio em uma estratégia racional de sobrevivência. Uma civilização que não transmite evita revelar sua existência. Uma civilização que reduz suas emissões diminui a chance de ser localizada. Uma civilização que não responde a sinais desconhecidos impede que o interlocutor confirme que alguém está escutando.

O silêncio se torna uma forma de camuflagem.

A camuflagem não significa que a civilização seja hostil. Um animal se esconde porque não sabe quem está perto. Um viajante apaga a fogueira porque prefere não ser visto. Uma sociedade pode esconder-se por medo, não por desejo de atacar.

A floresta ficaria silenciosa mesmo que todos os seus habitantes fossem pacíficos.

Bastaria que nenhum deles confiasse nos demais.

Essa é a parte mais interessante da hipótese: uma situação de medo mútuo pode produzir o mesmo resultado que uma situação de vazio. Se ninguém emite sinais, o céu parece desabitado. Se todos emitem sinais, talvez o céu pareça cheio. O silêncio, por si só, não permite distinguir ausência de cautela.

Uma floresta sem sons pode estar vazia.

Ou pode estar cheia de animais prendendo a respiração.

A hipótese da floresta negra é uma resposta possível ao paradoxo de Fermi. Em vez de perguntar por que não encontramos civilizações, ela responde: porque civilizações inteligentes sabem que não devem anunciar sua presença.

Mas essa resposta cria novas perguntas.

Se todas as civilizações se escondem, como alguma delas descobriu que o silêncio é necessário? A primeira civilização a transmitir poderia ter sido localizada por outra. Se essa descoberta terminou mal, as demais aprenderiam a esconder-se. Mas isso exige que exista uma história anterior de contato, e não temos evidência dela.

Talvez a regra tenha sido deduzida sem experiência.

Talvez o medo seja uma conclusão lógica.

Talvez a maior parte das civilizações não pense dessa maneira.

Uma estratégia pode parecer racional em uma história de ficção e ainda ser improvável na natureza. A sobrevivência não produz automaticamente o mesmo comportamento em todos os seres.

Algumas espécies cooperam. Outras competem. Muitas fazem as duas coisas dependendo do ambiente.

Uma civilização pode considerar o conhecimento mais valioso do que a segurança. Pode acreditar que outras sociedades são potenciais aliadas. Pode possuir uma ética de hospitalidade. Pode não compreender a ideia de segredo. Pode existir como uma mente coletiva para a qual "outra civilização" não representa um indivíduo separado.

Não há uma psicologia universal confirmada para extraterrestres.

A hipótese da floresta precisa importar para o universo uma visão particular sobre medo, crescimento e poder.

Isso não a torna inútil.

Torna necessário tratá-la como especulação.

Outra dificuldade é que localizar uma civilização distante não significa automaticamente ser capaz de destruí-la. A luz viaja a uma velocidade finita. Se vemos uma estrela a mil anos-luz, observamos como ela era mil anos atrás. Um ataque ou mensagem enviado em resposta levaria mais mil anos para chegar.

Durante esse período, a civilização poderia mudar, desaparecer, mover-se, esconder-se melhor ou tornar-se muito mais poderosa.

Uma guerra interestelar não seria um confronto entre dois exércitos que se encontram no mesmo campo.

Seria uma sequência de decisões tomadas contra imagens antigas do adversário.

A floresta teria árvores que mudam de lugar enquanto tentamos mirar.

Mesmo que uma civilização pudesse enviar um projétil ou uma onda de energia em direção a outra, a precisão exigida seria enorme. A estrela pode mover-se. O planeta pode mudar de posição. O alvo pode detectar a ameaça e responder. A energia necessária pode ser gigantesca. O tempo de viagem transforma uma decisão preventiva em uma aposta sobre o futuro.

A vantagem de atacar primeiro não é garantida.

Ela é uma hipótese dentro da hipótese.

Além disso, destruir uma civilização desconhecida pode ser muito mais difícil do que detectar seu sinal. Uma sociedade pode habitar vários mundos, espalhar-se por sistemas diferentes, viver em ambientes subterrâneos ou existir em formas que não dependem de uma única cidade. Um ataque dirigido ao planeta de origem talvez não eliminasse a civilização inteira.

O universo não oferece alvos simples.

Nem mesmo a Terra é um alvo simples. Destruir uma cidade não é destruir a espécie humana. Derrubar uma rede não é apagar todo o conhecimento. Danificar a superfície não elimina necessariamente a vida subterrânea ou oceânica.

Uma civilização interestelar seria ainda mais difícil de silenciar.

A hipótese também pressupõe que recursos sejam suficientemente escassos para que o crescimento de outra civilização represente uma ameaça. O universo contém uma quantidade imensa de estrelas, planetas, asteroides e energia. Uma sociedade poderia expandir-se sem competir diretamente com outra durante muito tempo.

É verdade que energia, matéria e espaço não são infinitos em uma região específica. Também é verdade que o crescimento tecnológico pode alterar o equilíbrio. Mas não sabemos se civilizações precisariam disputar os mesmos recursos ou se haveria espaço suficiente para coexistirem.

A floresta pode ser grande demais para que os caçadores se encontrem.

Talvez o problema não seja quem está escondido.

Talvez seja que ninguém esteja perto o bastante para ouvir.

Uma civilização que permanece em seu sistema estelar pode não ter qualquer motivo para temer outra localizada a milhares de anos-luz. Um sinal recebido poderia ser uma curiosidade remota, não uma ameaça imediata. A distância reduz tanto o risco quanto a oportunidade de contato.

O universo é um lugar onde a prudência pode ser indistinguível da indiferença.

A hipótese da floresta negra também subestima, em algumas versões, o valor da cooperação. O conhecimento pode ser um recurso que aumenta a capacidade de todas as civilizações. Trocar informações sobre energia, medicina, astronomia ou riscos cósmicos poderia beneficiar sociedades muito distantes.

Uma civilização isolada pode ser segura, mas ignorante.

Uma civilização conectada pode ser vulnerável, mas mais capaz.

O dilema não possui uma resposta universal.

Se todos escondem informações, ninguém pode aprender com os outros. Se todos compartilham tudo, qualquer sociedade hostil pode aproveitar o conhecimento. O equilíbrio dependeria da confiança, da verificabilidade e da capacidade de limitar danos.

Talvez o universo precise de diplomacia interestelar.

Talvez ainda não tenha inventado o equivalente cósmico de uma assembleia de condomínio.

Na Terra, tratados funcionam quando existem mecanismos de verificação, comunicação e alguma forma de consequência para quem descumpre acordos. Entre civilizações separadas por séculos-luz, verificar um compromisso seria extremamente difícil. Uma sociedade poderia assinar um pacto de paz e mudar de governo antes que a mensagem chegasse ao outro lado.

A confiança interestelar teria de sobreviver ao tempo.

E o tempo é um negociador pouco confiável.

Uma mensagem poderia ser interpretada de maneiras diferentes por gerações sucessivas. O que começou como uma saudação poderia ser considerado um insulto, uma ameaça ou uma relíquia. A civilização que recebe talvez não seja a mesma que existia quando o sinal foi enviado.

A comunicação não conecta apenas lugares.

Conecta épocas.

É possível que a hipótese da floresta negra não descreva civilizações escondidas, mas civilizações que não conseguem coordenar suas próprias versões ao longo do tempo.

Uma sociedade pode começar querendo contato e terminar querendo isolamento.

O sinal atravessa o espaço no intervalo entre essas duas decisões.

A própria Terra já passou por uma transformação tecnológica rápida. Durante pouco mais de um século, produzimos rádio, televisão, radar, satélites e transmissões digitais capazes de escapar para o espaço. Também começamos a discutir se deveríamos enviar mensagens intencionais para outras estrelas.

Essa discussão é conhecida, de forma ampla, como comunicação ativa com inteligência extraterrestre, ou por siglas usadas em contextos específicos. A questão não é apenas técnica. É uma decisão sobre risco, benefício e representação.

Quem fala em nome da humanidade?

Uma equipe de pesquisadores?

Uma instituição?

Um governo?

Uma empresa?

Todos os habitantes do planeta?

A espécie inteira foi convidada para a reunião?

Até agora, a humanidade já emitiu sinais não intencionais e algumas mensagens deliberadas. Não existe consenso de que isso tenha sido uma ameaça ou uma imprudência. Também não há evidência de que alguma civilização tenha detectado esses sinais, muito menos de que tenha respondido.

O debate permanece no território da prudência especulativa.

Algumas pessoas argumentam que uma mensagem pode abrir uma oportunidade de aprendizado e contato. Outras lembram que não sabemos quem escuta, quais são suas capacidades ou como interpretaria nossa localização. Ambas as posições precisam lidar com a incerteza.

O que não ajuda é transformar uma hipótese literária em uma ordem cósmica:

Nunca fale.

O silêncio pode proteger.

Também pode impedir ajuda.

Pode evitar uma ameaça.

Também pode impedir que uma civilização isolada descubra que não está sozinha.

Pode preservar autonomia.

Também pode preservar erros que outra espécie saberia corrigir.

A floresta negra oferece segurança por ocultamento, mas cobra o preço da solidão.

Essa troca é filosoficamente importante. Se a sobrevivência for o valor máximo, esconder-se parece razoável. Mas civilizações podem valorizar outras coisas: conhecimento, beleza, amizade, curiosidade, cooperação ou a possibilidade de deixar um registro de sua existência.

Uma sociedade que nunca fala pode durar mais.

Mas não sabemos se durar é suficiente.

Talvez o objetivo de uma civilização não seja apenas continuar existindo, mas ampliar aquilo que pode compreender e compartilhar. Talvez uma espécie que nunca arrisca contato sobreviva como um cofre fechado, cheio de conhecimento que ninguém mais poderá acessar.

A segurança absoluta pode ser uma forma de desaparecimento. Uma biblioteca selada não queima, mas também não é lida.

A hipótese da floresta negra é particularmente convincente porque transforma a ausência de mensagens em uma decisão intencional. O silêncio deixa de ser uma lacuna e vira comportamento. Não precisamos imaginar que o universo esteja vazio. Basta imaginar que seus habitantes são cautelosos.

Mas isso também torna a hipótese difícil de testar. Se não encontramos sinais, ela diz que todos estão escondidos. Se encontramos um sinal, pode dizer que o emissor é imprudente, desesperado ou uma exceção. Qualquer resultado pode ser incorporado à narrativa.

Uma hipótese que explica tanto o silêncio quanto a fala corre o risco de prever pouco.

A ciência precisa de consequências observáveis que diferenciem a floresta de outras possibilidades. Talvez existam padrões de tecnossinaturas compatíveis com ocultamento. Talvez possamos limitar a quantidade de energia que uma civilização silenciosa pode usar sem ser detectada. Talvez encontremos vestígios de sociedades que desapareceram sem deixar emissões duradouras.

Até agora, não há evidência confirmada de que uma civilização esteja deliberadamente escondida.

Também não há evidência de que uma civilização esteja deliberadamente nos ignorando.

O silêncio continua sendo um dado ambíguo.

A tecnologia oferece outra dificuldade. Uma civilização muito avançada pode ser difícil de ocultar porque qualquer uso intenso de energia produz calor residual. A segunda lei da termodinâmica não permite que uma sociedade execute trabalho indefinidamente sem liberar energia. Se uma civilização transformar grandes quantidades de matéria e energia, talvez deixe sinais detectáveis em infravermelho ou altere a aparência de seu sistema estelar.

Esconder uma cidade é mais fácil do que esconder uma galáxia industrial.

Por outro lado, uma civilização pode usar pouca energia, operar em escala local ou empregar métodos que produzam sinais fracos. Não sabemos qual é o limite entre tecnologia avançada e visibilidade astronômica.

Talvez toda civilização poderosa seja perceptível.

Talvez apenas as civilizações desperdiçadoras sejam.

Talvez o silêncio revele uma preferência por eficiência.

A floresta pode estar cheia de criaturas que aprenderam a não fazer fogueiras.

Isso não significa que não possuam ferramentas.

A ausência de calor detectável também não prova a ausência de civilização. Nuvens de poeira, distância, orientação e limitações dos instrumentos podem esconder sinais. A astronomia nunca observa uma sociedade diretamente. Observa efeitos na luz, no movimento, na química e na energia.

Uma civilização pode existir entre os ruídos naturais.

O problema é que a natureza produz ruídos demais.

Talvez uma tecnossinatura pareça um fenômeno astrofísico até que alguém reconheça uma regularidade. Talvez uma mensagem esteja misturada à radiação de uma estrela. Talvez o emissor use uma tecnologia que não sabemos classificar.

Ou talvez não haja ninguém.

A hipótese da floresta negra não pode decidir entre essas opções apenas por sua força narrativa.

A floresta também é uma metáfora para a ignorância. Quando estamos em um lugar escuro, o cérebro preenche os espaços que não vê. Um galho quebrado pode ser um animal, uma pessoa, o vento ou uma árvore cedendo ao próprio peso. A escuridão não aumenta necessariamente o número de ameaças. Ela aumenta nossa dificuldade de distinguir entre elas.

O universo é escuro em parte porque a luz leva tempo e possui limites.

A nossa imaginação, entretanto, chega muito mais rápido.

Ela constrói predadores antes de encontrar dados.

Isso não significa que o medo seja inútil. O medo aponta para vulnerabilidades. Uma civilização que considera a possibilidade de contato perigoso pode desenvolver protocolos, melhorar observações e evitar decisões tomadas por um grupo pequeno em nome de todos.

A prudência é uma forma de conhecimento incompleto tratado com respeito.

O pânico é conhecimento incompleto tratado como certeza.

A hipótese da floresta negra merece o primeiro.

Não o segundo.

Naquela noite, o condomínio voltou a ter energia. As luzes do corredor acenderam de uma vez, e a porta do elevador se abriu entre o terceiro e o quarto andar com uma expressão de máquina que preferia não comentar o incidente.

O barulho que eu havia ouvido vinha de uma caixa de ferramentas caída perto da escada.

Não havia intruso.

Não havia vizinho oculto.

Não havia ameaça.

Eu havia apagado a lanterna por prudência, mas a prudência não havia descoberto nada. Ela apenas havia escolhido uma ação diante de uma informação incompleta.

Essa é a situação de qualquer civilização olhando para o céu.

O silêncio não mostra se há alguém escondido.

A luz que enviamos pode ajudar alguém a nos encontrar ou apenas desaparecer no espaço sem ser notada.

Uma mensagem pode ser recebida por uma sociedade benevolente, hostil, indiferente ou nenhuma sociedade.

Não temos como escolher o destinatário.

O universo não oferece confirmação de leitura.

Talvez seja por isso que a hipótese da floresta negra pareça tão natural. Todos nós conhecemos o desconforto de falar em um ambiente onde não sabemos quem escuta. Todos já enviamos uma mensagem e nos arrependemos antes que ela fosse visualizada. Todos já entramos em um cômodo escuro e preferimos não anunciar nossa presença imediatamente.

O cosmos transforma essa sensação em escala máxima.

A diferença é que, no espaço, a mensagem pode viajar durante mil anos.

E a resposta pode chegar quando a civilização que perguntou já não existir.

Se a floresta for real, talvez os habitantes mais prudentes sejam os que nunca deixam pegadas. Talvez existam civilizações antigas escondidas em sistemas silenciosos, observando o céu sem responder. Talvez tenham detectado sinais humanos e decidido não interferir. Talvez nem saibam que somos uma espécie tecnológica; nossas transmissões podem ser fracas demais, recentes demais ou indistinguíveis de ruído.

Talvez o silêncio deles seja uma proteção.

Talvez seja uma escolha ética.

Talvez seja uma política de não interferência.

Talvez seja medo.

Talvez seja apenas distância.

Não há evidência que permita escolher.

A hipótese também pode ser invertida. Talvez uma civilização não esconda sua existência porque teme ser atacada, mas porque não quer impor sua presença a espécies menos avançadas. O silêncio seria uma forma de respeito, não de autopreservação. Uma sociedade poderia considerar o contato uma interferência irreversível, como introduzir uma tecnologia em uma comunidade que ainda não possui meios de compreendê-la.

Nesse cenário, a Terra seria observada por uma civilização que decidiu esperar.

A hipótese do zoológico e a floresta negra se aproximam nesse ponto, embora não sejam idênticas. Uma enfatiza a não interferência. A outra, o risco da exposição. Em ambas, o silêncio é intencional.

Mas a intenção continua sendo uma suposição.

Talvez o universo não contenha nenhuma política comum.

Talvez cada civilização esconda-se por motivos diferentes.

Uma sociedade pode ser pacífica e silenciosa.

Outra pode ser hostil e silenciosa.

Outra pode ser incapaz de transmitir.

Outra pode ter desaparecido.

O mesmo céu abriga explicações incompatíveis.

A floresta negra também levanta uma questão sobre o que significa ser racional. Se duas civilizações não conhecem as intenções uma da outra, a estratégia mais segura pode ser evitar contato. Mas se todas seguirem essa lógica, nenhuma poderá descobrir que as demais eram pacíficas.

O equilíbrio de medo produz um universo silencioso mesmo quando a cooperação seria possível.

É uma prisão construída sem paredes.

Cada civilização permanece isolada para se proteger de ameaças que talvez não existam.

O silêncio reduz o risco de ser encontrado.

Também reduz a possibilidade de encontrar aliados.

A estratégia perfeita de sobrevivência pode produzir a pior situação para qualquer espécie que valorize conhecimento compartilhado.

O universo seria uma floresta cheia de portas fechadas, e cada porta teria alguém do outro lado ouvindo a respiração dos demais.

Talvez o contato só seja possível quando uma civilização decide aceitar um risco que nenhuma equação consegue eliminar. A humanidade pode chegar a esse ponto algum dia, se ainda não chegou. Teremos de decidir se ouvir é suficiente, se responder é necessário e se anunciar-se é aceitável.

Essas decisões não precisam ser tomadas em pânico. Uma mensagem pode ser estudada antes de ser enviada. Um sinal pode ser direcionado, limitado e discutido. A busca pode continuar sem transformar toda estrela em suspeita.

A prudência não exige que apaguemos todas as luzes.

Exige saber quais luzes acendemos e por quê.

Também não há razão para imaginar que alguma civilização esteja atualmente observando cada movimento da Terra. Não temos evidência disso. A floresta negra é uma imagem para pensar sobre o silêncio, o risco e a confiança, não uma descrição comprovada do que acontece além do Sistema Solar.

A ausência de mensagens não é prova de vigilância.

O céu continua sendo um céu.

As estrelas continuam sendo estrelas.

A maioria das luzes que vemos não é uma janela alienígena, mas radiação emitida por processos naturais a distâncias imensas.

O universo pode estar vazio de civilizações detectáveis.

Pode estar cheio delas.

A hipótese da floresta não resolve essa incerteza.

Apenas dá à incerteza uma forma.

Na manhã seguinte, o grupo do condomínio discutia a queda da caixa de ferramentas. Algumas pessoas queriam instalar câmeras. Outras diziam que não era necessário. Uma terceira pessoa sugeriu criar um formulário para registrar todos os ruídos do prédio, e ninguém respondeu.

A discussão durou horas.

No fim, a caixa foi recolocada no armário.

Nenhuma câmera foi instalada.

O prédio continuou funcionando.

A vida cotidiana raramente oferece informação suficiente para eliminar todas as hipóteses. Mesmo assim, precisamos decidir. Abrimos a porta, acendemos a luz, enviamos a mensagem, respondemos ao desconhecido.

No cosmos, talvez seja igual.

Não existe uma ação sem risco.

O silêncio pode esconder uma ameaça.

A fala pode criar uma oportunidade.

A ausência de contato pode preservar a segurança.

Também pode impedir que duas civilizações descubram que poderiam ajudar uma à outra.

A floresta negra não nos diz o que fazer.

Ela pergunta o que estamos dispostos a perder para nos sentirmos seguros.

Se nunca emitirmos uma mensagem, talvez sobrevivamos sem ser notados. Talvez permaneçamos para sempre sem saber se alguém está lá. Se enviarmos uma mensagem, talvez ninguém responda. Talvez uma civilização distante receba o sinal e não se importe. Talvez a mensagem seja interpretada de maneira diferente da pretendida. Talvez seja a primeira conversa entre espécies.

Ou talvez o sinal desapareça na escuridão antes de encontrar qualquer ouvido.

A parte mais difícil é aceitar que não existe um destinatário conhecido.

Toda mensagem ao universo é enviada para uma caixa de entrada sem endereço.

A hipótese da floresta negra é assustadora porque o silêncio, em vez de significar vazio, pode significar medo. Mas ela também é uma advertência contra a transformação de possibilidades em certezas. Não há evidência de que as civilizações sejam predadoras, de que estejam ocultas ou de que qualquer mensagem humana tenha atraído atenção hostil.

Há apenas uma pergunta:

Se alguém estiver ouvindo, o que estará pensando?

Talvez nada.

Talvez esteja ocupado com o equivalente alienígena de uma panela esquecida no fogo.

Talvez esteja tentando decidir se deve responder.

Talvez também esteja olhando para o nosso céu e pensando que somos perigosos demais para receber uma mensagem.

A floresta pode ser escura dos dois lados.

Naquela noite, apaguei as luzes da sala e observei as estrelas pela janela. Não porque acreditasse que alguém me observava, mas porque a escuridão tornava o céu mais visível. Algumas estrelas apareciam entre os prédios. A luz delas havia viajado durante anos, séculos ou muito mais tempo antes de chegar aos meus olhos.

Nenhuma era uma mensagem intencional.

Nenhuma exigia resposta.

Ainda assim, cada uma carregava uma história.

Talvez, em algum planeta distante, outra espécie estivesse fazendo a mesma coisa. Talvez observasse o céu e visse a nossa estrela como um ponto comum entre milhares. Talvez não soubesse que existimos. Talvez soubesse e permanecesse em silêncio.

Não podemos distinguir ausência de cautela olhando apenas para um céu escuro.

A hipótese da floresta negra permanece onde deve estar: no espaço entre a ficção científica, a filosofia e as perguntas que a astronomia ainda não consegue responder. Ela não prova que o universo é hostil. Não demonstra que devemos temer o contato. Não transforma o silêncio em uma mensagem codificada.

Mas lembra que uma civilização pode escolher não falar.

E que, às vezes, o silêncio é a única estratégia disponível para quem não sabe quem está ouvindo.

Talvez o universo esteja vazio.

Talvez esteja cheio de vozes que decidiram sussurrar.

Talvez todos estejam escondidos entre as estrelas, esperando que outra pessoa acenda primeiro a luz.

Por enquanto, a floresta continua escura.

E ninguém respondeu à mensagem.

Capítulo 17

Morte térmica, Big Rip e outros finais

Maneiras diferentes de o universo terminar.

Na manhã em que a torradeira finalmente parou de funcionar, percebi que algumas coisas acabam com ruído e outras acabam com silêncio.

A torradeira pertenceu à primeira categoria. Emitiu um estalo, soltou uma faísca modesta, liberou um cheiro que misturava plástico quente e arrependimento, e depois apagou. Não houve aviso, mensagem de erro ou oportunidade de salvar o pão. O aparelho simplesmente decidiu que sua carreira havia terminado.

A luz da cozinha, por outro lado, piscou durante semanas antes de queimar. No começo, ninguém notava. Depois, a luminosidade começou a oscilar em intervalos irregulares, como se a lâmpada estivesse considerando a aposentadoria, mas ainda não tivesse preenchido a papelada. Passou dias diminuindo lentamente, até que uma noite simplesmente não acendeu.

Ninguém conseguiu dizer em que momento exato a luz deixou de funcionar.

Uma hora estava acesa.

Depois estava apagada.

Era como se a escuridão tivesse vencido sem declarar vitória.

Essa diferença entre o fim súbito e o fim gradual é a mesma que separa dois dos cenários mais conhecidos para o destino final do universo. De um lado, a morte térmica: um esfriamento progressivo, uma dispersão de energia, um universo que se apaga tão devagar que nenhum calendário conseguiria marcar a data do falecimento. Do outro, o Big Rip: uma expansão que acelera até despedaçar galáxias, estrelas, planetas, moléculas e átomos — um universo que termina como a torradeira, com um estalo e a sensação de que algo importante foi esquecido.

Ambos são finais.

Nenhum oferece uma sessão de encerramento.

A morte térmica é a consequência mais provável de um universo que continua se expandindo enquanto a energia se distribui de maneira cada vez mais uniforme. A expressão morte térmica pode parecer um pouco dramática para um processo que envolve principalmente esfriamento e diluição, mas a física nem sempre consulta os sentimentos antes de escolher os nomes.

Também é conhecida como Big Freeze, ou Grande Congelamento. A ideia não é nova. No século XIX, físicos que estudavam a termodinâmica já haviam percebido que sistemas isolados tendem a evoluir para estados de maior entropia. A energia se espalha. As diferenças de temperatura diminuem. O que está quente esfria. O que está frio recebe calor, até que, no limite, tudo atinge uma temperatura uniforme.

Uma xícara de café esfria na mesa.
Um cubo de gelo derrete no copo.

O perfume se dispersa pelo quarto.

A bateria do celular descarrega durante a noite.

O universo inteiro talvez esteja fazendo a mesma coisa, apenas em uma escala e em um prazo que tornam essas comparações modestas.

Hoje o cosmos possui uma estrutura rica: estrelas que queimam hidrogênio, galáxias que giram, quasares que brilham em distâncias extremas, nuvens de gás que formam novos sóis. O universo não está em equilíbrio. Existem regiões quentes e regiões frias, concentrações de matéria e vastos vazios. Essa desigualdade permite que coisas aconteçam — que estrelas nasçam, que planetas se formem, que a vida surja e que alguém escreva um capítulo sobre o fim do universo.

No cenário da morte térmica, tudo isso é temporário.

As estrelas consomem seu combustível.

As últimas gerações estelares podem ser formadas por anãs vermelhas, estrelas pequenas e econômicas que queimam hidrogênio durante trilhões de anos. Depois que as anãs vermelhas se apagam, restarão apenas objetos compactos: anãs brancas, estrelas de nêutrons, buracos negros. Nenhum novo motor nuclear significativo voltará a acender.

O universo se tornaria uma coleção de cinzas resfriando.

Mas nem isso dura para sempre.

Os próprios objetos compactos podem evaporar ou decair em escalas de tempo ainda maiores. Buracos negros, segundo previsões teóricas, deveriam perder massa lentamente por um processo quântico conhecido como *radiação Hawking*. Um buraco negro comum demoraria um tempo inconcebivelmente longo para desaparecer, mas o tempo, nesse cenário, é o único recurso que não está em falta.

Quando os últimos buracos negros evaporarem, o universo poderá consistir em um gás extremamente rarefeito de partículas elementares, fótons e talvez outros remanescentes.

A temperatura seria próxima do zero absoluto.

A densidade seria mínima.

Nenhuma reação química seria possível.

Nenhum organismo poderia existir.

Nenhuma máquina poderia operar.

Nenhuma lembrança poderia ser registrada.

A morte térmica não é um evento que possa ser fotografado. Não haveria um observador para registrar o instante em que a última estrela se apagou. Nenhum diário cósmico anotaria: hoje o universo atingiu o equilíbrio termodinâmico. Nenhum jornal publicaria a manchete.

O fim chegaria como a luz que piscou durante semanas e depois não acendeu mais.

Ninguém conseguiria precisar o momento.

É possível que, em algum ponto de uma galáxia muito distante, a última estrela visível ainda brilhasse enquanto, em outras regiões, tudo já estivesse escuro há muito tempo. A morte não seria sincronizada. Diferentes cantos do universo apagariam em datas diferentes, como luzes de um prédio em que os moradores vão dormindo aos poucos.

A escuridão não seria uma invasão.

Seria a ausência de quem acende a próxima lâmpada.

A morte térmica parece tranquila porque é lenta. Uma civilização que surgisse daqui a trilhões de anos talvez não soubesse que o universo já foi cheio de estrelas brilhantes, galáxias espiraladas e supernovas que iluminavam o céu. Ela olharia para o cosmos e veria apenas um fundo escuro, algumas fontes isoladas de radiação fraca e um silêncio quase absoluto.

Seria uma espécie sem arqueologia cósmica.

Nós sabemos que as estrelas existem porque vivemos em uma época em que elas ainda queimam. Podemos observá-las, medi-las e fotografá-las. A geração que nascer na era da morte térmica talvez nem acredite que o universo já teve luz.

Os mitos dessas criaturas falariam de um tempo em que o céu era quente.

Talvez ninguém acreditasse.

O problema da morte térmica não é a velocidade.

É a irreversibilidade.

A entropia aumenta, e aumentar a entropia é como gastar uma poupança sem nunca receber depósitos. No início, a conta parece cheia. Depois, o saldo diminui. No fim, resta uma fração que não permite mais nenhum investimento. O universo não faliu porque alguém roubou a energia. Ele simplesmente gastou o que tinha.

A segunda lei da termodinâmica não pune ninguém.

Ela apenas descreve o que acontece na média.

No meio do caminho entre agora e o esfriamento total, o universo pode passar por fases curiosas. Pode haver uma era degenerada, dominada por objetos compactos. Uma era de buracos negros, em que essas estruturas são os únicos objetos relevantes. Uma era escura, cheia de partículas quase imóveis. Cada fase teria suas próprias características, mas nenhuma conteria estrelas como as que conhecemos.

A palavra "era" aqui significa intervalos de tempo tão grandes que a história humana parece um piscar de olhos.

Uma civilização que sobrevivesse a essas transições teria de se adaptar a ambientes cada vez mais pobres em energia.

Seus habitantes talvez aprendessem a extrair trabalho de gradientes mínimos, a viver em temperaturas próximas do zero e a pensar em velocidades que nós consideraríamos insuportavelmente lentas.

O pensamento seria uma atividade de baixíssimo consumo.

Uma conversa poderia durar um milhão de anos.

Um suspiro atravessaria a era escura.

Nesse universo, a morte térmica não seria um momento. Seria uma condição cada vez mais próxima de um equilíbrio que nunca se alcança por completo, porque o espaço continua se expandindo, mas o conteúdo se dilui tanto que o resultado prático é o mesmo.

Você pode estar vivo e não ter o que comer.

Um universo pode continuar existindo e não ter mais reações.

O Big Rip, por outro lado, é um final sem tanta paciência.

Se a morte térmica é o apocalipse que chega bocejando, o Big Rip é o que arromba a porta, arranca a maçaneta e pergunta por que ninguém arrumou a parede. Ele é o destino possível de um universo dominado por energia fantasma com um parâmetro, como discutimos alguns capítulos atrás.

Nesse cenário, a densidade de energia escura não permanece constante. Ela aumenta conforme o universo se expande. Quanto mais espaço existe, mais energia fantasma preenche cada metro cúbico. A expansão acelera, o que gera mais espaço, o que gera mais energia fantasma, o que gera mais aceleração.

É um ciclo de retroalimentação positiva.

Como um incêndio que se alimenta do próprio calor.

Como uma dívida que aumenta com os juros dos juros.

Como uma goteira que, quanto mais molha o chão, mais goteiras aparecem.

Em um prazo que depende dos parâmetros exatos — e que, se existir, poderia ser de dezenas de bilhões de anos ou mais — a aceleração se tornaria tão intensa que superaria a força gravitacional que mantém as galáxias unidas. Aglomerados de galáxias se desfariam. Depois, as próprias galáxias perderiam suas estrelas.

Mais adiante, sistemas estelares como o nosso deixariam de ser estáveis. A energia fantasma venceria a gravidade entre o Sol e os planetas. A Terra deixaria de orbitar o Sol. O Sol continuaria brilhando, mas a Terra se afastaria, sozinha e escura.

Em seguida, a força que mantém a Terra coesa, a gravidade interna do planeta, também seria superada. A crosta, o manto e o núcleo se separariam. Não seria uma explosão, mas uma expansão localizada — uma desagregação em que cada pedaço é puxado pelo próprio tecido do espaço.

Depois, a energia fantasma começaria a competir com forças mais íntimas. As ligações moleculares se romperiam. Objetos macroscópicos deixariam de existir. Seres vivos, se ainda houvesse algum, não seriam mais corpos contínuos. Seriam conjuntos de partículas se afastando.

Por fim, a própria estrutura dos átomos seria vencida. Elétrons se separariam dos núcleos. Núcleos atômicos se desintegrariam. Partículas subatômicas perderiam suas ligações. O espaço entre cada componente se expandiria mais rápido do que qualquer força pudesse reagir.

Não haveria um último tijolo.

Haveria uma última partícula que, brevemente, existiria como unidade, e depois se desfaria junto com tudo o mais.

O Big Rip não deixaria escombros.

Deixaria apenas expansão.

A diferença entre os dois cenários não está apenas na velocidade. Está no que cada um faz com a estrutura do universo.

Na morte térmica, as estruturas permanecem, mas ficam inertes. Os planetas ainda existem, as estrelas compactas ainda orbitam os centros galácticos, mas nenhuma delas possui energia disponível para sustentar processos. É como uma cidade abandonada: as casas continuam de pé, as ruas seguem no lugar, mas ninguém acende as luzes, ninguém abre as janelas, ninguém passa pela avenida. A cidade está lá. Só não está viva.

No Big Rip, a própria cidade é desmontada. As casas se desfazem, as ruas se rompem, os tijolos perdem a coesão, o chão se parte e, no fim, não sobra uma praça que possa ser lembrada. A cidade não está morta. Ela deixou de ser.

Duas formas de silêncio.

Uma preserva a forma e retira o conteúdo.

A outra não preserva nem a forma.

Ambos são assustadores, mas de maneiras complementares.

A morte térmica é aterrorizante porque sugere que tudo o que construímos — arte, conhecimento, afeto, linguagem — poderá existir em algum registro por um tempo inimaginável, mas ninguém estará lá para interpretá-lo. Os livros permaneceriam nas estantes, se as estantes sobrevivessem, mas ninguém abriria as páginas. As ondas de rádio viajariam pelo espaço, mas ninguém as decodificaria. A história seria uma vasta biblioteca sem leitores, uma orquestra sem audiência, uma mensagem sem caixa de entrada.

O Big Rip é aterrorizante porque nem isso restaria. Nenhum livro, nenhuma biblioteca, nenhuma lembrança material de que alguma vez houve uma orquestra. A informação não seria apenas ignorada — seria fragmentada junto com o meio que a sustentava.

Se a morte térmica é o esquecimento, o Big Rip é a impossibilidade do registro.

A escolha entre os dois cenários depende de qual é a verdadeira natureza da energia escura. Se o parâmetro for exatamente igual a , como em uma constante cosmológica simples, a expansão continuará acelerando, mas as estruturas gravitacionalmente ligadas permanecerão estáveis. As galáxias não serão despedaçadas. Apenas a distância entre os grupos de galáxias crescerá até que cada grupo fique isolado dos demais.

O universo se tornará uma coleção de ilhas que não conseguem mais se ver.

Se for menor que, a energia fantasma assume o controle e o Big Rip se torna possível, dependendo dos detalhes do modelo.

Se mudar com o tempo, outros futuros são possíveis. A expansão pode oscilar, o universo pode transitar para outro estado de vácuo, ou algo que ainda não temos instrumentos para medir pode alterar o destino final.

No momento, os dados observacionais são compatíveis com valores próximos de . Não há confirmação de que a energia fantasma exista, e a morte térmica continua sendo o cenário padrão em muitos livros-texto de cosmologia.

Mas o padrão não é uma sentença.

É um modelo que ainda pode ser substituído.

Uma forma de imaginar a diferença entre os finais é pensar em duas contas bancárias. Na primeira, você possui uma poupança enorme, gasta lentamente, aplica os recursos com sabedoria e, depois de muitos anos, descobre que o saldo se aproxima de zero. Ainda há alguns centavos na conta, mas não são suficientes para comprar nada. A conta continua aberta, mas não tem mais função.

Essa é a morte térmica.

Na segunda, você descobre que seu banco tem uma política curiosa: quanto menos dinheiro há na conta, mais o banco cobra de taxa de manutenção. A taxa aumenta o saldo negativo, que aumenta a taxa, que aumenta o saldo, até que sua conta some do sistema e o próprio banco deixa de existir.

Esse é o Big Rip.

Nenhum dos dois finais permite reclamar com o gerente.

O cosmos não possui uma agência para receber recursos.

Há algo de profundamente humano no desejo de que o universo termine com uma nota de rodapé. Queremos uma explicação, um sentido, talvez um encerramento que nos diga o que significou tudo aquilo. Mas o universo não parece preparado para oferecer esse tipo de serviço.

Ele pode simplesmente esfriar.

Ou pode simplesmente se rasgar.

Não há obrigação de que alguém esteja presente para testemunhar o último instante. A realidade não é um romance que precisa de um parágrafo final. Ela pode terminar com uma frase cortada, uma porta que nunca se fecha e uma pergunta que ninguém responderá.

Isso é perturbador, mas também pode ser libertador.

Se o universo não possui um final embutido, o significado precisa ser construído durante o caminho. Não há uma placa esperando no último quilômetro. Não há uma cereja cósmica no topo do bolo. O que fizermos com o tempo disponível será o único conteúdo da história.

Uma civilização que desaparece não perde o significado porque o universo também desaparecerá bilhões de anos depois. Uma pessoa que amou, criou, escreveu ou consertou uma máquina não teve sua ação anulada pelo fato de que um dia as estrelas se apagarão.

O valor não reside na eternidade.

Reside na ocorrência.

A morte térmica e o Big Rip são lembretes de que nada é permanente, mas permanência nunca foi o critério mais importante para a experiência.

Ainda assim, não é agradável saber que o universo não preparou um encerramento.

Os seres humanos desenvolveram uma expectativa narrativa para quase tudo. Um filme termina com créditos. Um livro tem uma última página. Um contrato tem uma data de validade. Até as conversas cotidianas costumam encerrar com um "até logo" ou um "precisamos marcar alguma coisa".

O universo, pelo que sabemos, não dirá "até logo".

Também não dirá "fim".

Apenas acontecerá.

Um último fóton atravessará o espaço, e depois não haverá outros. Um último elétron vibrará, e depois se aquietará. Uma última partícula se separará de suas vizinhas, e não haverá mais nada para separar.

Se houvesse um observador, talvez registrasse a última medição:

Temperatura: próxima do zero absoluto.

Densidade: praticamente nula.

Estrutura: inexistente.

Tempo restante: irrelevante.

Mas não haverá observador.

Essa é a parte mais difícil de aceitar: ninguém fecha a porta.

A ausência de testemunhas não é apenas uma previsão física. É também uma espécie de solidão filosófica. O universo existiu durante bilhões de anos antes que surgisse a primeira criatura capaz de pensar sobre ele. Pode continuar existindo por muito mais tempo depois que todas as criaturas desaparecerem.

A consciência não é o centro do cosmos.

É uma estação passageira.

Uma que acendeu a luz durante um intervalo e, provavelmente, se apagará muito antes da última estrela.

Isso não é motivo para desespero. Um intervalo pode ser extraordinário. O intervalo em que a vida existiu na Terra já contém uma história maior do que qualquer narrativa individual conseguiria abarcar. Se a consciência for uma pequena chama em um universo que se apaga, ainda assim é uma chama.

E chamas, mesmo breves, transformam o ambiente ao redor.

Transformam matéria escura em perguntas.

Transformam energia em poemas.

Transformam a luz de estrelas distantes em telescópios, teorias e livros com capítulos numerados.

A escolha entre morte térmica e Big Rip também depende de quanta energia fantasma está disponível. Se a energia fantasma for um fenômeno temporário, o universo pode começar a se rasgar e, em algum momento, mudar de comportamento. O fim não seria linear. Poderia haver uma fase de expansão extrema, depois uma estabilização, depois outro processo.

A cosmologia não exige que o universo escolha um único destino e mantenha a decisão para sempre.

Um universo pode ter vários fins, ou nenhum.

A palavra "fim" é uma convenção humana.

Para o espaço-tempo, talvez não exista um relógio que marque o instante final, mas uma transição contínua entre configurações.

Mas, do ponto de vista dos habitantes, a diferença importa. Uma civilização que enfrenta a morte térmica pode planejar uma vida longa em ambientes cada vez mais frios. Pode migrar para perto de estrelas de baixa energia, construir habitats isolados, viver devagar. Uma civilização que enfrenta o Big Rip verá todas as estruturas se desfazerem, independentemente de onde esteja.

Não há abrigo contra a expansão.

Não há casaco para o fim do espaço-tempo.

Isso conecta o Big Rip a um tipo de horror que não depende de monstros. O universo não precisa atacar. Basta que sua geometria mude.

O chão não se abre.

O chão deixa de existir.

No Big Rip, não é você que cai.

É o espaço entre você e qualquer outra coisa que se expande até que a própria ideia de "você" se torne impossível.

A morte térmica, por sua vez, é um horror mais próximo da solidão e do tédio. Uma civilização que sobreviva até lá pode passar eras inteiras sem um acontecimento novo. Os recursos seriam mínimos, as conversas se repetiriam, a escuridão externa seria absoluta. A maior ameaça não seria a morte, mas a irrelevância.

Uma mente que viveu tudo o que era possível viver perguntaria:

E agora?

E o universo responderia com um silêncio ainda maior.

Na morte térmica, o universo não se importa com a sua criatividade.

Ele oferece uma sala vazia e nenhuma tinta.

O Big Rip oferece nem mesmo a sala.

Ambos são finais em que a palavra "final" parece inadequada. Um final pressupõe uma conclusão. Esses cenários são apenas interrupções, transformações ou desvanecimentos. A história não se conclui; ela se dissolve.

Isso talvez explique por que tantas culturas buscaram narrativas alternativas.

Um universo cíclico, que renasce depois de cada fim.

Um universo que é apenas um sonho dentro de outro.

Um universo com um propósito moral, em que o que fazemos determina o destino cósmico.

A ciência não encontrou evidências para essas alternativas, mas elas mostram que o desejo de um encerramento significativo é quase universal. Não queremos apenas que algo termine. Queremos que termine por uma razão.

O cosmos talvez não ofereça nenhuma.

A energia escura será o que for.

A geometria seguirá seu caminho.

Ninguém negociará os termos com o gerente.

A escolha mais razoável é fazer as pazes com a ausência de garantias. Isso é mais fácil de dizer do que de sentir. Mas a humanidade já convive com ausências que não pediram permissão. Já enfrentou a perspectiva da própria finitude individual sem ter recebido uma notificação do universo sobre o sentido da vida. Já construiu significado dentro de prazos que não escolhemos.

A morte térmica e o Big Rip são apenas ampliações dessa condição.

O universo pode durar um tempo inimaginável.

Isso não significa que cada vida seja menos real dentro dele.

O valor de um livro não está em ser lido até o fim dos tempos.

Está em ser lido.

Se ninguém mais ler, ainda haverá o instante em que alguém leu. O universo não precisa de uma biblioteca eterna. Basta que a biblioteca tenha existido.

Essa ideia não resolve o medo, mas oferece uma posição.

O cosmos não vai agradecer pelas nossas contribuições.

Talvez não haja ninguém para agradecer.

Mesmo assim, contribuir continua sendo a única resposta que podemos dar ao silêncio.

Naquela tarde, comprei uma lâmpada nova. Desrosqueei a antiga, que ainda estava morna, e coloquei a substituta no lugar. A luz acendeu imediatamente, branca e firme, como se nunca tivesse ouvido falar de morte térmica.

A lâmpada antiga ficou sobre a mesa. Dentro dela, o filamento estava partido. Nenhum reparo a traria de volta. Um dia, todas as lâmpadas serão assim. Todos os filamentos, todas as resistências, todos os fios. Um dia, o último circuito se apagará e não haverá ninguém para trocá-lo.

Mas isso não acontecerá hoje.

Nem amanhã.

Nem durante qualquer vida humana conhecida.

A morte térmica e o Big Rip são cenários para um futuro tão remoto que a palavra "futuro" começa a parecer uma abstração.

A maior parte dos acontecimentos cósmicos relevantes para a nossa existência ocorrerá em escalas de tempo que não precisamos dominar para viver bem.

As estrelas continuarão brilhando por muitos bilhões de anos.

As galáxias continuarão girando.

A energia escura continuará acelerando o espaço, mas sem destruir a cozinha.

O universo não precisa ser eterno para ser suficientemente longo.

E o fato de que terminará não deve nos impedir de acender a luz agora.

Porque a escuridão pode ser o destino.

Mas ainda não é a condição atual.

A cozinha está iluminada.

O café está quente.

A torradeira foi substituída.

O universo ainda não escolheu entre morrer de frio ou se rasgar em pedaços. Talvez nunca precise escolher. Talvez os dados futuros revelem um final que ainda não foi imaginado. Talvez a energia escura não seja constante, a expansão não dure para sempre e o verdadeiro destino seja uma página que faltava.

Ou talvez o silêncio seja a resposta final.

Um universo que se apaga como uma lâmpada cansada.

Ou que se despedaça como um aparelho que soltou uma faísca.

Em ambos os casos, não haverá letreiros.

A sessão não terá encerramento.

Mas, enquanto a sala estiver acesa, ainda podemos escolher o que faremos com a luz.

Epílogo

Quando a luz ainda está acesa

Na manhã seguinte, o calendário continuava sem uma data para o fim do universo.

O aluguel estava marcado.

A consulta médica estava marcada.

A coleta de lixo estava marcada.

O último dia do espaço-tempo permanecia sem horário.

Preparei café e fiquei observando a luz que entrava pela janela. Ela vinha do Sol, uma estrela comum em uma fase relativamente tranquila de sua existência. Um dia, o Sol mudará. Muito depois, as estrelas da galáxia se apagarão. Mais adiante, se o cenário de morte térmica estiver correto, o universo perderá quase todas as fontes de luz e energia organizada.

Mas a luz ainda estava acesa.

Isso era suficiente para aquela manhã.

A morte térmica continua sendo um cenário de referência para um universo em expansão acelerada por uma constante cosmológica. Não é um congelamento súbito, nem uma explosão final. É a perda progressiva de gradientes, fontes de energia e estruturas capazes de sustentar processos complexos.

O universo não morreria porque todas as partículas desapareceriam.

Morreria porque quase nada teria diferença suficiente para acontecer de maneira significativa.

O Big Rip é mais abrupto, mas também mais condicionado. Exigiria uma forma persistente de energia fantasma, capaz de aumentar sua densidade à medida que o espaço se expande. Se esse comportamento continuasse, a expansão poderia superar as forças que mantêm as estruturas unidas.

Galáxias se separariam.

Sistemas planetários seriam desfeitos.

A matéria perderia coesão.

Mas não sabemos se a energia fantasma existe como componente real do universo. Não sabemos se permaneceria estável. Não sabemos se o valor de é constante ou se evolui. A possibilidade do Big Rip pertence a uma família de modelos, não a uma agenda cósmica já aprovada.

O Big Crunch, o Big Bounce e o decaimento do vácuo também permanecem condicionais. Alguns são compatíveis com extensões teóricas específicas. Outros dependem de mudanças na energia escura, na gravidade ou na física quântica. O fato de conseguirmos imaginar um final não significa que o universo esteja caminhando para ele.

A cosmologia oferece cenários.

Não oferece bilhetes numerados para o apocalipse.

Talvez esse seja o aspecto mais estranho de todos: o universo pode terminar sem um evento final reconhecível. Em vez de uma cortina descendo, pode haver uma redução lenta da luz. Em vez de uma explosão, uma sucessão de coisas que deixam de acontecer. Em vez de um último capítulo, páginas cada vez mais vazias.

Nenhum narrador dirá:

E então terminou.

Talvez a última estrela se apague sem que exista alguém para perceber. Talvez o último buraco negro evapore em uma região sem observadores. Talvez a matéria se desfaça e não reste um arquivo capaz de registrar que um dia houve matéria.

O fim pode não possuir testemunhas.

Ainda assim, isso não torna o presente menos real.

A morte térmica futura não torna o café de hoje menos quente.

O Big Rip hipotético não transforma uma conversa em uma ilusão.

O destino das galáxias não decide se uma promessa deve ser cumprida.

A finitude não é uma refutação do significado.

Uma música não perde valor porque termina. Uma lâmpada não foi inútil porque um dia queimará. Uma vida não é uma fraude porque não dura para sempre.

O universo pode não conservar tudo.

Mas, enquanto algo existe, esse algo possui a realidade de existir.

O livro começou com ameaças na cozinha. Máquinas autorreplicantes, inteligências futuras, mundos espelho e simulações colocaram em dúvida o apartamento. Depois, a realidade se tornou uma estrutura mais estranha: holográfica, estatística, fantasma, metastável e dimensionalmente maior do que parecia.

Em seguida, o universo mostrou que podia nos apagar sem rancor. A matéria estranha, os raios gama e as bolhas cósmicas lembraram que os perigos podem ser físicos, distantes e impessoais.

Então veio o silêncio. Perguntamos onde estavam as civilizações, se havia um Grande Filtro e se a prudência poderia exigir que todos permanecessem escondidos.

Agora chegamos aos finais.

Não a um final único, mas a várias maneiras de desaparecer.

Talvez a realidade seja uma simulação.

Talvez seja uma gambiarra elegante.

Talvez sejamos uma bolha.

Talvez sejamos uma flutuação.

Talvez o universo possua vizinhos, espectadores ou nenhuma companhia.

Talvez termine congelado.

Talvez se rasgue.

Talvez colapse.

Talvez mude de fase.

Talvez continue para sempre em uma forma que não reconheceríamos como existência.

Nada disso altera a obrigação mais imediata: viver dentro das condições que temos.

A ciência não promete que o universo será acolhedor. Promete uma maneira de distinguir possibilidades, medir incertezas e abandonar explicações quando os dados exigirem. A filosofia não garante uma resposta final. Ajuda a perguntar o que estamos chamando de realidade, consciência, sentido e fim.

A literatura permite que ensaiemos o medo sem confundi-lo com previsão.

Uma história sobre o Big Rip não significa que o Big Rip esteja chegando.

Uma metáfora sobre uma floresta negra não significa que haja predadores escutando.

Uma hipótese sobre matéria estranha não transforma o café da manhã em um experimento nuclear.

Uma especulação sobre o falso vácuo não exige que alguém abandone a casa.

O universo é vasto demais para ser reduzido ao medo que suas possibilidades provocam.

Também é vasto demais para ser resumido às certezas que conseguimos reunir.

A luz ainda estava acesa.

O pão não havia queimado.

A torradeira funcionava, apesar de todas as acusações acumuladas ao longo do livro. A pia, no entanto, continuava cheia. Nenhuma constante cosmológica resolveria o problema. Nenhum universo-bolha enviaria uma equipe de manutenção. Nenhum cérebro de Boltzmann poderia terceirizar a tarefa para uma flutuação quântica.
Alguém teria de lavar a louça.

Essa tarefa parecia pequena diante da morte térmica, mas talvez justamente por isso fosse importante. O universo não precisa ser compreendido por inteiro antes que uma pessoa possa cuidar de outra. Não precisamos saber se o espaço é fundamental para fazer uma promessa. Não precisamos descobrir se a consciência está espalhada pelo cosmos para reconhecer a dor de alguém.

A ignorância sobre o todo não impede o cuidado com a parte.

O calendário não tem a data do fim.

O céu não tem uma resposta definitiva.

A pia não tem uma explicação metafísica.

O café está esfriando.

E o dia continua.

Talvez o universo seja uma longa gambiarra sem manual de instruções. Talvez não exista uma sessão de encerramento porque nunca houve um diretor, uma plateia ou um roteiro completo. Talvez a realidade apenas prossiga, mudando de forma, perdendo energia, criando estruturas e deixando que algumas delas percebam o que está acontecendo.

Por enquanto, nós percebemos.

Por enquanto, há estrelas.

Por enquanto, há perguntas.

Por enquanto, há alguém diante de uma pia, tentando decidir se lava os pratos agora ou depois do café.

A decisão parece banal.

Mas é dentro dessas decisões que a realidade se torna habitável.

O universo pode esfriar até quase parar.

Pode se despedaçar em uma expansão acelerada.

Pode mudar as regras, esconder seus vizinhos ou terminar sem deixar aviso.

Ainda assim, nesta manhã, o despertador tocará, o pão poderá queimar, uma mensagem ficará sem resposta e alguém terá de enxugar a xícara.

Então a sessão continua.

Não porque tenhamos recebido garantias.

Mas porque a luz ainda está acesa.

www.ingramcontent.com/pod-product-compliance
Lightning Source LLC
LaVergne TN
LVHW041206061126
851857LV00018B/1956
* 9 7 8 6 5 0 2 2 8 5 5 3 4 *